中国煤炭清洁利用资源评价丛书

清洁用煤赋存规律及控制因素

Occurrence Regularity and Controlling Factors of Clean Coal

魏迎春　曹代勇　等　著

科学出版社

北　京

内 容 简 介

本书以煤岩、煤质、煤类的成因为切入点，采用"点上剖析、面上总结"研究思路，建立了清洁用煤赋存规律与控制因素的研究框架，从原生条件(沉积环境与泥炭沼泽类型)和煤化作用过程(构造-热演化)两方面，分析了清洁用煤(液化用煤、气化用煤、焦化用煤)的形成和演变及其控制因素，划分了清洁用煤的成因类型，指出了不同清洁用煤成因类型下易形成的清洁用煤类型，归纳总结了不同成因类型的煤类煤岩煤质特征，揭示了不同成因类型的清洁用煤在不同赋煤区带中的时空展布，为清洁用煤资源调查勘查评价及开发利用提供理论支撑。

本书内容丰富、资料翔实，体现了清洁用煤地质研究的最新成果，可供煤炭地质和矿产地质领域的科技人员和大专院校师生参考、使用。

审图号：GS(2021)6115 号

图书在版编目(CIP)数据

清洁用煤赋存规律及控制因素=Occurrence Regularity and Controlling Factors of Clean Coal / 魏迎春等著. —北京：科学出版社，2021.10

(中国煤炭清洁利用资源评价丛书)

ISBN 978-7-03-068713-5

Ⅰ. ①清… Ⅱ. ①魏… Ⅲ. ①煤炭资源-资源利用-研究 Ⅳ. ①TQ536

中国版本图书馆 CIP 数据核字(2021)第 082019 号

责任编辑：吴凡洁 冯晓利 / 责任校对：王 瑞
责任印制：吴兆东 / 封面设计：蓝正设计

科学出版社 出版
北京东黄城根北街 16 号
邮政编码：100717
http://www.sciencep.com

北京凌奇印刷有限责任公司 印刷
科学出版社发行 各地新华书店经销

*

2021 年 10 月第 一 版 开本：787×1092 1/16
2023 年 1 月第二次印刷 印张：14 1/4
字数：309 000

定价：128.00 元
(如有印装质量问题，我社负责调换)

本书编委会

主　　编：魏迎春　曹代勇

编　　委：魏迎春　曹代勇　刘志飞　秦荣芳　华芳辉
　　　　　王安民　贾　煦　闫洛平　何文博　赵泽园
　　　　　项歆璇　曹文杰　牛鑫磊　丁立奇　张　劲
　　　　　孟　涛

煤炭是我国的基础能源,在我国能源结构中的重要地位在长时期内不会发生根本的改变,这是由我国煤炭资源相对丰富、安全可靠、经济优势明显、可清洁利用等特点所决定的。煤炭清洁高效利用是我国煤炭工业的发展方向,也是 21 世纪解决能源、资源和环境问题的重要途径。国土资源部与国家发展和改革委员会、工业和信息化部、财政部、环境保护部、商务部共同发布的《全国矿产资源规划(2016—2020 年)》提出了严控煤炭增量、优化存量、清洁利用的要求,明确"十三五"时期要积极推进煤炭资源从燃料向燃料与原料并重转变,促进煤炭分级分质和清洁利用。

煤炭清洁高效利用的可能性取决于煤炭"质量"特征,煤炭地质研究和资源评价是煤炭清洁高效利用的基础工作和前提条件。"中国煤炭清洁利用资源评价"丛书的编写以中国地质调查局地质调查二级项目"特殊用煤资源潜力调查评价"为基础,充分反映我国煤质评价和煤炭清洁利用的最新研究成果,由中国煤炭地质总局组织下属单位(江苏地质矿产设计研究院、中国煤炭地质总局勘查研究院、中国煤炭地质总局航测遥感局、中国煤炭地质总局第一勘探局、中国煤炭地质总局青海煤炭地质局)、中国矿业大学(北京)和中国地质调查局发展研究中心的有关专家和技术人员共同完成。

开展"全国特殊用煤资源潜力调查评价"是 2016~2018 年中国煤炭地质总局的重点工作。该研究总体以煤炭资源清洁高效利用为目标,以煤质评价理论为指导,以液化用煤、气化用煤、焦化用煤和特殊高元素煤等特殊用煤资源潜力调查评价为工作重点,充分利用中国煤炭地质总局 60 余年来的资料积累,并吸收近些年在煤岩、煤质、煤类和煤系矿产资源方面开展的科研和调查工作,全面开展特殊用煤资源潜力调查评价工作。在山西、陕西、内蒙古、宁夏、新疆等煤炭资源大省针对《全国矿产资源规划(2016—2020 年)》中 162 个煤炭规划矿区开展液化、气化、焦化等特殊用煤资源潜力调查评价。主要研究内容如下:

1. 特殊用煤资源评价指标体系和评价方法

以赋煤区—赋煤亚区—赋煤带—煤田—矿区为单元,从宏观煤岩、微观煤岩、煤的化学性质、煤的物理性质、煤的工艺性质、煤中元素等方面开展系统研究,分析不同煤质特征煤炭资源的特殊工业用途。结合目前我国主要液化示范区、气化用煤主要企业对煤质的要求及发展趋势,分析现有评价指标存在的不足,提出一套适合我国现有技术条件下煤炭液化、气化、焦化的综合评价体系，并跟踪煤液化、气化、焦化技术发展对煤质要求的变化，建立液化用煤、气化用煤、焦化用煤指标动态评价体系，并编制了《煤炭资源煤质评价导则》，深化了对我国煤炭资源质量特征的认识，为开展特殊用煤资源调查评价提供了技术方法依据。充分考虑煤炭的煤质特征和煤化工工艺发展需求，对煤炭资源按照一定顺序和原则开展资源评价，划分可以满足不同煤炭清洁高效利用需求的、可以"专煤专用"的特殊用煤资源，构建了《特殊用煤资源潜力调查评价技术要求(试行)》。

2. 特殊用煤赋存规律与控制因素评价

紧密跟踪国内外有关煤炭液化、气化、焦化工艺进展和利用技术发展，有机结合煤地质学、煤地球化学、煤工艺学和环境科学等学科内容，采用各类现代精密测试分析技术，研究不同地质时代、不同大地构造背景、不同成煤环境的特殊用煤时空分布特征，探讨成煤母质、沉积环境、盆地构造-热演化对煤岩、煤质和煤类的影响，查明不同特殊用煤的赋存特征及其控制因素，划分特殊用煤成因类型，揭示不同成因类型清洁用煤资源的时空分布规律，为全面、科学地评价我国特殊用煤资源提供理论依据。

3. 液化、气化、焦化用煤资源潜力调查

在节能减排和经济可持续发展的要求下，优质煤特别是优质煤化工用煤具有重要的应用前景。在"全国煤炭资源潜力评价"的基础上，充分融合近20年新的煤炭地质资料和勘查成果，采用地质调查、采样测试、专题研究等技术方法，按国家煤炭规划矿区—赋煤区—全国三个层面开展特殊用煤调查和研究。以国家煤炭规划矿区内井田(勘查区)为单元，从焦化用煤、气化用煤、液化用煤三个角度进行分级评价，运用科学的方法估算并统计了1000m以浅特殊用煤的保有资源量/储量，厘定我国五大赋煤区液化、气化、焦化用煤资源的时代分布特征、空间分布规律等，摸清了我国清洁用煤资源家底。确定了可供规模开发利用的特殊用煤资源战略选区，提出合理开发利用的政策建议，为国家统筹规划煤炭资源勘查开发与保护利用提供了依据。

4. 全国煤质基础数据库建设

利用地理信息系统技术、大型数据库技术等先进技术手段，在统一的液化、气化、焦化用煤资源信息标准与规范下，收集、整理液化、气化、焦化用煤资源潜力调查评价属性和图形数据，统一属性和图形数据格式，初步建立全国液化、气化、焦化用煤资源潜力调查评价数据库，搭建特殊用煤资源信息有效利用的科学平台，为各级管理部门以及其他用户提供实时、高有序度的资源数据及辅助决策支持。

为使研究成果更具科学性，成书过程中将项目中采用的"特殊用煤"术语改为"清洁用煤"。这套丛书是"特殊用煤资源潜力调查评价"项目组集体劳动的结晶，包括五本全国范围专著，即《中国煤炭资源煤质特征与清洁利用评价》(宁树正等著)、《中国主要煤炭规划矿区煤质特征图集》(宁树正等著)、《煤炭清洁利用资源评价方法》(秦云虎等著)、《清洁用煤赋存规律及控制因素》(魏迎春、曹代勇等著)、《中国焦化用煤煤质特征与资源评价》(朱士飞等著),并有多本省区级煤炭煤质特征与清洁利用资源评价专著同时出版。从整体上看,这套丛书是对以往煤炭沉积环境、聚煤规律、潜力评价等方面著作的进一步升华,高度集中和概括了全国各主要煤矿区煤岩、煤质研究和资源调查评价的研究成果,把数十年来的煤炭资源调查和煤岩、煤质评价有机结合,在 162 个煤炭规划矿区圈定了以煤炭清洁利用为目标的特殊用煤资源分布区,使得煤炭资源在质量评价上达到了新的高度,为下一步煤炭地质工作指明了方向。因此,丛书对当今以利用为导向的煤炭地质勘查、科研、教学有重要的参考价值。

本丛书是在中国煤炭地质总局及下属单位各级领导的关心和支持下撰写完成的,项目研究工作得到中国地质调查局相关部室和油气资源调查中心的指导,资料收集和现场调查得到各省区煤田(炭)地质局和各煤炭企业的大力协助。感谢中国神华煤制油化工有限公司李海宾主任,内蒙古中煤远兴能源化工有限公司杨俊总工程师,兖州煤业榆林能化有限公司甲醇厂曹金胜总工程师,冀中能源峰峰集团有限公司王铁记副总工程师,神华宁夏煤业集团公司万学锋高级工程师和黑龙江龙煤鹤岗矿业有限责任公司吕继龙高级工程师在资料收集和野外调研中给予的帮助和支持。感谢中国地质调查局发展研究中心谭永杰教授级高工、刘志逊教授级高工,中国矿业大学秦勇教授、傅雪海教授等专家学者在专题研究、评审验收过程中给予的指导和帮助,中国煤炭地质总局副局长兼总工程师孙升林教授级高工、副局长潘树仁教授级高工对项目开展及丛书撰写给予了大力支持,在此一并致谢!

借本丛书出版之际,作者感谢曾给予支持和帮助的所有单位和个人!

前言

　　《清洁用煤赋存规律及控制因素》是由中国矿业大学(北京)承担的"特殊用煤赋存规律与控制因素研究"项目的主要研究成果，是"中国煤炭清洁利用资源评价"丛书之一。本书在系统收集跟踪国内外研究成果的基础上，通过野外地质调查、矿井地质调查、煤层精细分层采样、测试分析、专题图件编制及综合分析等方法，以煤岩、煤质、煤类的成因为切入点，采用重点地区剖析和区域规律总结的研究思路，研究原生条件和煤化作用过程对清洁用煤的控制作用，揭示不同成因类型的清洁用煤在不同赋煤区带中的时空展布。研究取得以下重要成果。

1. 建立清洁用煤赋存控制因素的研究框架，总结四大赋煤区煤岩、煤质、煤类时空分布特征

　　指出控制煤炭利用途径的影响因子主要包括煤岩、煤质和煤类特征，煤的工艺性质是三者的综合反映。建立清洁用煤赋存控制因素的研究框架，从决定煤炭资源利用方向的煤岩、煤质、煤类入手，将清洁用煤控制因素划分为"两大方面，三个因素"。两大方面为原生沉积条件建造作用和后期构造-热演化改造作用；三个因素为沉积环境、泥炭沼泽类型和后期煤化作用过程。沉积环境和泥炭沼泽类型主要影响煤岩组分和煤质(灰分、硫分等)，后期煤化作用过程主要影响煤级变化(煤类)，对煤岩煤质的影响次之。在查明清洁用煤赋存控制因素的基础上，结合我国煤田地质特征，划分清洁用煤的成因类型，归纳总结不同成因类型的煤岩、煤质、煤类特征，揭示不同成因类型的清洁用煤在不同赋煤区带中的时空展布。我国成煤期多，成煤区广，各赋煤区主要成煤组段煤岩、煤质、煤类时空分布差异大，直接导致我国不同成因类型的清洁用煤分布的差异。在前人研究的基础上，从平面展布(空间)和垂向演化(时间)方面，总结我国主要赋煤区煤层的煤岩、煤质、煤类特征。

2. 查明原生条件对煤岩煤质的控制作用

　　采用重点研究区剖析和各赋煤区总结的方法，分析沉积环境和泥炭沼泽类型，查明其对清洁用煤煤岩煤质的控制。选取鄂尔多斯盆地马家滩矿区和红墩子矿区为重点研究矿区，对其层序-古地理格局进行研究，剖析沉积环境对煤岩煤质的控制作用，总结各赋煤区沉积环境及对煤岩煤质的控制。分析鹤岗矿区益新煤矿、鲁西南煤田东滩煤矿、宁东煤田马家滩矿区的双马煤矿和金凤煤矿、吐哈盆地三道岭矿和大南湖矿、六盘水煤田格目底煤矿的主采煤层的泥炭沼泽类型，剖析泥炭沼泽类型对煤岩煤质的控制作用，总结四大赋煤区泥炭沼泽环境与煤岩煤质的关系。

3. 探讨煤化作用进程对煤类的控制作用

重点分析鄂尔多斯盆地煤化作用进程及其对煤类的控制作用，梳理四大赋煤区的构造演化史、埋藏史、热事件及构造格局，结合煤类的时空分布特征，探讨四大赋煤区构造-热演化对煤类的影响，揭示构造-热演化下不同的变质作用类型对清洁用煤资源赋存的控制作用。

4. 划分清洁用煤成因类型，揭示不同成因类型清洁用煤赋存规律

基于控制因素研究，在对比分析四大赋煤区沉积环境和构造热演化差异的基础上，从沉积环境、泥炭沼泽类型和变质作用类型三个方面，建立清洁用煤成因类型划分方案，划分各赋煤区清洁用煤的成因类型，总结其时空分布特征，揭示其赋存规律。

本书共分五章，魏迎春和曹代勇担任主编，各章节撰写如下：前言由魏迎春和曹代勇撰写，第一章由曹代勇、魏迎春、刘志飞、秦荣芳、王安民和曹文杰撰写，第二章由魏迎春、秦荣芳、华芳辉、刘志飞、曹代勇、贾煦、闵洛平、赵泽园和张劲撰写，第三章由魏迎春、秦荣芳、刘志飞、曹代勇、贾煦、闵洛平、华芳辉、项歆璇和何文博撰写，第四章由曹代勇、刘志飞、魏迎春、闵洛平、秦荣芳、王安民、丁立奇、牛鑫磊和孟涛撰写，第五章由魏迎春、曹代勇、秦荣芳、刘志飞、王安民、闵洛平、贾煦和华芳辉撰写，全书由魏迎春和曹代勇统稿。研究生刘金城、张岩、李超、聂敬、崔茂林等参加了课题研究工作和图件绘制。

"特殊用煤赋存规律与控制因素研究"项目研究得到中国煤炭地质总局和中国地质调查局油气资源调查中心的支持，中国煤炭地质总局潘树仁教授级高级工程师、吴国强教授级高级工程师、袁同兴教授级高级工程师、二级项目负责人宁树正教授级高级工程师给予了具体指导。与该项目平行的其他项目承担单位(江苏地质矿产设计研究院、中国煤炭地质总局中煤航测遥感局、中国煤炭地质总局勘查研究总院、中国煤炭地质总局第一勘探局地质勘查院和青海煤炭地质勘查院等)之间的密切配合和经常性的研讨，对研究工作的顺利开展起到至关重要的促进作用。现场调查及采样工作得到新疆、内蒙古、甘肃、宁夏、陕西、山西、河北、河南、山东、安徽、黑龙江、贵州、云南等省(区)煤炭系统有关单位领导和技术人员的大力支持和帮助。

感谢中国地质调查局油气资源调查中心张家强研究员，中国地质调查局发展研究中心谭永杰教授级高级工程师、刘志逊教授级高级工程师，中国地质学会郝梓国研究员，中国煤炭地质总局王佟教授级高级工程师、李正越教授级高级工程师，中国煤炭地质总局勘查研究总院程爱国教授级高级工程师、刘天绩教授级高级工程师、陈美英教授级高级工程师、张恒利教授级高工和张建强高级工程师，中国科学院大学侯泉林教授和琚宜文教授，中国地质大学(北京)唐书恒教授、黄文辉教授和汤达祯教授，中国矿业大学秦勇教授、姜波教授和王文峰教授，江苏地质矿产设计研究院秦云虎教授级高级工程师、朱士飞高级工程师和何建国高级工程师，中国煤炭地质总局中煤航测遥感局乔军伟高级工程师和李聪聪高级工程师，中国煤炭地质总局第一勘探局地质勘查院张宁高级工程师，煤炭科学技术研究院白向飞研究员，中国煤炭科工集团有限公司西安研究院晋香兰研究员，华北科技学院李小明教授，中国矿业大学(北京)彭苏萍院士、武强院士、邵龙义教授、唐跃刚教授、代世峰教授、刘钦甫教授、孟召平教授、赵峰华教授、胡社荣教授、马施民副教授、方家虎副教授、王绍清教授、赵蕾教授、鲁静副教授、罗红玲副教授、李勇副教授、王西勃副教授、艾天杰高级工程师、黄曼实验员等专家学者在项目研究、人才培养、评审验收过程中给予的指导和帮助。

　　借本书出版之际，作者感谢曾给予支持和帮助的所有单位和个人！

作　者

2020 年 12 月

目录

第一章

绪　　论

受古植物、古地理、古气候和古构造等条件的制约，我国煤炭资源的形成和演化复杂多样，导致我国煤炭的煤岩、煤质和煤类特征的差异显著。煤炭清洁高效利用是我国煤炭工业的发展方向，也是 21 世纪解决能源、资源和环境问题的重要途径。煤炭清洁高效利用的可能性，取决于煤炭"质量"（煤岩、煤质和煤类）特征。查明煤炭质量特征，要知其然，知其所以然，清洁用煤赋存规律与控制因素研究是煤炭清洁高效利用的基础工作和前提条件。本章总结了我国四大赋煤区（东北赋煤区、华北赋煤区、西北赋煤区和华南赋煤区）煤田地质基本特征，梳理了清洁用煤形成的控制因素的研究现状及研究进展，在此基础上，提出了以煤岩、煤质、煤类的成因为切入点，从原生条件（沉积环境）和煤化作用过程（构造-热演化）两方面分析清洁用煤的形成条件，查明清洁用煤资源形成的地质控制因素，在此基础上，划分清洁用煤成因类型的研究思路及框架，为清洁用煤资源潜力调查评价提供理论支撑。

第一节　中国煤田地质特征

通过全国新一轮煤炭资源潜力评价，重新厘定了我国煤炭资源总量为 5.90 万亿 t，已探获煤炭资源量为 2.02 万亿 t，预测资源量 3.88 万亿 t（中国煤炭地质总局，2016）。

我国含煤盆地多，聚煤期跨度大，成煤时代多，分布广泛，煤种齐全。在中国地史中主要聚煤期包括早石炭世、晚石炭世、早二叠世、中二叠世、晚二叠世、晚三叠世、早侏罗世、中侏罗世、早白垩世、古近纪、新近纪。其中晚石炭世—早二叠世、晚三叠世、早—中侏罗世和早白垩世四个时期相应含煤地层中赋存的煤炭资源占中国煤炭资源总量的98%以上。

受中国大地构造背景的控制，中国煤炭资源赋存时空差异显著，具有复杂而有序的分区、分带特征。我国四大赋煤区的主要成煤时代、成煤环境、成煤模式及后期的演化历程各异，导致煤炭资源的煤岩、煤质和煤类特征差异显著。煤炭资源的煤岩、煤质和煤类特征决定了煤炭清洁高效利用，煤炭地质特征是煤炭清洁高效利用的基础和前提。

一、东北赋煤区

东北赋煤区位于我国东北部，其东、北、西界为国界，南为阴山—燕山及辽东湾一线，面积约 154.5 万 km^2。含煤面积 7.03 万 km^2，探获资源量为 3464 亿 t，预测资源量为 1548 亿 t，煤炭资源量约占全国总资源量的 8.49%。

东北赋煤区的聚煤期主要为早—中侏罗世、早白垩世及古近纪，其中，下白垩统为该区最重要的含煤地层，多以断陷盆地群的形式分布于海拉尔、二连及三江-穆棱等含煤盆地内，盆地中常有厚到巨厚煤层赋存。

区内聚煤环境除黑龙江东北部有一部分晚侏罗世—早白垩世的海陆交互相沉积外，其余均为陆相沉积。聚煤盆地类型主要为断陷型，受盆缘主干断裂控制呈北东至北北东向展布；煤层层数多、厚度大且较稳定，但结构复杂；煤系与火山碎屑岩沉积关系密切。

区内早白垩世煤几乎全为腐殖煤，显微组分中，镜质组（腐殖组）含量高，其含量一般都在 85%以上，而惰质组含量一般不超过 15%。煤质特征以低灰—中灰、低硫煤为主，也见有高灰煤。如扎赉诺尔煤为低中灰煤，而大雁和铁法等矿区属中高灰和高灰煤。煤的变质程度普遍较低，大兴安岭两侧的早白垩世煤均为褐煤；三江-穆棱含煤区因受岩浆岩影响，出现以中变质烟煤为主的气煤、肥煤、焦煤。古近纪煤以褐煤类为主。

二、华北赋煤区

华北赋煤区北起阴山—燕山，南至秦岭—大别山，西至桌子山—贺兰山—六盘山，东临渤海、黄海，面积 121.5 万 km^2。该区是我国煤炭资源最丰富的地区，探获资源量为 12965 亿 t，预测资源量为 17089 亿 t，煤炭资源量约占全国总资源量的 50.91%。

华北地区的聚煤期主要为石炭纪—二叠纪，其次为早侏罗世、中侏罗世和晚三叠世，以及古近纪。石炭纪—二叠纪太原组、山西组广泛分布于全区，为主要含煤组段。太原组以海陆交互相沉积为主，山西组以陆相沉积为主，广泛分布于华北赋煤区。中二叠统下石盒子组为陆相沉积，北纬 35°以北基本不含可采煤层，以南于河南、山东、安徽开始形成可采煤层，自北向南增多，厚度变大。

区内中侏罗统延安组、大同组、义马组，分别于鄂尔多斯盆地、晋北宁武—大同和豫西出露，并含可采煤层，延安组大面积分布于鄂尔多斯盆地中、西部。山西北部大同—宁武的大同组在大同矿区含可采煤层 6~8 层，煤层厚度在宁武以南变薄，含可采煤层两层。在豫西，义马组仅分布于义马一带，含可采煤层 3~5 层。

该区位于华北地台的主体部位，被构造活动带环绕，煤系变形存在较大差异，具明显的变形分区特征，总体呈不对称的环带结构，变形强度由外围向内部递减。北、西、南外环带挤压变形剧烈，为构造复杂区。该区主体西部为鄂尔多斯含煤盆地，东部为华北和环渤海含煤盆地(群)。鄂尔多斯盆地明显的构造变形局限于盆地边缘，盆地内部变形微弱，主体构造格局呈向西缓倾的单斜。吕梁山—太行山之间以山西隆起为主体的石炭纪—二叠纪含煤区变形略强，以轴向北东和北北东的宽缓波状褶皱为主。太行山以东进入冀、鲁、皖内伸展变形区，以断块构造为其特征，断层密集，中生代岩浆岩侵入比较广泛，煤的区域岩浆热和接触变质规律明显。

该区石炭纪—二叠纪煤层的主要宏观煤岩类型为半亮煤和半暗煤，从太原组到山西组再到石盒子组，煤的光泽强度变弱。太原组煤中光亮煤和半亮煤含量较高，显微组分的显著特征是镜质组含量高，在壳质组含量都普遍较低的情况下，镜质组和惰质组含量相互消长的变化非常显著。太原组煤中镜质组含量一般高于山西组，而惰质组含量却相反。山西组的煤灰分一般为 15%～30%，以中灰煤为主，从北往南灰分产率由高到低变化，具有明显的分带性。山西组各煤层的全硫含量普遍较低，硫分多为 0.5%～1%。下石盒子组的煤以中灰煤为主(灰分大于 15%)，硫分一般不超过 1%。

中侏罗统延安组煤多为低变质不黏煤和长焰煤，陕北、东胜一带大部灰分小于 10%，属特低灰煤；硫分绝大部分小于 1%，属特低、低硫煤；磷不超过 0.05%，多属低磷煤；发热量为 25～29MJ/kg。

三、西北赋煤区

西北赋煤区位于我国西北部，东至狼山—桌子山—贺兰山—六盘山一线，南界为塔里木盆地南缘昆仑山—秦岭一线，面积 259.6 万 km^2。煤炭资源丰富，全区探获资源量为 3464 亿 t，预测资源量为 1548 亿 t，全区煤炭资源量约占全国总资源量的 33.21%。

该区主要成煤期有石炭纪—二叠纪、晚三叠世、早—中侏罗世、早白垩世，其中，以早—中侏罗世为主。中下侏罗统西山窑组、八道湾组在新疆天山—准噶尔、塔里木、吐鲁番—哈密、三塘湖—淖毛湖、伊犁等大型含煤盆地广泛发育，准噶尔盆地乌鲁木齐及吐哈盆地沙尔湖、大南湖含煤性极好，含巨厚煤层 5～30 层。甘肃、青海等地中侏罗统含煤地层组的名称颇多，北山、潮水盆地的芨芨沟组含薄煤及煤线，青土井群含煤 6～12 层；兰州—西宁分别为窑街组及元术尔组、小峡组，含可采煤层 2～3 层。北祁连走廊及中祁连山以下侏罗统热水组、中侏罗统木里组、江仓组为主要含煤地层。柴达木盆地北缘以中侏罗统大煤沟组含煤性较好。

该区位于塔里木地台、天山-兴蒙褶皱系(西区)北部褶皱带和准噶尔地块，以及秦祁昆褶皱系祁连山褶皱区等构造单元中。以早—中侏罗世特大型聚煤盆地为主，如准噶尔、吐鲁番—哈密、塔里木盆地等，含煤地层及煤层沉积稳定，煤炭资源丰富。天山褶皱区有伊犁、尤尔都斯、焉耆、库米什等山间断陷型含煤盆地，受后期构造运动的改造，盆地周缘构造较复杂，断裂发育，地层倾角大，盆地内部为宽缓的褶曲构造，倾角变小。祁连褶皱区断陷含煤盆地受后期改造剧烈，周边断裂发育，褶皱构造复杂，致使含煤区、煤产地分布零散，规模也较小。

该区早—中侏罗世煤的宏观煤岩类型以半亮煤和半暗煤为主，其显微组分的突出特点是惰质组含量高，镜质组含量较低，壳质组含量集中于 2.6%左右。同时，不同成煤时代之间显微组分含量也有变化，如早侏罗世煤的镜质组含量高于中侏罗世煤，而惰质组则相反。

区内宁夏、甘肃、新疆煤的灰分含量为7%～20%，硫分含量一般小于1%。西北地区煤以黏结性弱、二氧化碳转化率高为特点。区内南部各产地的煤质明显比北部差，以中灰-中高灰、低中硫-特高硫煤占多数，灰分和硫分的两极值变化很大，灰分含量范围为10%～50%，硫分含量范围为0.3%～5.9%。

早—中侏罗世煤以中灰、低硫、低变质烟煤为主。准噶尔、塔里木盆地周边含煤区多为长焰煤和不黏煤，乌鲁木齐、吐鲁番—哈密、艾维尔、焉耆等区的深部有少量气煤、肥气煤，梧桐窝子—野马泉一带有少量中灰、低硫焦煤，伊犁、三塘湖—淖毛湖一带以长焰煤为主，多属低-中灰、低硫煤。

四、华南赋煤区

华南赋煤区位于我国南部，其北界为秦岭—大别山一线，西至龙门山—大雪山—哀牢山，东南临东海，面积为207.4万km²。区内煤炭资源分布不均衡。西部资源赋存地质条件较好，资源丰度相对较高；东部的资源地质条件差，地域分布零散，煤炭资源匮乏，不同地质时代的含煤面积合计11.13万km²，煤炭资源量约占全国总资源量的7.25%。

区内有早石炭世、早二叠世、晚二叠世、晚三叠世、早侏罗世、晚侏罗世及古近纪、新近纪等含煤地层，其中以晚二叠世为主。早石炭世含煤地层在鄂西、苏皖称高骊山组，滇黔边称万寿山组与祥摆组，湘、赣、粤称测水组，桂北、桂中称寺门组，其中，以测水组在湘中的含煤性较好，粤中、粤北次之。万寿山组、祥摆组、寺门组也含可采或局部可采煤层，以桂北红茂罗城一带含煤性较好；东南沿海各地的梓山组、忠信组、叶家塘组等虽也含煤，但大多不具稳定可采煤层。早二叠世含煤地层梁山组在滇东、滇西、苏浙皖、湘赣川边分布，含煤性较差，仅含局部可采煤层。闽西南及粤中童子岩组以及江西上饶组含煤性较好，含可采及局部可采煤层。晚二叠世龙潭组、吴家坪组、宣威组的分布遍及全区，大部含可采煤层。以贵州六盘水、四川筠连、赣中、湘中南及粤北为煤层富集区；福建翠屏山组、广西合山组局部也含可采煤层。晚三叠世含煤地层以四川、云南的须家河组，湘东、赣中的安源组含煤性较好，含可采及局部可采煤层；闽北、闽西南、粤北的焦坑组、红卫坑组、文宾山组虽含煤，但多不可采。早、晚侏罗世含可采煤层分布零星，各地名称不一，鄂西、陕南称香溪组，鄂中南为武昌组，湘东—赣中西为造上组，桂东称北大岭组，湘西南称下观音组等，含煤性差，多为薄层煤或煤线，含煤性较差。

华南赋煤区跨扬子地台和华南褶皱系。扬子地台西界为龙门山推覆构造带与红河剪切断裂带，东界为三江-溆浦断裂，北界为阳平关-洋县-城口-房县断裂带及襄阳-武穴、嘉山-响水断裂带，南界为江山-绍兴-萍乡断裂带。华南褶皱系以扬子地台南东缘断裂带为界，其东南部的闽浙沿海为大面积火山岩所覆盖，西南隅为右江断裂带。赋煤区以晚二叠世聚煤盆地为主体，晚三叠世后经历了十分强烈的改造，西缘龙门山一带强烈褶皱、逆掩，中部和东部盖层的隆起与褶皱发育，沿赋煤区周边构成褶皱群，北缘陕南至鄂东为北西西或近东西向，西、西南缘康滇、滇南、桂西南为南北或北西向，断裂也较发育。中部的川东、川南、黔北、黔东和鄂西等地，也以发育比较完整的连续缓波状褶皱带为特征。东部的苏南、皖南、鄂东南、浙、闽、湘、赣及粤北处于华南和东南沿海褶皱系，以煤系的强烈变形、褶皱发育、断层密集、推覆构造普遍发育为特征。古近纪和新近纪含煤盆地以滇东(含川西)与雷琼盆地群(含台湾)为主，除台湾外，其中大部以断陷盆地形式存在，后期改造微弱，盆地展布与区域构造方向一致，岩浆活动微弱。

早石炭世煤主要分布在华南赋煤区，其宏观煤岩类型在华南以光亮煤、半亮煤为主，而在黔西、滇东部分矿区，湘中、湘南及赣东南永新等地区的煤以半亮煤、半暗煤为主。显微组分中，镜质组含量较高，一般达70%以上，惰质组一般小于20%，壳质组很少。

区内早二叠世煤的宏观煤岩类型：湘西、赣北以光亮煤为主，半亮煤、半暗煤次之，鄂东南以光亮煤为主，西南地区的滇、黔、川地区则多属半亮煤和半暗煤，湖南省一般以半亮型煤为主。在显微组分中，镜质组含量一般为70%～80%，惰质组含量为10%～15%，局部地区达20%，壳质组含量为5%左右。中二叠世煤的宏观煤岩类型以半亮煤为主，其次为光亮煤。在一些含矿物较多的煤层中，常出现半暗煤和暗淡煤。镜质组含量一般为85%～95%，惰质组含量变化不大，一般约为10%，镜质组中，以无结构镜质体为主，结构镜质体次之。

区内晚二叠世煤以腐殖煤为主，一些地区富含树皮体而富集树皮残殖煤。区内东部比西部煤中半暗煤和暗淡煤含量高，西部比东部光亮煤和半亮煤含量高。显微组分中，以镜质组为主，一般大于70%；惰质组含量一般小于30%，以丝质体和半丝质体为主；壳质组含量较少，以树皮体为主。树皮体含量在浙北、赣东等地区富集，局部地区出现树皮残殖煤。

区内晚三叠世煤分布于四川盆地，宏观煤岩类型以光亮煤和半亮煤为主，显微组分中，镜质组含量一般为70%～85%，惰质组含量为15%左右，但也有例外，如四川须家河组煤中镜质组低于平均值，而惰质组则高于平均值。煤中矿物质含量一般为8.5%～20%。

不同成煤时代煤的煤质、煤类差异较大。早石炭世煤以中灰、中高硫的无烟煤为主，湖南金竹山一带为低灰、低硫的无烟煤，云南明良为焦瘦煤和瘦煤。早、晚二叠世煤在湘赣及东南沿海也以无烟煤为主，滇东、黔西和川中为炼焦煤，灰分、硫分含量各地不一，多属中灰、中高-特高硫煤，浙北、苏南、皖南一带为高灰煤。晚三叠世煤各种煤类均有，川西南为中灰、低硫烟煤，盐津—楚雄一带为中-高灰煤。古近纪和新近纪煤多为含油褐煤。

第二节　国内外研究现状及进展

中国煤田地质研究始于20世纪初，经过几代人的努力，通过一系列重大项目课题研究，从整体上提高了含煤地层、沉积环境与聚煤规律、煤田构造与赋煤规律、煤岩煤质特征的研究程度。出版了一系列学术专著(杨起和韩德馨, 1979; 韩德馨和杨起, 1980; 张鹏飞等, 1993, 1997; 韩德馨, 1996; 杨起等, 1996; 钱大都等, 1996; 李河名和费淑英, 1996; 毛节华和许惠龙, 1999; 袁三畏, 1999; 任德贻等, 2006; 唐书恒等, 2006; 陈鹏, 2007; 中国煤炭地质总局, 2016; 曹代勇等, 2018), 逐渐形成了具有鲜明特色的中国煤田地质理论体系, 在含煤地层、聚煤规律、构造控煤、煤岩煤质等方面取得了突出进展。为清洁用煤资源赋存规律与控制因素研究奠定了坚实的地质理论基础。

煤炭资源质量是成煤过程中多种因素综合作用的结果(曹代勇和赵峰华, 2003)。中国煤变质作用主要类型和地质成因控制煤质煤类(杨起, 1999), 沉积环境(邵龙义等, 2009, 2017)以及泥炭沼泽环境(李小彦等, 2008)控制煤岩煤质, 这为清洁用煤资源赋存规律与控制因素研究提供了科学依据。

一、沉积环境研究

我国含煤盆地多, 聚煤期跨度大, 成煤时代多, 分布广泛, 煤种齐全。以晚石炭世—早二叠世、晚二叠世、早—中侏罗世和早白垩世四个时期的聚煤作用最强。其中, 中国南方和北方的石炭纪和二叠纪聚煤盆地以大型的内克拉通为主, 聚煤环境以海陆过渡相的河流-三角洲、障壁岛-潟湖及陆相河流冲积平原为主; 中生代早中期(三叠纪—侏罗纪)聚煤盆地以大型的拗陷和断陷盆地为主, 聚煤环境以冲积扇、辫状河/曲流河、河流三角洲、湖泊等沉积体系为主; 中生代晚期(白垩纪)聚煤盆地多以中小型断陷盆地为主, 发育冲积扇、扇三角洲、湖泊等沉积体系; 新生代(古近纪和新近纪)以小型的侵蚀盆地、断陷盆地为主, 发育河流、湖泊沉积。多位学者对不同沉积环境下的聚煤规律及煤岩煤质特征进行了详细的研究(邵龙义等, 2013a, 2013b, 2014a, 2014b; 鲁静等, 2016)。

沉积环境通过影响成煤泥炭沼泽的物化性质(pH、Eh、植物类型、源汇特征等), 对煤岩煤质进行控制。煤层的发育和分布与成煤环境密切相关, 一定成煤环境下可形成一定特性的煤岩成分和煤质特征的煤。根据煤的特定煤岩成分和煤质特征, 也可推测其形成的特定环境(赵师庆等, 1994)。黄昔荣和许桂生(1999)根据灵武煤田煤岩煤质特征, 认为沼泽位置、沼泽类型和植物类型决定着沼泽内部的分带性。Sun 等(2010)指出了煤岩煤质变化受多种因素综合作用, 物源、沉积环境、气候和水动力条件是成煤早期的主控因素。

关于沉积环境对显微组分的影响, 通常认为, 镜质组和惰质组分别形成于截然相反的泥炭沼泽中, 镜质组多与强覆水、封闭性沼泽密切相关, 惰质组多形成于覆水浅的开阔水体, 而壳质组与成煤植物种类关系密切。杨兆彪等(2013)、刘志飞等(2018)认为, 同一层序中, 体系域通过控制泥炭沼泽的覆水面影响煤岩组成。也有学者认为, 煤层顶底板会影响煤岩组分的演化过程, 煤层底部砂岩越厚, 颗粒越粗, 丝质体含量越高(黄文辉等, 2010; Ao et al., 2012)。代世峰等(1998a)考虑了煤中自生矿物对指示煤相的意义, 利用三角图解和组分含量, 论述了显微煤岩特征与沉积环境的关系。晋香兰(2010)为找寻有利于液化的煤源, 推测其形成的特定环境, 采用三度变量概率密度估算法和三角图解法，探讨了上湾井田 2-2 煤的煤岩特征与沉积环境之间的关系。

关于沉积环境对灰分的影响，有学者认为灰分高低取决于河流的冲刷作用以及沼泽水位的起伏变化（龚绍礼，1989；程昭斌等，1993）。程伟等（2013）指出，咸水、半咸水及淡水成煤环境中形成的煤层灰分逐渐增加。Jiang 等（2015）在研究伊宁煤田早侏罗世煤时指出，泥炭堆积过程中的酸性条件和地下水位降低可导致低灰分相对较低。

关于沉积环境对硫分的影响，龚绍礼（1989）总结了影响硫含量的三个因素：一是沼泽水体酸碱度；二是沼泽覆水程度；三是煤层顶板沉积环境。代世峰等（1998b）、Spear 等（1999）均指出，在海水影响下形成的泥炭比淡水环境下形成的泥炭含硫量高。唐跃刚等（1996）认为，顶板沉积环境是促使煤富硫、高硫的重要因素。任德贻等（1993）和雷加锦等（1995）认为，随着凝胶化程度增加，有机硫含量明显增加，其递增程度与煤层形成环境有关。汤达祯等（2000）探讨了华北晚古生代成煤沼泽微环境与硫的成因关系，中硫煤、中高硫煤主要来自无机硫的转化。唐跃刚等（2015）总结指出，高有机硫煤发育于碳酸盐岩台地，以黄铁矿硫为主的中高硫煤和高硫煤形成于海陆交互相，低硫煤主要以陆相沉积为主。

针对地质条件对清洁用煤的控制过程，2005 年，科技部科研院所社会公益研究专项，设立课题"液化用煤的资源分布及煤岩学研究"，其中涉及陕甘宁盆地低煤级优质煤的液化性能研究、高效洁净加工利用的前沿性科学问题。李小彦等（2005）从"优质煤"的形成角度，基于鄂尔多斯盆地探讨泥炭沼泽环境条件对煤质的控制作用，其中河流成煤模式下形成的煤层富惰质组，湖泊三角洲成煤模式下的煤层富镜质组。由于不同显微组分的物理化学性质和工艺性质的差异，富惰质组煤利于气化、动力燃烧、制吸附剂，富镜质组煤则首选液化和配焦，并据此给出了鄂尔多斯盆地不同地区煤炭资源的"首选利用方案"，做到物尽其用，节约能源，为煤炭资源的高效利用提供技术保障。

除了液化、气化、焦化等特殊利用的煤炭资源。我国独有的一些典型特殊煤种，具有特殊煤岩学和化学特征的树皮煤（吴俊，1992；王绍清等，2018），被誉为"煤中之王"的太西煤、小发路煤均为优质无烟煤，众多学者对这些特种煤的形成过程沉积环境的控制作用也进行了研究。

二、泥炭沼泽类型研究

煤是由植物遗体经过生物化学作用和物理化学作用转变而成，在这个过程中要经历泥炭化阶段和煤化阶段，泥炭沉积环境显著影响煤的物理性质、化学成分和煤炭利用行为（Wei et al.，2020）。煤相研究是解决煤层成因问题的重要方式，通过煤相分析，可得出有关成煤植物来源、成煤沼泽环境及其演化、泥炭的堆积过程及其发生变化的控制因素等情况，它们的变化控制着煤的成分和结构，进而影响其物理性质和化学性质。煤相分析的意义就是通过煤层现今形态反演成煤时期的环境变化，前人对泥炭沼泽类型和煤相分析进行了大量研究（表 1.2.1）。

表 1.2.1　煤相研究发展历程

时间	研究人员	主要成果及影响	来源
1951 年	苏联学者热姆丘日尼柯夫等	首次提出"煤相"这一术语，划分出了四种煤相类型	热姆丘日尼柯夫等(1963)
1956 年	基莫菲耶夫	进一步完善了煤相研究	基莫菲耶夫(1955)
1969 年	Hacguebard 和 Donaldson	提出"植物保存指数"的概念	Hacquebard 和 Donaldson(1969)
1982 年	Teichmuller 和 Teichmuller	对煤相的概念进行重新探讨，明确表述为："煤相是指煤的原始成因类型，它取决于形成泥炭的环境"	Teichmuller 和 Teichmuller(1982)
1985 年	Harvey 和 Dillon	提出了镜惰比指数(V/I)，反映近河道处沼泽水面高低	Harvey 和 Dillon(1985)
1986 年	Diessel	通过凝胶化指数(GI)和结构保存指数(TPI)确定沉积环境	Diessel(1986)
1991 年	Calder 等	提出了地下水动力指数(GWI)和搬运指数(TI)反映沼泽水动力强弱，应用广泛	Calder 等(1991)
20 世纪 80 年代后期		煤相分析研究引入国内，对国内不同盆地及地区开展了煤相分析研究	

  "煤相"这一术语最早于 1951 年，由苏联学者热姆丘日尼柯夫等(1963)提出，划分出了四种煤相类型：①覆水沼泽相；②森林沼泽相；③流通沼泽相；④沼泽湖泊相。基莫菲耶夫(1955)对埃基巴斯图兹和古辛诺湖煤产地的中石炭世煤层做了煤相研究，进一步完善了煤相研究。Smith(1962)对英国约克夏煤田石炭纪煤层进行了多次详细的孢粉学和煤岩学研究，提出了以孢子组合特征为依据而划分的"孢子相"的概念。Hacguebard 和 Donaldson(1969)提出植物保存指数的概念。Teichmuller 和 Teichmuller(1982)对煤相的概念进行了重新探讨，并明确表述为："煤相是指煤的原始成因类型，它取决于形成泥炭的环境"。指出确定煤相主要有以下四个依据：①堆积作用的类型；②植物群落；③沉积环境(包括 pH、细菌活动性、硫的补给性)；④氧化-还原电位。Teichmuller(1989)利用古植物学和煤岩学相结合的方法研究了德国鲁尔石炭纪烟煤和下莱茵湾地区新近纪褐煤的煤相。Diessel(1986)在研究澳大利亚二叠纪煤层的煤相时，引用了凝胶化指数(GI)和结构保存指数(TPI)等成因参数，通过图解法在已经确认的上三角洲平原、下三角洲平原及山麓冲积平原环境类型中区分出了草甸沼泽、潮湿森林沼泽和干燥森林沼泽三种基本的泥炭沼泽类型。这一煤相划分方法得到了广泛的传播，至今仍然被多数人所引用。

  国内在煤岩学方面的研究始于 1930 年谢家荣的《煤岩学研究之新方法》(韩德馨，1996)，1956 年，高崇照、金奎励、王洁、韩德馨等研究了淮南新庄晚古生代煤层的成煤环境(杨起和韩德馨，1979)。20 世纪 80 年代后期以来，我国学者在国外煤相研究的基础上，对国内不同盆地及地区进行煤相分析，姜尧发(1994)比较了澳大利亚二叠纪煤与华北石炭纪—二叠纪煤 GI 和 TPI 的差异，初步确定了华北石炭纪—二叠纪煤中煤相类型在相关图上的分区界线。张群等(1994)以煤岩学为主，结合煤化学、地球化学和沉积学，提出了成煤泥炭沼泽和煤相的划分方案，总结了各类煤相的特征及各煤层的煤相组成及其垂向演化序列。张有生和李素琴(1994)认为，煤相与泥炭沼泽环境之间存在必然联系，煤相分析为推测泥炭沼泽环境提供了一个佐证。代世峰等(1998b)提出了 VC/PD 参数以反映煤形成时介质的酸碱度。代世峰等(2007)用凝胶化指数、植物组织保存指数、地下水流动指数(GWI)和植被指数(VI)来反映泥炭聚积期间主采煤分层在垂向上的演替特征。李小彦等(2008)对神东矿区上湾煤矿 2-2 煤相进行了研究,采用有机相指标,结合煤质和地球化学参数,划分了煤相类型,并阐述了煤相垂直分带特征,分析了沼泽环境变化。许福美等(2010)对福建龙永煤田顶峰山矿区二叠系童子岩组主采煤进行研究认为,沼泽覆水深度的变化会引起煤相组合和旋回结构的相应变化。李晶等(2012)对新疆准东煤田西山窑组巨厚煤层研究时,依据煤相参数的垂向演化,划分出若干水进水退含煤小旋回。潘松圻等(2013)认为,煤相的垂向演化规律受湖平面升降变化控制,通过层序地层格架可反映湖平面的升降,在不同体系域中湖平面的变化控制泥炭沼泽的发育。晋香兰和张泓(2014)认为,鄂尔多斯盆地侏罗系延安组煤中硫分含量和灰分主要受沉积环境和泥炭沼泽类型的控制。Dai 等(2020)指出,在地理和古气候背景下采用孢粉学和地球化学指标是确定和解释泥炭沉积环境的重要手段,提出从煤的地球化学、矿物学、孢粉学、岩石学及相关岩石的地层学、沉积学和沉积相学等方面获得的证据相结合是准确全面确定沉积环境的必要条件。

三、构造-热演化研究

泥炭形成后,由于盆地的沉降,在上覆沉积物的覆盖下被埋藏于地下,经压实、脱水、增碳作用,游离纤维素消失,出现了凝胶化组分,逐渐固结,经过这一系列物理化学变化转变成年轻褐煤。随着煤的变质作用,其物理化学性质发生一系列变化,碳含量增高,氢氧含量降低,后期煤化作用对煤的形成具有重要影响。在煤炭资源的利用过程中,煤类起着决定性作用,不同煤类的煤,其用途也大相径庭,低阶煤因其煤化程度低,氢含量较高,适合直接加氢液化,中等变质程度的煤,因其较好的黏结性和结焦性,多适合炼焦用煤;高阶煤可用于气化等。

1873 年,希尔特发现变质程度随埋深变化而变化的规律后,构造热演化对煤的控制作用一直是煤地质学家的研究重点(White,1925)。通过煤变质热源及其作用方式的研究,杨起(1999)总结了中国煤变质作用主要类型,揭示了我国煤类的分布规律,提出了"多阶段演化,多热源叠加"的煤变质理论。中国煤经历过三个变质演化阶段。

(1)以正常地温为热源的深成变质作用阶段。煤的深成变质作用与区域地温场,含煤地层的埋深和上覆地层的厚度及煤层的形成时间相关,即与温度、压力、时间密切相关。煤的深成变质作用是最普遍的煤变质作用,表现为煤变质遵循希尔特定律。对深成变质作用的研究较早,研究成果也十分丰富,相关的实例研究较多,Morgan(1976)分析认为,深成变质作用是鲍文盆地煤层变质的主控因素,Lewis 和 Hower(1990)提出埋藏深度和地温梯度是煤变质作用的主控因素。Kisch(1966)分析总结了大量的深成变质作用的实例。Taylor 等(1998)在讨论深成变质作用对煤变质的控制过程中,研究了岩浆侵入和构造运动导致的反希尔特定律。

(2) 以多热源叠加变质为特征的演化阶段。该演化阶段主要指岩浆的热量、喷发引起压力和挥发分气体导致煤变质程度的增加，可分为两种情况(图 1.2.1)，一种是岩浆大范围的侵入，形成异常热场，对煤变质过程进行远程的控制，成为区域岩浆热叠加变质作用。该作用影响范围较大，作用时间长，是造成我国煤类复杂的主要原因。另一种是岩浆直接侵入含煤地层(图 1.2.1)，对煤层直接接触，使煤层局部产生高演化异常，因为热封闭性的不同，可以产生天然焦和石墨两种结果。除了岩浆热叠加外，仍存在少部分其他异常热源(除地热外)叠加，如热水热液等(Yao et al.，2011)。

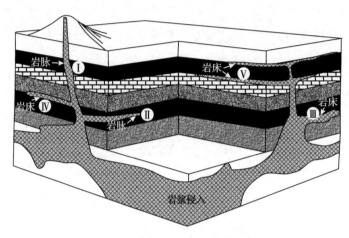

图 1.2.1　岩浆侵入煤层的五种形式(Yao et al.，2011)

Ⅰ. 岩脉切割煤层；Ⅱ. 岩脉插入煤层；Ⅲ. 岩床侵入煤层底板；Ⅳ. 岩床侵入煤层底板；Ⅴ. 岩床同时侵入顶底板

(3) 以奠定煤变质格局为主的演化阶段。该演化阶段的特征是：中生代晚期，特别是新生代复杂的构造运动使煤层变形、变位，使已形成的煤变质分带发生位移，导致我国煤变质条带复杂化。

构造-热演化过程主要影响煤类和煤级，对煤岩煤质也存在一定的影响。构造-热演化对煤岩组分的影响主要表现为随着煤化作用的进行，煤岩组分会有一些轻微变化，形成一些新组分，如渗出沥青质体，但更多的是随着煤化作用的进行，三大显微组分之间的差异逐渐减小、趋同，至无烟煤等高变质阶段，在显微镜下难以区分出三大显微组分类别。

构造-热演化对煤质的影响主要表现在对煤中元素迁入和迁出的影响，任德贻等(1999)根据煤中元素富集的主导因素，划分出五种煤中微量元素富集的成因类型：①陆源富集型；②沉积-生物作用富集型；③岩浆-热液作用富集型；④深大断裂-热液作用富集型；⑤地下水作用富集型。其中三种皆与后期煤化作用过程中构造-热演化有关。特别是众多学者逐渐意识到，构造作用在控制岩石形成和变形过程中影响着岩石中地球化学元素的分布、迁移、聚集与分散，构造应力的差异导致成岩后元素在时空分布上的差异(吴学益等，2007；郑远川等，2009)。煤作为一种对应力-应变异常敏感的特殊有机岩石，变形过程中也可能伴随着矿物、元素的迁移与聚集。

煤层的风化和氧化作用是煤层形成后发生在表生带的一种地质作用。煤层因构造运动而出露地表或埋藏于地表浅处，在大气和水等各种地质营力的综合作用下，其物理和化学性质势必发生变化。根据煤层物理和化学性质变化的程度，可将其分为风化带和氧化带。位于风氧化带的煤层，其煤岩煤质受风氧化作用，而产生一定的变化。

第三节　清洁用煤赋存规律与控制因素研究框架

一、概念

在资源和环境双重压力下，煤炭资源的清洁利用是我国煤炭工业的必然选择。清洁用煤是指可以满足气化、液化、焦化等非动力用煤的转化工艺要求的煤，转化结果可以减少对环境的影响，增加煤炭的利用途径和效率(图1.3.1)，但转化利用过程对煤岩、煤质及煤类有特定的要求。

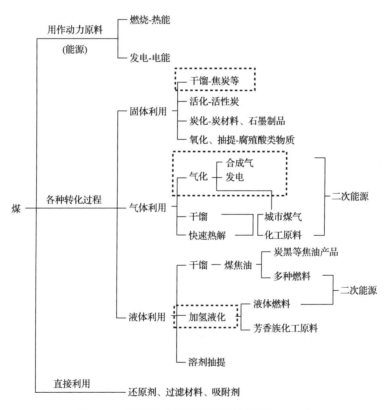

图 1.3.1　煤炭综合利用系统图(何选明，2010)

随着煤化工产业的发展，煤炭的转化工艺越来越丰富，煤炭的利用方式越来越多元，其中气化、液化和焦化(干馏)仍然是目前煤化工的核心工艺(图1.3.1)，煤岩、煤质、煤类是决定煤工艺性质的重要因素，本书重点分析这三类化工用煤的地质控制因素，查明其空间(赋煤区带)、时间(赋存层位)赋存特征。

二、研究对象及研究范围

本书采用"点上剖析,面上总结"的研究思路,研究范围为我国主要赋煤区:东北赋煤区、华北赋煤区、西北赋煤区和华南赋煤区(由于滇藏赋煤区的煤炭资源赋存较少,不列为本书的研究区),研究层位为各赋煤区主要可采煤层所在的含煤组段(表 1.3.1),通过研究,查明沉积环境、主采煤层泥炭沼泽类型、后期构造热演化对主采煤层煤岩、煤质、煤类的控制。

表 1.3.1 四大赋煤区主要含煤岩系及含煤地层

赋煤区	含煤岩系	主要含煤组段
东北赋煤区	下白垩统	城子河组(沙河子组、大磨拐河组、沙海组) 穆棱组(营城组、伊敏组、阜新组)
华北赋煤区	石炭系—二叠系	太原组、山西组
	中侏罗统	延安组(大同组、下花园组)
西北赋煤区	中—下侏罗统	西山窑组、八道湾组
华南赋煤区	上二叠统	龙潭组(宣威组、长兴组)

我国成煤时代多,成煤空间广,煤种齐全。中国地史中主要聚煤期包括早石炭世、晚石炭世、早二叠世、中二叠世、晚二叠世、晚三叠世、早侏罗世、中侏罗世、早白垩世、古近纪、新近纪。其中以石炭纪—二叠纪、早—中侏罗世和早白垩世三个时期的聚煤作用最强。各时代泥炭沼泽环境差异性大,对煤岩煤质的控制作用明显,同时不同赋煤区的构造热演化历程不同,显著影响煤类的时空分布。

(1)石炭纪—二叠纪含煤岩系主要分布在华北赋煤区和华南赋煤区。华北赋煤区石炭纪—二叠纪含煤组段为太原组、山西组,几乎全区分布;华南赋煤区以晚二叠世的龙潭组、长兴组(宣威组)为主要含煤地层,主要分布于云贵川地区,其他地区分布相对较少。

(2)早—中侏罗世含煤岩系主要分布于西北赋煤区和华北赋煤区,本书以西北赋煤区的八道湾组、西山窑组,华北赋煤区鄂尔多斯盆地的延安组为例进行论述,这三个组段也是我国煤炭开发利用的主力层位。

(3)早白垩世含煤地层主要分布于北纬40°以北的东北赋煤区,主要展布在东北赋煤区的西部、中部、东部三个北北东向条带上:西部以海拉尔群和二连盆地群为主,中部以松辽盆地为主,东部以三江-穆棱盆地群为主。

三、研究框架

从煤岩学角度来看,煤的性质取决于其组成和变质程度。煤的组成是指煤的显微组分及其矿物质,它是沉积环境和泥炭沼泽环境的产物。煤的变质程度是泥炭形成后在地下经过温度、压力而发生的成分和结构的演化。

控制煤炭利用途径的影响因子主要包括:煤类、煤岩和煤质特征,煤的工艺性质是煤类、煤岩和煤质三者的综合反映(图 1.3.2),煤类、煤岩和煤质是煤炭清洁高效利用的决定性因素。煤炭的转化对煤类、煤岩、煤质均有具体的要求。直接液化用煤需要低变质、富氢煤炭资源;气化用煤的煤岩煤质要求相对较宽松,惰质组(原生孔隙结构较高,气化反应表面积大,有利于煤的气化)含量较高,灰分低也有利于气化反应。焦化用煤需要低硫、低灰、黏结性和结焦性较好。

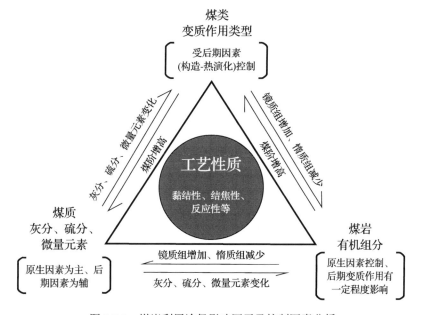

图 1.3.2 煤炭利用途径影响因子及控制因素分析

煤岩主要指煤中有机组分(即镜质组、惰质组和壳质组),有机组分是清洁用煤加工利用的主要对象,镜质组、惰质组和壳质组三者本身成分和结构的不同导致煤化学性质的差异,而成煤过程的多样性是造成该差异的根本原因。例如,成煤过程中的成煤植物、成煤环境等都会造成三大显微组分千差万别(张双全等,2013)。煤质主要指煤中的灰分和硫分含量,二者是影响煤炭转化利用的重要因素,灰分和硫分主要受控于成煤过程中输入泥炭沼泽的无机矿物情况。煤的变质程度(表现为煤类)是煤炭利用的决定性因素(图 1.3.2),变质程度主要受控于煤化作用过程中的构造-热演化。煤炭是有机质沉积的极端条件(碎屑沉积几乎停滞),其沉积过程的开始和持续是众多因素的综合结果,其沉积特征受多种因素影响。沉积后期由于有机质对温度、压力和地质流体敏感的特质,后期地质活动对其改造作用也十分明显(图 1.3.3)。总之,复杂的成煤过程和众多的影响因素造成煤本身结构、组成、物理性质的多样性,进而对煤的加工、转化、利用产生重要影响。

成煤原生条件主要影响煤岩煤质,后期煤化作用主要控制其煤级的变化(表现为煤类的不同),本书在综合分析各类影响清洁用煤控制因素的基础上,建立了清洁用煤赋存控制因素研究框架,将清洁用煤控制因素划分为“两大方面,三个因素”(图 1.3.4)。“两大方面”为原生沉积条件建造作用和后期构造-热演化改造作用;“三个因素”为沉积环境、泥炭沼泽类型和后期煤化作用过程。

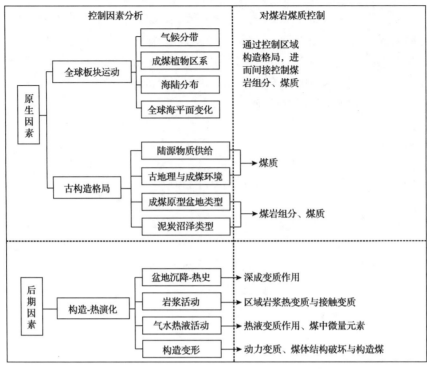

图 1.3.3 各类地质因素对煤类、煤岩、煤质的控制作用

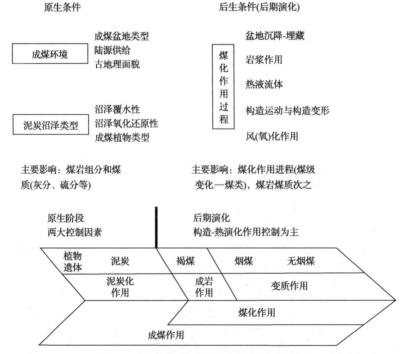

图 1.3.4 清洁用煤赋存控制因素研究框架

原生条件控制发生在泥炭沼泽的建造阶段，对煤岩组分和灰分，硫分等煤质特征起绝

对的控制作用，后期煤化作用可能会对其进行部分改变，但是属于次要的控制作用。从其对煤岩煤质的控制尺度角度，该阶段分为"沉积环境"和"泥炭沼泽类型"两个方面。

较大尺度的沉积环境，其为泥炭沼泽的发育提供背景，泥炭沼泽作为沉积环境下众多沉积相中较为特殊的沉积相(碎屑沉积停滞，有机质沉积占绝对优势)；较小尺度下的泥炭沼泽环境，其直接产物为"煤"，沼泽的物化性质直接影响煤的性质。沉积环境和泥炭沼泽类型属于从属关系，泥炭沼泽的形成一定程度上受控于沉积环境，形成河流泥炭沼泽、三角洲泥炭沼泽等不同类型沼泽类型。泥炭沼泽本身又具有很强的独立性，有机质沉积绝对主导，碎屑沉积几乎停滞，周围沉积环境的影响微弱，泥炭沼泽一旦受到影响，碎屑沉积加强，聚煤作用中断。

构造-热演化的控制作用发生在煤化作用阶段，对煤层主要起改造作用，主要影响煤本身的有机质成熟度，该过程也可造成煤岩组分和煤质特征发生轻微的变化，如煤中元素的迁入迁出等。

四、研究内容

围绕"两大方面，三个因素"的研究框架，研究内容主要包括以下四个方面，即沉积环境对煤岩煤质的控制作用，泥炭沼泽类型与煤岩煤质的关系，构造-热演化对煤类的控制作用，以及清洁用煤的成因类型划分及赋存规律。

(一)沉积环境对煤岩煤质的控制

沉积环境是多种因素共同作用的结果，包括全球海平面变化、板块运动、成煤盆地类型等。本书应用沉积学、层序地层学和煤岩学等研究手段，以泥炭沉积时的岩相古地理面貌研究为基础，结合不同沉积环境下的煤岩煤质数据，探讨不同沉积环境对煤岩煤质的影响。

成煤原型盆地类型受成煤期的板块位置、基底属性、盆地结构、动力学背景所控制(基底先存构造+成盆期同沉积构造)。不同类型盆地具有不同的构造古地理和泥炭沼泽环境、泥炭沼泽类型及物源供给条件，从而决定了煤岩组成和煤质特征。

东北地区是多个地块(微板块)拼合成统一的复合板块(程裕淇，1994；李锦铁，1998；张兴洲等，2006；汪新文，2007；刘永江等，2010)。晚侏罗世—早白垩世初期，西伯利亚板块与东北板块碰撞产生的阻挡作用及古太平洋板块(Izanagi 板块)向中国大陆的俯冲和方向的改变，引起整体应力场的改变，构造环境转变为拉伸，形成东北地区的主要断陷成煤盆地，主要泥炭沼泽环境为陆相湖盆相，形成下白垩统陆相含煤岩系(谢鸣谦，2000；李锦铁等，2006；刘永江等，2010)。

华北克拉通是地球上最古老的克拉通之一，是中国最大、最古老的克拉通(李三忠等，2010)。晚石炭世—早二叠世，华北赋煤区整体处于一个海退的过程，在该过程形成一套主力煤系，主要泥炭沼泽环境为海陆过渡相的三角洲成煤和陆相的河流成煤。侏罗纪—白垩纪，华北西部的鄂尔多斯盆地表现非常稳定，发育连续的中生代鄂尔多斯克拉通继承性沉积盆地，形成一套主力煤系——下侏罗统陆相含煤岩系，主要泥炭沼泽环境为陆相的河流—三角洲成煤。

西北赋煤区早—中侏罗世成煤盆地主要以拉伸背景下断陷盆地和山间盆地为主,多为断拗结构,基底沉降缓慢且沉积环境稳定,形成中—下侏罗统含煤岩系,含煤区广且煤层较厚。

华南赋煤区晚二叠世成煤盆地主要为拉伸背景下拗陷构造,其中主力赋煤区扬子盆地为克拉通拗陷盆地,东南盆地为陆内裂陷盆地,泥炭沼泽环境较复杂,主要有海陆过渡相的三角洲环境和陆相的河流三角洲环境。

不同原型盆地类型发育下的沉积环境是造成我国煤岩组分巨大差异的重要因素。东北赋煤区陆相断陷盆地成煤相对于华北赋煤区陆相克拉通盆地成煤沉降速度更快,有机物可以被更快埋藏进入隔氧还原层位,形成镜质组含量较高的煤炭资源,需要说明的是,盆地类型对煤岩煤质的差异需要在相似的沉积环境下进行对比,例如,同属于海陆过渡相沉积环境下,华南赋煤区的扬子盆地(克拉通拗陷)相对于东南盆地(陆内裂陷)惰质组含量明显高,但是相对于华北赋煤区(克拉通拗陷)山西组(陆相泥炭沼泽环境),其惰质组含量又明显低。

(二)泥炭沼泽类型与煤岩煤质的关系

沼泽环境主要由水体和泥炭构成,二者本身的性质及相互之间的关系控制着煤的成分和结构,进而影响其化学性质和物理性质。煤相分析的意义就是通过煤炭现今的状态来反演当时的泥炭沼泽环境,即:①泥炭的性质,如成煤植物等;②水体的性质,如水体的补给源、pH 和 Eh 等;③二者之间的关系,影响到泥炭的丝炭、凝胶化程度(表 1.3.2)。

表 1.3.2 泥炭沼泽环境对煤岩、煤质的影响

沼泽性质		沼泽环境	沼泽环境对煤岩煤质的影响
成煤植物		草本植物(芦苇等)	水带入的矿物比森林沼泽煤丰富。主要的镜质组为基质镜质体。这种煤的特点是纤维素含量、氢含量和低温焦油产率高
		木本植物	通常沉积的是高木质素的富木泥炭,这些泥炭在煤化过程中转化为富木质素的软褐煤和富含镜煤的烟煤。这种煤的镜质组通常是结构镜质体和均质镜质体
水体性质	pH	酸性条件	有利于微生物的生存,不利于泥炭的堆积,特别是泥炭沼泽发育后期,微生物大量繁殖,沼泽水环境恶化,凝胶化作用减弱,一般会形成半暗-暗淡煤
		中性-碱性	泥炭沼泽发育初期,水体相对清澈,pH 处于中性-碱性状态,微生物繁殖较弱,泥炭凝胶化作用较强,一般会形成半亮-光亮煤
	Eh	—	氧化还原电位低,整个环境处于还原环境,凝胶化作用强烈,一般这个阶段形成的煤层为光亮-半亮煤
	沼泽的补给源	地下水补给	以地下水作为补给的一般为低位沼泽,地下水位高,煤层中矿物质含量高,煤层灰分高且灰成分中 $Fe_2O_3+CaO+MgO$ 含量高
		大气降水补给	以大气降水为主要补给来源的,一般为高位沼泽,即地下水位低,煤层中矿物质含量低,灰成分中 $SiO_2+Al_2O_3$ 含量高
水体与成煤植物的关系		可容空间增加速率<泥炭产生速率	造成泥炭暴露,部分氧化,导致灰分增加,同时惰质组含量升高
		可容空间增加速率>泥炭产生速率	覆水性较强,凝胶化作用较好,镜质组含量较高

本书从煤岩学、煤质和地球化学等方面，依据主采煤层宏观煤岩类型，分层描述和刻槽采样及测试分析，根据宏观煤岩类型、显微组分、显微组分类型及其组合、煤中矿物质种类、煤层结构构造和煤层顶底板岩性等成因标志，重塑清洁用煤成煤沼泽类型在空间组合和时间上的演化过程，恢复古泥炭沼泽的原始环境面貌。通过煤岩组分凝胶化指数、镜惰比指数、结构保存指数、植物指数、地下水影响指数、搬运指数、泥炭沼泽类型指数等分析泥炭沼泽覆水程度、水介质氧化还原程度、沼泽水动力条件、成煤植物类型，确定泥炭沼泽类型，结合煤岩、煤质、煤及夹矸顶底板的地球化学特征，探讨古植物和沼泽环境对煤岩煤质的影响。

(三)构造-热演化对煤类的控制作用

构造-热演化过程主要对煤的有机质演化产生影响，具体表现为煤类的不同，但该过程对煤岩煤质也存在一定的影响，相对于沉积环境和泥炭沼泽类型对其的控制，构造-热演化的作用相对微弱。

本书重点从成煤地质时代、构造格局与构造演化、盆地热作用等方面研究煤化作用过程对煤类的影响，查明控制清洁用煤后期演变和定型的控制因素。煤类主要受温度、时间的影响，压力起到辅助作用。煤变质作用主要类型有深成变质作用、区域岩浆热变质作用、接触变质作用及热水热液变质作用。在不同的地质条件下，煤在普遍进行深成变质作用之外，可能还会经受一种或一种以上其他类型的煤变质作用，也可能不止一次地经受同一类型的变质作用，因此，构成了煤的多热源叠加变质作用，导致一系列中、高变质煤带的形成。

煤岩组分和煤质主要受控于泥炭沉积期的沉积环境，构造-热演化对煤层的影响主要体现在对有机质成熟度的控制，具体表现为对煤类的定型作用。相对于沉积环境和泥炭沼泽类型对煤岩组分和煤质的控制，构造-热演化作用相对微弱，具体可表现为：①煤岩组分的形成和消失；②元素随流体迁入迁出；③风氧化作用对煤质的影响。本书只简单分析构造-热演化对煤岩组分和煤质的控制。

(四)清洁用煤成因类型划分及赋存规律

在对清洁用煤形成的控制因素研究基础上，以我国162个规划矿区煤岩、煤质、煤类数据为基础，结合我国煤田地质条件，划分清洁用煤成因类型，分析清洁用煤的时空展布特征，总结不同成因类型的清洁用煤的煤岩煤质特征。

五、技术路线与研究方法

以煤岩、煤质、煤类的成因为切入点，采用"点上剖析、面上总结"研究思路，充分利用区域煤炭地质资料、煤炭地质勘查及生产资料和采样测试数据，采用资料收集、现场调查与采样、测试分析、图件编制及综合分析等方法，综合运用煤田地质学、沉积岩石学、层序地层学、构造地质学、煤岩学、煤化学等的基础理论和方法手段，为清洁用煤资源调查评价提供理论支撑。具体研究思路及技术路线如图1.3.5所示。

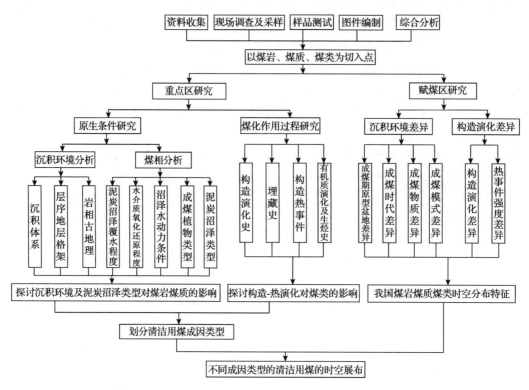

图 1.3.5　研究思路及技术路线图

具体研究方法如下：

1. 资料收集及分析

通过地质资料馆、煤田地质局、勘查院及勘查队、矿业集团及煤矿、期刊、网络等渠道，充分收集研究区已有的煤炭地质资料和研究成果，进行详细梳理分析与总结。

2. 矿井调查与采样

在深入分析已有成果资料的基础上，在鄂尔多斯盆地西缘宁东煤田、鲁西南煤田、鹤壁煤田、新密煤田、淮南煤田、吐哈盆地、伊宁矿区、昭通煤田、鹤岗煤田等区的煤矿进行矿井地质调查与采样，系统采集主采煤层、夹矸、顶底板的煤岩样品，开展煤岩宏观描述。

3. 测试分析

利用光学显微镜、X 射线衍射（XRD）、X 射线荧光光谱分析（XRF）、电感耦合等离子体质谱（ICP-MS）等仪器及方法，依据《煤的显微组分组和矿物的测定方法：GB/T 8899—2013》《煤的镜质体反射率显微镜测定方法：GB/T 6948—2008》《煤的工业分析方法：GB/T 212—2008》《煤中全硫的测定方法：GB/T 214—2007》《煤的发热量测定方法：GB/T 213—2008》《煤中碳和氢的测定方法：GB/T 476—2008》《煤中氮的测定方

18

法：GB/T 19227—2008》《沉积岩中黏土矿物和常见非黏土矿物 X 射线衍射分析方法：SY/T 5163—2010》等国家标准及规范，开展煤的亚显微组分鉴定和镜质体反射率测定，煤的工业分析，元素分析，全硫及形态硫、磷、灰成分分析，微量元素（Sr、Ba、F、Cl、B、Ge 等）分析、夹矸及顶底板的矿物成分及含量、微量元素分析。根据宏观煤岩类型、显微组分、显微煤岩类型及其组合、煤中矿物质种类、煤层结构构造和煤层顶底板岩性等成因标志，分析清洁用煤形成时的泥炭沼泽环境。

4. 数据处理分析及图件编制

整理分析各赋煤区煤岩煤质数据，编制各赋煤区煤岩煤质图。处理测试分析的煤岩煤质数据，编制主采煤层煤质及煤相柱状图，分析泥炭沼泽环境及清洁用煤的成因。本书无特殊说明，煤质中的灰分和硫分分别按《煤炭灰分分级：GB/T 15224.1—2018》和《煤炭硫分分级：GB/T 15224.2—2010》分级。

5. 综合分析

基于沉积环境、泥炭沼泽环境及构造-热演化对煤的煤岩、煤质及煤类控制的研究，综合分析研究清洁用煤赋存规律及控制因素，从原生条件和后生条件两方面划分清洁用煤的成因类型，归纳总结不同成因类型的煤岩煤质煤类特征，从平面上总结我国四大赋煤区（滇藏赋煤区除外）清洁用煤赋存特征。

第二章

沉积环境的控制作用研究

我国聚煤期跨度大，含煤盆地众多。不同成煤时代和成煤盆地的成煤环境和成煤模式不同，沉积环境控制着煤岩(有机显微组分)、煤质(灰分、硫分)。本章节从四大赋煤区入手，在各赋煤区沉积环境演化特征和煤岩煤质特征总结的基础上，重点阐述沉积环境对煤岩煤质的控制作用，煤中灰分主要受距物源区的距离控制，靠近物源区，灰分含量普遍较高。煤中硫分主要受成煤期海水的影响，海陆过渡相形成的煤的硫分含量普遍较高。煤中有机组分含量主要受成煤植物、成煤环境的凝胶化作用与丝炭化作用的控制。

第一节　东北赋煤区

一、沉积环境演化

东北赋煤区主要发育早白垩世煤系，其次为古近纪煤系。煤系赋存的盆地边缘多受主干断裂控制，呈北东、北北东向展布，盆地的形成与火山活动有密切关系。多数盆地的含煤地层覆盖在火山岩之上或被火山岩控制，成煤盆地多为半地堑、地堑和由一系列亚盆地组成的复式断陷三种构造样式，以半地堑的数目最多。区内除黑龙江北部有晚侏罗世——早白垩世的海陆交互相沉积外，其余均为陆相沉积。

东北赋煤区早白垩世通常具有两个含煤层位，即下含煤组和上含煤组(邵凯，2013；邵凯等，2013)。含煤盆地分为以海拉尔盆地群和二连盆地群为主的西部区、以松辽盆地为主的中部区和以三江-穆棱-延吉盆地群为主的东部区(中国煤炭地质总局，2016)。盆地的演化总体分为五个阶段(李思田，1988)：第一阶段为初始裂陷期，相当于地层的义县阶和九佛堂阶，发育火山喷发-冲积扇相沉积；第二阶段为缓慢裂陷期，主要发育河流-湖泊相沉积；第三阶段为急速裂陷期，主要发育湖泊相沉积，第二阶段和第三阶段相当于地层的沙海阶；第四阶段为缓慢回升期，主要发育湖泊-三角洲沉积；第五阶段为抬升消亡期，主要发育河流-冲积扇沉积，后两个阶段相当于地层的阜新阶。其中，第二阶段和第四阶段分别形成了早白垩世下含煤层和上含煤层(图2.1.1)(中国煤炭地质总局，2016)。

年代地层				内蒙古		辽宁		吉林		黑龙江			三级层序
系	统	阶	年代/Ma	二连盆地	海拉尔盆地	辽宁西部	辽宁东部	松辽盆地	吉林东部	黑龙江西部	三江-穆棱河		
白垩系	上统	塞诺曼阶 青山口阶K₂	100	二连组				青山口组					
	下统	阿尔布阶 泉头阶K₁⁶	113				大峪组	泉头组					
		阿普特阶 孙家湾阶K₁⁵	125			孙家湾组		登楼库组		东山组			
		巴雷姆阶 阜新阶K₁⁴	129	赛罕塔拉组	伊敏组	阜新组	聂耳库组	营城组	泉水村组	西岗子组	穆棱组 珠山组	层序V 层序IV	
		欧特里夫阶 沙海阶K₁³	132	腾格尔组	大磨拐河组	沙海组		沙河子组	长财组	城子河组	云山组	层序III 层序II	
		凡兰吟阶 九佛堂阶K₁²	139	阿尔善组	龙江组	九佛堂组	梨树沟组	火石岭组	屯田营组	九峰山组	滴道组 裴德组	层序I	
		贝利阿斯阶K₁¹	145			义县组	小岭组			上库力组/阿尔公组			

图例 ■主要含煤地层 ●含海相或海陆交互地层

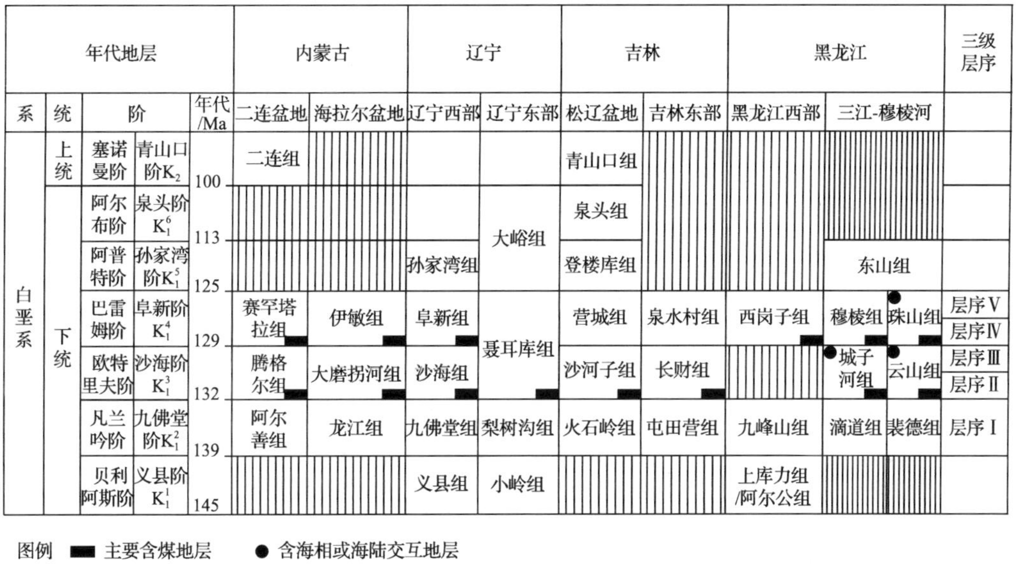

图 2.1.1 东北赋煤区早白垩世含煤地层及层序对比方案(中国煤炭地质总局，2016)

东北赋煤区内早白垩世有利聚煤及富煤带主要发育在河流泛滥平原、滨湖平原沼泽、三角洲平原沼泽环境。东部区各含煤盆地在聚煤期有海水进入，但主要成煤环境仍以陆相为主，聚煤单元仍为滨浅湖、三角洲平原、河流泛滥平原等，聚煤中心及富煤中心位于七台河东南部及东南部、勃利北部、鸡西滴道南部、鸡西东部、双鸭山东部、绥滨、鹤岗等地区。中部区各含煤盆地主要沉积相类型为扇三角洲相、河流相、冲积扇相等，沉积物主要来源于盆地四周的古隆起，沉积物以碎屑供应为主。松辽盆地东部的营城盆地沉积物主要来自盆地的东南地区，为当时的物源方向(景山等，2009；王铁晖等，2018)，聚煤中心发育在松辽盆地深层(徐家围子断陷)及松辽盆地东南缘营城、朝阳及长春等断陷盆地范围。西部区各含煤盆地构造相对稳定，主要沉积相为河流三角洲相和湖泊相，在稳定的湖泊淤浅的基础上发育巨厚煤层，当时在西部区大部分盆地中都发育厚-巨厚煤层(邵龙义等，2013a；郭彪，2015；中国煤炭地质总局，2016)。

二、煤岩煤质变化

东北赋煤区早白垩世主要含煤盆地包括三江-穆棱盆地群、松辽盆地、海拉尔盆地群和二连盆地群，本节主要阐述三江-穆棱盆地群、海拉尔盆地群和二连盆地群早—中白垩世煤的煤岩煤质特征。

(一)煤岩特征

东北赋煤区东北部(黑龙江东部)城子河组煤以腐殖煤为主要成分,以光亮煤和半亮煤为主;辽宁省阜新组煤层以腐殖煤为主要成分,以光亮煤和半亮煤为主;内蒙古自治区海拉尔盆地群伊敏组各煤组煤的成分以暗煤为主,丝炭次之,为暗淡型煤,大磨拐组均为暗淡-半暗型煤;二连含煤盆地群煤宏观煤岩特征为各种宏观煤岩类型交替出现(韩德馨,1996)。

早白垩世煤的显微煤岩组分含量平面上表现出一定的分布规律(图 2.1.2),镜质组含量在东北赋煤区总体表现为东高西低的趋势。三江-穆棱盆地群中早白垩世煤的镜质组含量较高,为 80%左右;海拉尔-二连断陷盆地群中煤的镜质组含量变化较大,但是整体低于三江-穆棱盆地群中煤的镜质组含量。

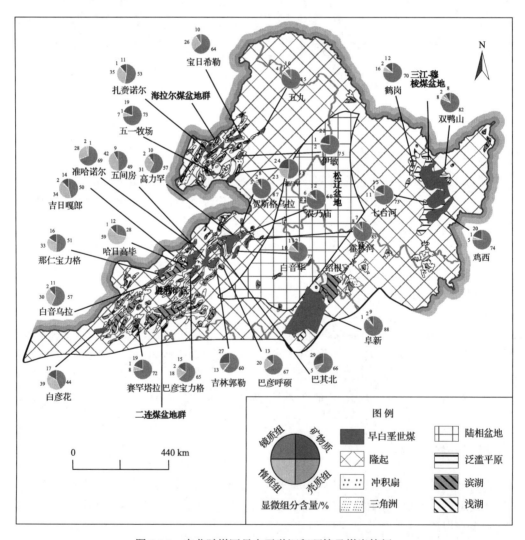

图 2.1.2 东北赋煤区早白垩世沉积环境及煤岩特征

（1）三江-穆棱盆地群中煤的镜质组含量多为 80%左右，惰质组含量多为 10%左右，壳质组含量一般小于 3%，煤中矿物质含量一般为 10%左右，镜质组含量由东北向西南（双鸭山—鹤岗—鸡西—七台河）依次降低。

（2）海拉尔盆地群中煤的显微组分含量变化较大，镜质组变化范围为 52%～85%，总体表现为东高西低，盆地东部的五九矿区、伊敏矿区镜质组含量分别达到了 85%和 75%，西部的扎赉诺尔矿区镜质组含量为 53%；惰质组含量变化趋势与镜质组相对应，总体表现为东部低、西部高；煤中壳质组含量总体较低，为 0%～3%；煤中无机组分含量一般为 10%左右。

（3）二连盆地群中煤的镜质组分总体表现为东高西低，盆地东部贺斯格乌拉、霍林河等矿区镜质组含量多在 80%以上，西部白音乌拉、那仁宝利格、白彦花等矿区煤中镜质组含量为 30%～60%；惰质组含量变化趋势与镜质组相对应；煤中无机组分含量多大于10%，在盆地中部巴其北矿区最高达到 29%。

（二）煤质特征

东北赋煤区早白垩世煤的原煤灰分以低灰-中灰分为主，原煤硫分以特低硫-中硫为主。由于该区域主要以小型断陷盆地为主，煤中无机矿物主要来源于盆地周边。以煤田（矿区）为统计单元，绘制了煤中灰分和硫分含量如图 2.1.3 所示。三江-穆棱盆地群煤的灰分为 14%～23%，双鸭山、鸡西煤田以低灰煤为主，鹤岗、七台河矿区以低灰-中灰煤为主。海拉尔盆地群煤的灰分为 14%～27%，平均为 19%，其中，五九、宝日希勒、伊敏、诺门罕等矿区以低灰煤为主，其余矿区以中灰煤为主。二连盆地群煤的灰分为 13%～28%，平均值为 19%，其中，高力罕、乌尼特、巴彦胡硕、吉日嘎郎、白音乌拉、赛汗塔拉以低灰煤为主，其余矿区以中灰煤为主。

东北赋煤区早白垩世煤中硫分含量变化较大，介于 0.2%～3%，以特低硫-低硫煤为主。三江-穆棱盆地群煤以特低硫煤为主，煤中硫分含量多低于 0.5%。海拉尔盆地群煤主要以特低-低硫煤为主。二连盆地群煤中硫分含量总体上呈北低南高的变化趋势，北部矿区以特低-低硫煤为主，南部矿区煤中硫分含量逐渐升高，吉日嘎郎、白音华、胜利、那仁宝力格矿区以中硫煤为主，南部的白音乌拉、白彦花矿区煤以中高硫煤为主，南部的赛汗塔拉矿区煤以高硫煤为主。

三、沉积环境对煤岩煤质控制作用分析

（一）沉积环境对煤岩煤质平面变化控制

东北赋煤区东部区三江-穆棱盆地群城子河组以陆相的河湖沉积体系为主，虽在聚煤期有海水进入，但对煤中硫分的影响甚微，煤的硫分含量整体偏低，平均为 0.3%。由于该区以断陷盆地为主，碎屑物质来自盆地周缘的古隆起，距物源区近，搬运距离短，灰分多为 20%左右。煤层发育在泛滥沼泽的湖侵体系域和高位体系域（邵凯，2013），断陷盆地的基底沉降速度较快，泥炭的堆积速度低于可容空间的增加速度，该环境下泥炭沼泽的覆水性较好，形成煤层的显微组分以镜质组为主，含量多在 70%以上。

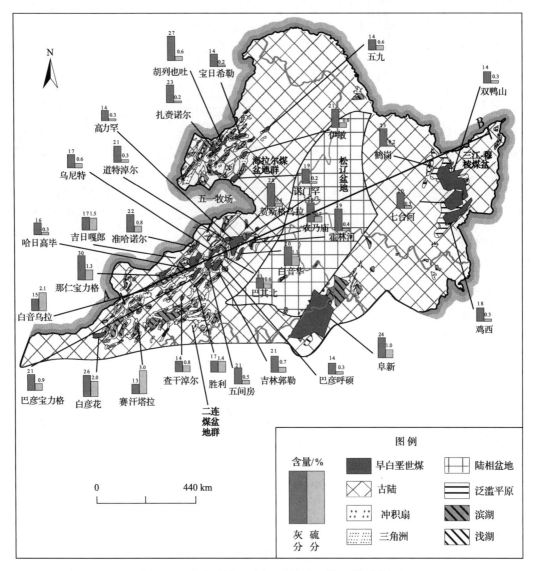

图 2.1.3　东北赋煤区早白垩世沉积环境及煤质特征

西部区海拉尔盆地群伊敏组以河湖沉积体系为主，含煤盆地以小型凹陷盆地为主，沉积物搬运距离近，发育煤层具有低灰-中灰、特低硫的特点，东部湖域范围广，湖水较深，主要为滨浅湖和湖沼等沉积，西部以冲积相和河流相为主，因此，煤显微组分中镜质组含量总体表现为东高西低的趋势。

西部区二连盆地群赛汗塔拉组以小型凹陷盆地的河湖沉积体系为主，沉积物搬运距离近，发育煤层具有低灰-中灰特点，西部以冲积相和河流相为主，东部湖沼发育较好，范围较广，因此，东北赋煤区东部地区煤显微组分中镜质组含量一般高于赋煤区西部。

从图 2.1.3 中 *A—B* 线的剖面(图 2.1.4)可知，各矿区位于不同大小的断陷盆地内，主要发育三角洲环境和浅湖环境，显微组分以镜质组为主，尤其是东部三江-穆棱盆地，泛滥平原环境下形成煤层的镜质组含量高达 80%以上。而西部的断陷湖盆环境下形成煤层的镜质组含量多为 60%左右。镜质组含量平面变化整体呈东高西低的趋势。

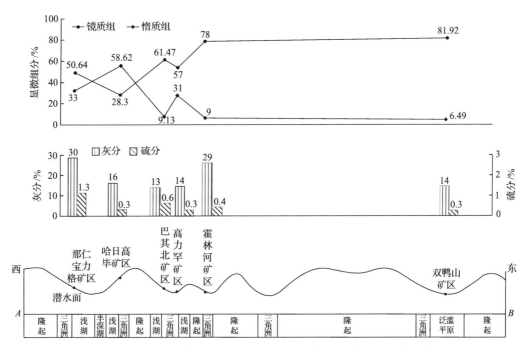

图 2.1.4 东北赋煤区早白垩世沉积环境及煤岩煤质特征剖面变化图

从图 2.1.4 可知，灰分的高低受距隆起区位置远近的影响，距隆起区相对较近的矿区，例如，霍林河矿区和那仁宝力格矿区煤灰分高达 30%，达到中灰煤级别。

(二)沉积环境对煤岩煤质垂向变化控制

以鹤岗矿区为例，分析沉积环境对煤岩煤质垂向变化的控制。该矿区整体处于断陷湖盆沉积环境，泥炭沼泽环境主要有滨浅湖、湖泊三角洲和河流相成煤，且三者为逐渐演化关系。该区煤岩煤质受泥炭沼泽环境演化作用明显。煤岩有机组分从下至上，随着沉积环境由覆水性较好的滨浅湖相到覆水性中等的湖泊三角洲相再到覆水性相对较差的河流相的演变，镜质组平均含量在整体上也随之降低，由 84.8%逐渐降低至 64.7%，相应的惰质组平均含量由不足 10%逐渐增加到 24.9%(图 2.1.5)。

由于东北赋煤区早白垩世整体泥炭沼泽环境为断陷盆地，泥炭沼泽中碎屑物质的供应主要为盆地周缘，随着沉积环境的演化，河流沉积体系逐渐增强，碎屑沉积增加，煤中矿物组分含量逐渐增高，灰分随之也呈现增加趋势，该地区硫分含量也整体较低，多在 1%以下，变化规律不明显(图 2.1.6)。

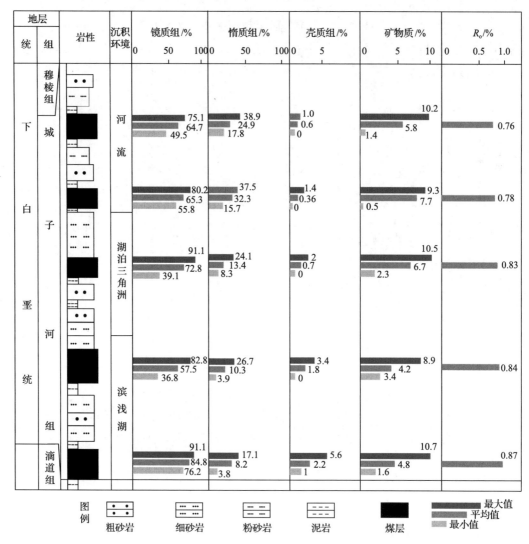

图 2.1.5 东北赋煤区沉积环境垂向演化对煤岩的控制作用

第二节 华北赋煤区

一、沉积环境演化

(一)石炭纪—二叠纪沉积环境及聚煤特征

中奥陶世到早石炭世，受洋壳俯冲产生的挤压作用影响，华北地区全面隆升，形成沉积间断(马文璞，1992；任纪舜等，1999)，长期的风化、剥蚀、夷平，该过程为之后广泛而连续稳定的聚煤事件提供了稳定的沉积基底(曹代勇等，2018)。

邵龙义等(2013a，2014a)对华北石炭系—二叠系层序-古地理及聚煤规律进行了详细

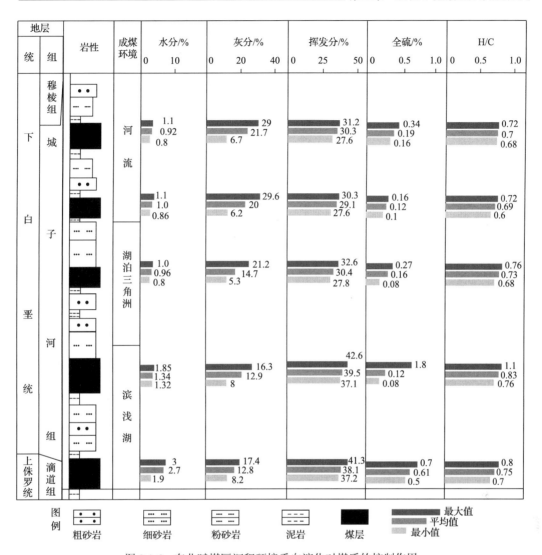

图 2.1.6 东北赋煤区沉积环境垂向演化对煤质的控制作用

研究,将其划分为七个三级层序(图 2.2.1)。主要成煤组段太原组和山西组主要位于 SQ2 和 SQ3 阶段。该时期南北洋壳俯冲产生的挤压应力减弱,华北古陆主体下降,于夷平基底上接受了稳定含煤岩系沉积。晚石炭世—早二叠世华北地区含煤岩系的聚煤环境以近海型海陆交互相沉积为主。大致以北纬 38°和 35°为界,将华北地区自北向南划分为北、中、南三个带。在北带,太原组为海陆过渡相沉积,山西组基本为陆相砂泥岩沉积。在中带,太原组和山西组均为海陆过渡相沉积,煤层主要形成于三角洲平原相、潮坪和潟湖相,形成中厚煤层,下、上石盒子组均为陆相沉积,含薄煤层或偶见煤线。在南带,太原组以陆表海相沉积为主,障壁砂坝发育,山西组为海陆过渡相沉积(吕大炜等,2009;董大啸,2017),下、上石盒子组为以陆相为主的近海砂泥质含煤沉积。由于古陆的抬升,海水逐步向南移动,沉积环境发生相应的变化。

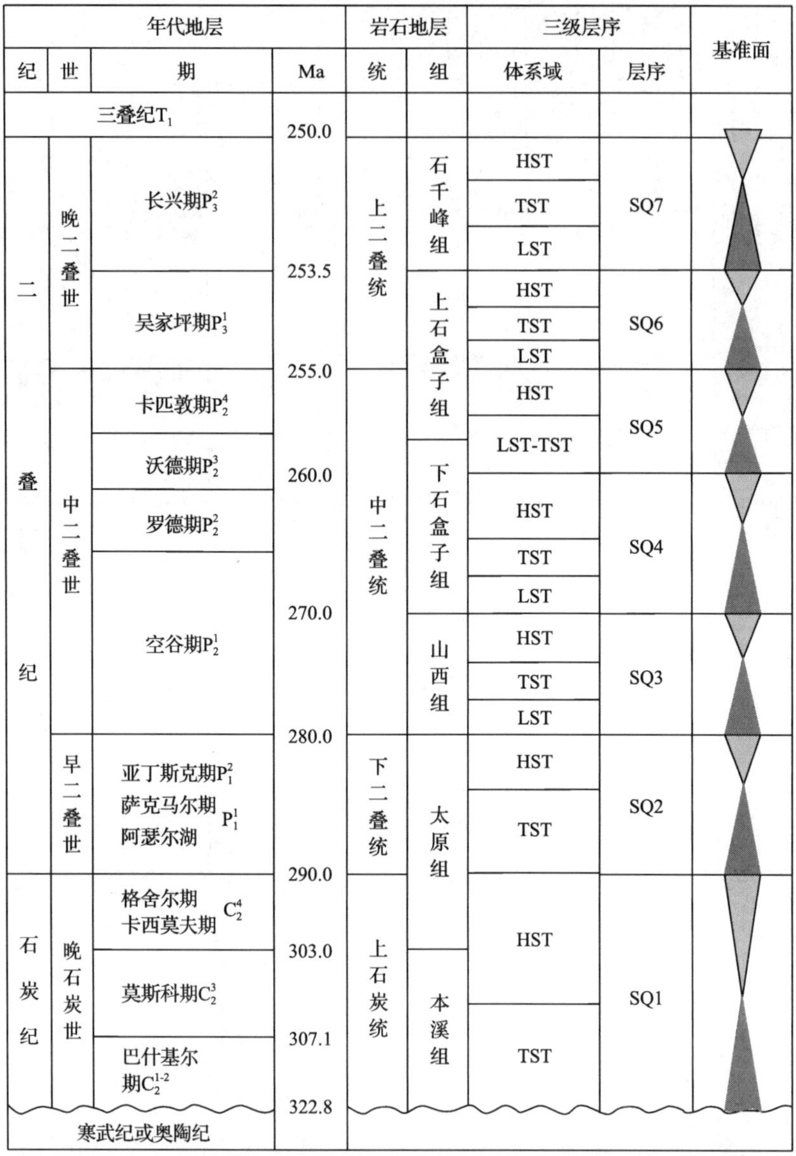

纪	世	期	Ma	统	组	体系域	层序	基准面
		三叠纪T₁	250.0					
二	晚二叠世	长兴期P₃²		上二叠统	石千峰组	HST / TST / LST	SQ7	
			253.5					
		吴家坪期P₃¹			上石盒子组	HST / TST / LST	SQ6	
叠			255.0					
	中二叠世	卡匹敦期P₂⁴		中二叠统	下石盒子组	HST / LST-TST	SQ5	
		沃德期P₂³	260.0			HST	SQ4	
		罗德期P₂²				TST / LST		
纪			270.0					
		空谷期P₂¹			山西组	HST / TST / LST	SQ3	
	早二叠世	亚丁斯克期P₁²	280.0	下二叠统	太原组	HST	SQ2	
		萨克马尔期P₁¹				TST		
		阿瑟尔湖	290.0					
石	晚石炭世	格舍尔期 卡西莫夫期 C₂⁴		上石炭统		HST	SQ1	
炭			303.0					
		莫斯科期C₂³			本溪组			
纪			307.1			TST		
		巴什基尔期C₂¹⁻²						
			322.8					
寒武纪或奥陶纪								

图 2.2.1　华北赋煤区石炭系—二叠系三级层序划分图(邵龙义等，2014a)

(二)中侏罗统延安组沉积环境及聚煤特征

华北赋煤区中侏罗统延安组发育于鄂尔多斯盆地，中侏罗统延安组沉积时多处于陆相沉积环境。鄂尔多斯盆地延安组主要发育辫状河、曲流河、三角洲和湖泊沉积体系(中国煤田地质总局，1996)。东胜地区沉积环境以冲积体系中发育的洪泛湖为主，神木北部地区和华亭以浅湖为主，黄陵、焦坪和彬长地区以滨湖和局限湖为主，灵盐地区下部煤层以滨湖、浅湖为主，上部煤层以局限湖为主(图 2.2.2)。延安组沉积期为侏罗纪含煤沉积盆地发展的顶峰时期，此时鄂尔多斯盆地总体处于相对稳定和缓慢下沉阶段，河流入湖形成缓坡三角洲相及湖泊相的碎屑岩与煤层，延安组沉积早期，地层厚度主要受晚三叠世顶面构造古地貌控制，构造作用不明显，随着沉积作用进行，古高地逐渐消失，河流和三角洲体系已退缩至盆缘地区，湖泊中心（沉积中心）位于延安及其以东地区（李增学等，2006；王东东，2012；王东东等，2012）。

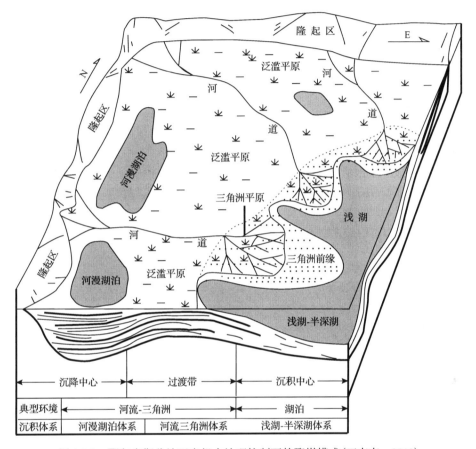

图 2.2.2　鄂尔多斯盆地延安组古地理控制下的聚煤模式（王东东，2012）

二、煤岩煤质变化

（一）煤岩特征

1. 石炭系—二叠系太原组、山西组

华北赋煤区晚石炭世—早二叠世形成的煤以腐殖煤为主，低洼积水较深地区形成腐泥煤和腐殖-腐泥煤，局部地区或分层有残殖煤。半亮煤是华北赋煤区晚石炭世—早二叠世煤的主要宏观煤岩类型，光亮煤次之，局部含有较多光亮煤的地区常伴生有腐泥煤或腐殖-腐泥煤，暗淡煤相对较少（韩德馨，1996）。从垂向上讲，从太原组到山西组再到上石盒子组，煤的光泽强度变弱，上石炭统太原组煤中光亮煤和半亮煤较高，下二

叠统煤中半亮煤和半暗煤较多；上石盒子组煤中半暗煤和暗淡煤较多。从平面上讲，不同地区同时代煤的宏观煤岩类型有所变化，这与聚煤作用发生时的古地理环境有关，不论是太原组煤，还是山西组煤，都存在由北向南光亮煤和半亮煤增多的趋势(韩德馨，1996)。

太原组的煤主要为腐殖煤，以半亮煤为主，局部存在腐泥煤，腐殖煤中镜煤和亮煤较多，暗煤和丝炭较少，由北向南光亮煤和半亮煤逐渐增多。壳质组含量普遍较低，镜质组和惰质组此消彼长。显微组分含量由北向南呈现规律性变化。镜质组含量呈现南北两端低、中部高的特点，例如，北部准格尔矿区、河保偏等矿区镜质组含量多为40%～50%，南部铜川、蒲白等矿区镜质组也都在50%左右，而中部的离柳、阳泉等矿区镜质组含量多在70%以上。华北赋煤区东西方向上镜质组含量整体呈现东高西低的特点，东部济宁等矿区镜质组含量高达70%以上，西部萌城、红墩子矿区镜质组含量分别为43%和47%(图2.2.3)。

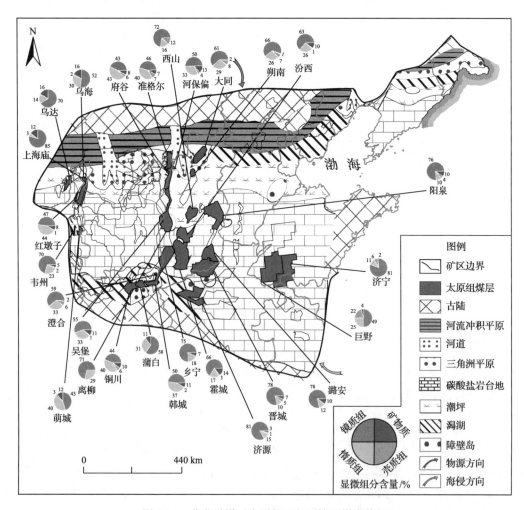

图2.2.3　华北赋煤区太原组沉积环境及煤岩特征

山西组煤的主要宏观煤岩类型为半亮煤,局部有腐泥煤。平面上,宏观煤岩类型北、中、南分带明显,表现为北暗南亮的特征。煤中煤岩特征具有明显的分带性,由北向南煤中镜质组含量逐渐增加,例如,北部的府谷、红墩子等矿区镜质组含量在50%以下,而南部的焦作、鹤壁等矿区镜质组含量达到了60%以上;惰质组含量变化趋势与镜质组变化趋势相反,呈现逐渐减少趋势,矿物含量逐渐减少(图2.2.4)。

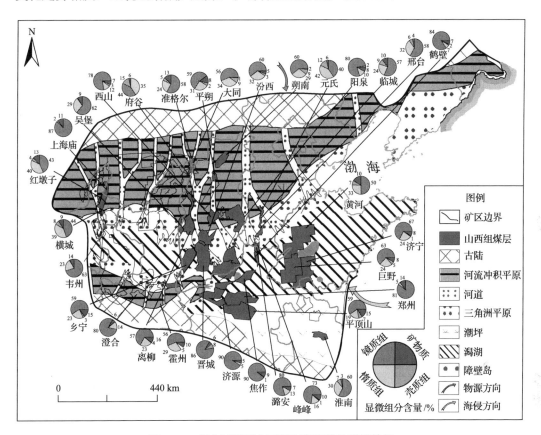

图 2.2.4 华北赋煤区山西组沉积环境及煤岩特征

2. 中侏罗统延安组

鄂尔多斯盆地侏罗系延安组发育多层厚煤层,煤的宏观煤岩类型以半暗煤和暗淡煤为主,半亮煤和光亮煤次之。煤的显微组分中,惰质组含量普遍偏高(李小彦等,2008;黄文辉等,2010;魏迎春等,2018;曹文杰等,2018)。鄂尔多斯盆地北部东胜煤田、陕北侏罗纪煤田镜质组含量略高于惰质组含量,而盆地西缘宁东煤田以及盆地南缘黄陇侏罗纪煤田彬长矿区、旬耀矿区、宁正矿区惰质组含量多在50%以上,惰质组含量大于镜质组含量(图2.2.5)。

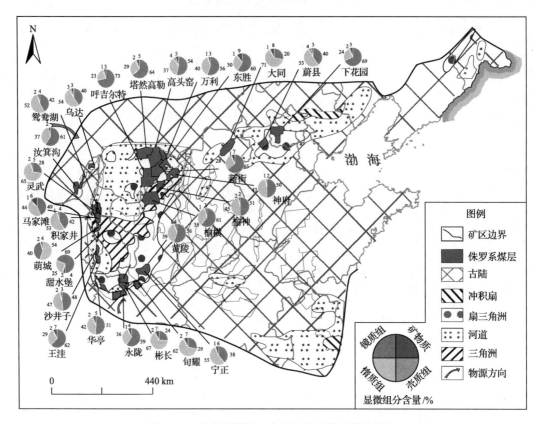

图 2.2.5 华北赋煤区延安组沉积环境及煤岩特征

(二)煤质特征

1. 石炭系—二叠系太原组、山西组

华北赋煤区太原组灰分平面变化规律性明显,呈现南北两端高、中部低的特征。例如,赋煤区北部的准格尔、大同等矿区煤灰分接近 30%;赋煤区中部的离柳、吴堡、潞安等矿区的灰分多在 20% 以下;赋煤区南部的铜川、澄合等矿区,灰分再次升高至 20% 以上。

山西组煤灰分平面变化趋势与太原组相似。整体呈现南北两端高、中部低的特征。北部的大同、朔南、准格尔等矿区,灰分含量接近 30%;南北的济源、平顶山等矿区灰分也超过 20%,中部的相当一部分矿区,如峰峰、吴堡、乡宁、晋城等矿区灰分多在 20% 以下。

太原组各煤层硫分变化较大,为 0.7%~3.6%(图 2.2.6)。北部准格尔矿区煤主要为低硫煤,硫分平均为 0.8%;中部吴堡矿区煤主要为中硫煤,硫分平均为 1.5%;乡宁矿区煤主要为中高硫煤,硫分平均为 2.9%,南部的铜川矿区和蒲白矿区煤中硫分平均分别为 1.6% 和 1.9%。

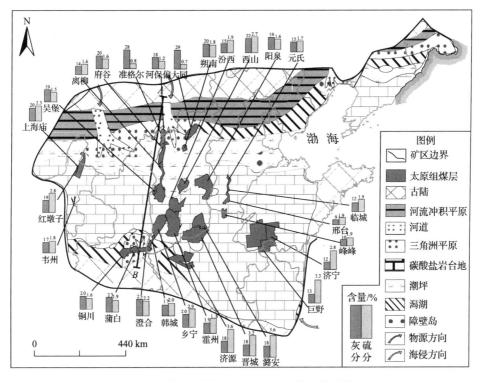

图 2.2.6 华北赋煤区太原组沉积环境及煤质特征

与太原组煤相比,山西组煤层的硫分含量整体较低,硫分含量为 0.4%~1.5%,平均为 0.91%。山西组煤中硫分含量多在 1.0% 以下,但东南部矿区煤中硫分相对较高,多在 1% 以上(图 2.2.7)。

2. 中侏罗统延安组

鄂尔多斯盆地延安组煤一直具有"低灰、低硫、低磷"等特征,被评价为优质煤(李小彦等,2008)。鄂尔多斯盆地延安组煤的原煤灰分较低,一般在 20% 以下,以特低灰煤和低灰煤为主。煤中硫分含量较低,在 1% 以下,以特低硫煤和低硫煤为主,煤中形态硫以黄铁矿硫为主,有机硫次之,硫酸盐硫极少(图 2.2.8)。

三、沉积环境对煤岩煤质控制作用分析

(一)沉积环境对煤岩煤质平面变化控制

1. 石炭系—二叠系太原组、山西组

太原组沉积时期,华北赋煤区由北向南,自阴山古陆到中条古陆,依次经历了冲积平原、三角洲平原、潮坪、碳酸盐岩台地、潟湖、三角洲平原和冲积平原沉积环境。华北赋煤区北部石嘴山—准格尔—大同一线和赋煤区南部铜川、蒲白等矿区主要发育河流

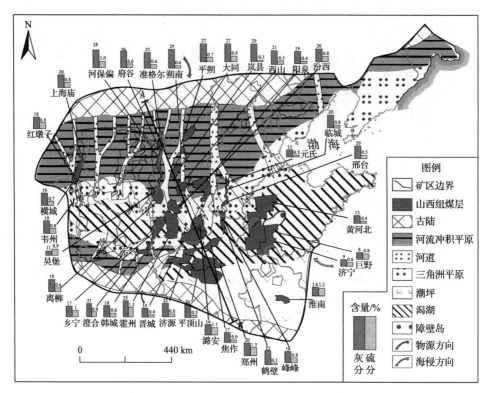

图 2.2.7　华北赋煤区山西组沉积环境及煤质特征

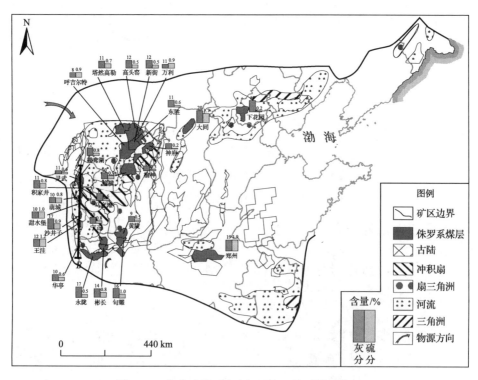

图 2.2.8　华北赋煤区延安组沉积环境及煤质特征

三角洲平原环境，离古陆物源区近，受冲积河道的影响，水流活跃，煤中镜质组含量多为40%~50%，比赋煤区中部低(图2.2.3)，煤中灰分比赋煤区中部高，受海水影响较小，硫分含量低(图2.2.6)。赋煤区中部主要为海相沉积，碳酸盐岩台地发育，成煤环境主要为潮坪-障壁岛-潟湖环境，镜质组含量较高，为50%~80%，惰质组含量较少；受海水的影响，煤中硫分含量高，以中高硫-高硫煤为主。

从图2.2.6中A—B剖面(图2.2.9)可知，中部离柳、乡宁等矿区太原组煤形成于潮坪-潟湖等沉积环境下，覆水程度深，凝胶化作用较强，镜质组含量较高(在70%以上)，硫分含量较高(为2%左右)。南部和北部矿区太原组煤形成于三角洲平原和冲积平原沉积环境下，处于一种氧化-还原的过渡型环境，镜质组含量与中部相比有所降低，镜质组和惰质组含量相当，距离物源区(阴山古陆和中条古陆)近的矿区，煤中灰分在20%以上。

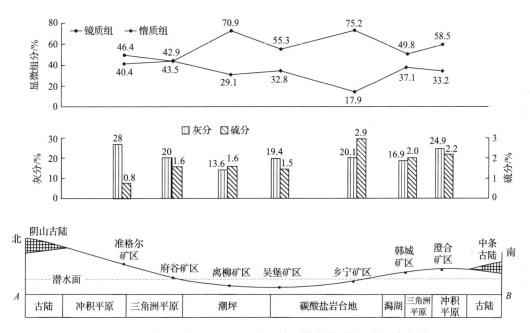

图2.2.9　华北赋煤区太原组沉积环境及煤岩煤质特征剖面变化图

山西组沉积时期，华北赋煤区由北向南，自阴山古陆到中条古陆，沉积环境依次经历了冲积平原、三角洲平原、潟湖、潮坪、三角洲平原和冲积平原。延安—大宁—邯郸以北的赋煤区北部区主要以河流三角洲体系为主，北带阴山古陆继续提供物源区；南部渭北煤田等仍为河流三角洲体系，秦岭中条古陆继续提供物源。因此，上述两区域镜质组含量略高于惰质组，约为50%(图2.2.4)；灰分含量相对较高，普遍为20%~30%；而硫分较低，基本在1.0%以下(图2.2.7)。东南部淄博—济南—鹤壁—晋城一带向南过渡为潟湖-潮坪体系，煤中硫分含量相对北部较高，基本在1.0%左右。

从图2.2.7中A—B剖面(图2.2.10)看出，从北向南沉积环境依次经历了古陆、河流、冲积平原、三角洲平原、潟湖、潮坪，镜质组含量总体呈现增加趋势，从44.3%到80.6%，靠近物源方向的矿区灰分含量高，远离物源方向，灰分含量低。硫分含量由西北向东南整体呈现增高趋势，该变化规律是华北赋煤区对西北向东南方向海退事件的响应。

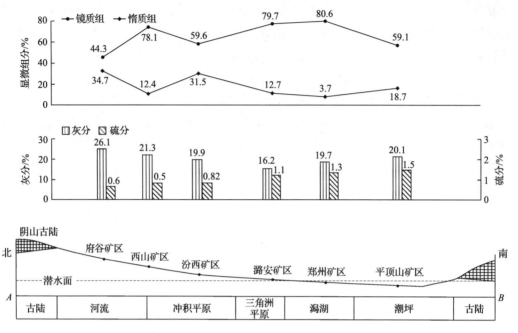

图 2.2.10　华北赋煤区山西组沉积环境及煤岩煤质特征剖面变化图

2. 中侏罗统延安组

华北赋煤区中侏罗统延安组含煤地层主要发育于鄂尔多斯盆地及华北北部，以河流沉积体系和三角洲沉积体系为主，湖泊中心(沉积中心)位于延安及其以东地区。本节重点分析鄂尔多斯盆地中侏罗统延安组沉积环境对煤岩煤质的控制。鄂尔多斯盆地中侏罗统延安组为陆相沉积环境，因此，煤中硫分较低，大多在 1%以下。在盆地边缘，半暗煤、暗淡煤较多，向盆地中部半亮煤逐渐增多，镜质组含量增高(图 2.2.5)，这与聚煤环境变化有关。

(二)沉积环境对煤岩煤质垂向变化控制

华北赋煤区石炭纪—二叠纪整体处于一个海退的过程，聚煤中心由北到南逐渐迁移，煤岩煤质也受沉积环境影响明显，随着泥炭沼泽环境由潮控三角洲，逐渐演化为河控三角洲进而演化为河流相。从下至上，镜质组含量逐渐降低(平均值由 61.26%逐渐降低至 43.9%)，惰质组含量逐渐升高(平均值由 21.83%逐渐升高到 39.2%)，其中上石盒子组部分煤层的壳质组含量高达 10%以上，具有华南富壳煤特点，反映了泥炭沼泽环境逐渐和华南接近(图 2.2.11)。

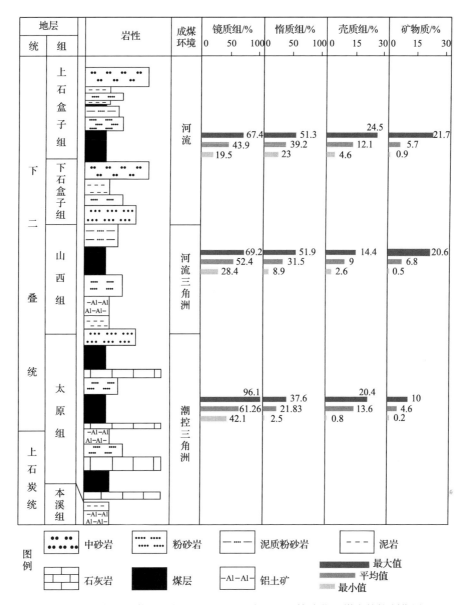

图 2.2.11 华北赋煤区石炭纪—二叠纪泥炭沼泽环境演化对煤岩的控制作用

华北赋煤区的煤质特征受沉积环境影响最明显的是硫分含量，太原组受海水影响，其硫分含量整体在 1% 以上，随着海水退去，河控三角洲成煤的山西组和河流相成煤的上石盒子组的硫分含量低，一般小于 1%（图 2.2.12）。

华北赋煤区中侏罗统延安组（大同组）含煤地层主要分布于鄂尔多斯盆地和华北赋煤区北部，沉积环境整体呈现河流相—三角洲相—河流相演变的过程。沉积环境由河流相向三角洲相演变过程，煤层的镜质组含量逐渐增加，该过程受沉积环境变化控制明显。但是随着三角洲相向河流相的演变，镜质组含量有所升高（图 2.2.13）。

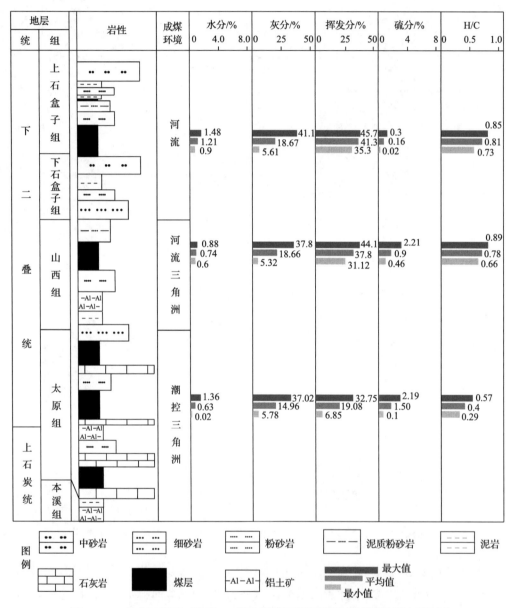

图 2.2.12　华北赋煤区石炭纪—二叠纪泥炭沼泽环境演化对煤质的控制作用

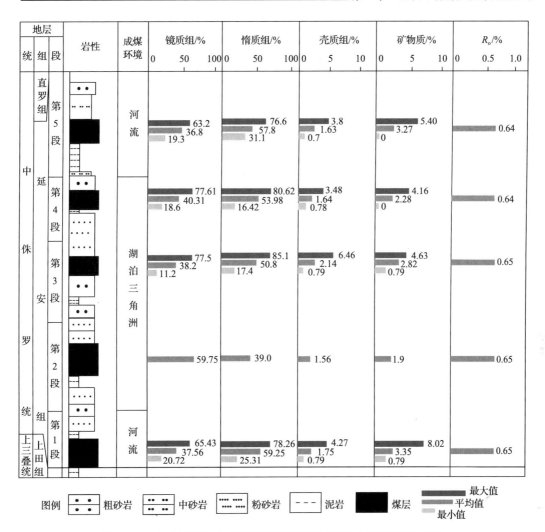

图 2.2.13　华北赋煤区中侏罗世泥炭沼泽环境演化对煤岩的控制作用

　　沉积环境由河流相向三角洲相演变的过程中，煤的灰分含量逐渐降低，反映了河流的搬运作用减弱，碎屑物质供应减少。至延安组第 5 段，随着河流作用的加强，碎屑物质供应再次加强，煤中灰分含量再次升高。延安组煤层整体为陆相环境，煤中硫分含量整体低于 1%(图 2.2.14)。

四、宁东煤田马家滩矿区和红墩子矿区

(一)马家滩矿区

1. 沉积环境

1)层序划分

层序地层学研究采用 Vail 学派的观点。识别出的层序界面主要包括 3 种：

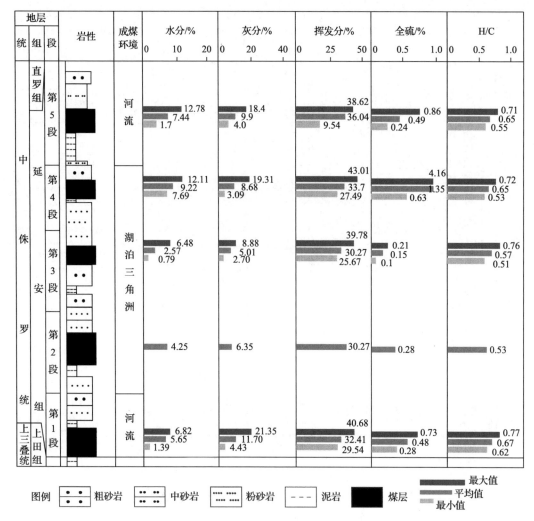

图 2.2.14　华北赋煤区中侏罗世泥炭沼泽环境演化对煤质的控制作用

（1）区域不整合面，延安组下部不整合于三叠系上田组之上，其间有较长时期未接受沉积或遭受剥蚀。

（2）河道下切谷，其伴随着基准面下降，由河流回春作用形成。下切谷充填沉积一般以叠置的厚层及透镜状粗砂岩体为特征。

（3）层序界面上下地层颜色、岩性突变，如延安组第 2 段和第 3 段界面之上为一套河流相的灰色、灰黑色、黑色含煤地层，岩性以细砂岩、粗砂岩为主，粒度较粗，界面之下为一套三角洲相的灰白色含煤地层，以泥岩、粉砂质泥岩为主(图 2.2.15)。

根据以上层序界面识别原则，研究区延安组共识别出三个层序界面，划分为三个三级层序，并进一步划分为低位体系域、湖侵体系域及高位体系域(刘志飞等，2018)。

2)层序地层格架的建立

为说明研究区层序地层横向展布变化特征，沿物源方向绘制了一条沉积相及层序地层对比剖面图(图2.2.16)，延安组各层序发育特征分述如下：

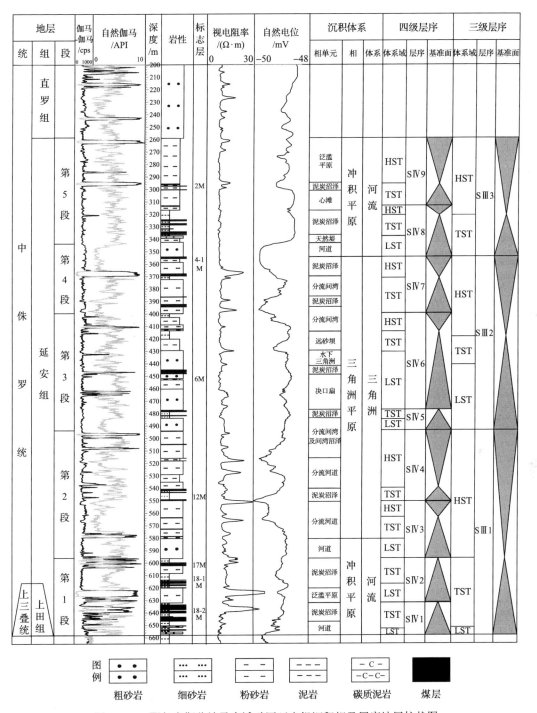

图2.2.15　鄂尔多斯盆地马家滩矿区延安组沉积相及层序地层柱状图

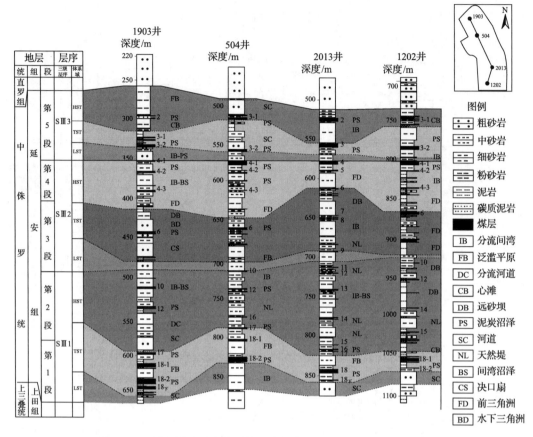

图 2.2.16　马家滩矿区中侏罗统延安组南北向沉积相及层序地层对比

　　SⅢ1 大致对应延安组 1～2 段。层序底界面为延安组与三叠系上田组的区域不整合面。低位体系域以曲河流为主，岩性为粗砂岩、中砂岩；湖侵体系域以三角洲为主，岩性为细砂岩、粉砂岩和泥岩，在研究区北部钻孔 1903、钻孔 504 地层以粒度较粗的砂岩为主，主要是三角洲平原的分流河道沉积，其余钻孔地层以粒度较细的粉砂岩、泥岩为主，为三角洲平原的分流间湾和沼泽沉积。高位体系域则是以三角洲为主，岩性为细砂岩、粉砂岩和泥岩，由北向南粒度逐渐变细。

　　SⅢ2 大致对应延安组 3～4 段。层序底界面为三角洲平原分流河道底部冲刷面。该低位体系域主要以河流为主，岩性以粗砂岩为主。湖侵体系域主要为三角洲中砂岩沉积和沼泽沉积，高位体系域晚期沉积环境主要为三角洲平原的泥岩沉积。

　　SⅢ3 对应延安组 5 段。层序底界面为三角洲平原分流河道底部冲刷面，该层序沉积环境自下而上，由湖侵和高位体系域的三角洲平原环境向上过渡为辫状河环境，平面上也由北部的辫状河向南部的三角洲平原沉积过渡。

　　综上所述，延安组的沉积环境从总体上是以河流作用为主的浅湖三角洲面貌，从其沉积演化的情况来看，延安组的形成经历了冲积平原、三角洲又复向冲积平原过渡的演化过程。

3) 不同层序间聚煤作用

不同层序间，成煤的古地理环境不同，其聚煤作用强度也不同，层序格架对含煤性、煤层发育具有明显的控制作用。

SⅢ1 的聚煤作用最强，发育冲积平原亚相，主要发育 10#、12#、17#、18-1#、18-2# 和 18下#煤层；SⅢ2 的聚煤强度次之，主要以三角洲平原沉积为主，煤层发育，层数多，但煤层平均厚度较薄，发育全区可采煤层 4-1#、4-2#和 4-3#煤层；SⅢ3 的聚煤作用最弱，仅发育全区可采煤层 3-1#和 3-2#煤层(表 2.2.1 和图 2.2.16)。

表 2.2.1　马家滩矿区三级层序发育特征

三级层序	延安组	层厚/m	顶界面	底界面	LST	TST	HST	发育煤层
SⅢ1	1～2 段	170	三角洲平原分流河道底部冲刷面	与三叠系上田组的区域不整合面	未发育	由河流冲积平原中泥炭沼泽形成的煤层和泛滥盆地形成细砂岩等组成	辫状河三角洲平原分流河道中-细砂岩、分流间湾粉砂岩和沼泽煤层沉积	18下#、18-2#、18-1#、17#、12#、10#
SⅢ2	3～4 段	150	河流下切谷冲刷面	三角洲平原分流河道底部冲刷面	以河流为主，岩性以粗砂岩为主	三角洲中砂岩和沼泽沉积	主要为三角洲平原的泥岩沉积	4-1#、4-2#、4-3#
SⅢ3	5 段	100	层序顶界面是遭受剥蚀之后的直罗组顶部	三角洲平原分流河道底部冲刷面	三角洲平原环境	三角洲平原环境	辫状河环境	3-1#、3-2#

同一层序中，聚煤作用受不同体系域的控制。区域构造运动引起聚煤盆地水进水退作用的广泛发生，厚煤层大部分分布在最大湖侵点附近。此时湖面与基底沉降共同形成的可容纳空间最大，从而为厚泥炭的堆积及持续存在提供了有利的场所。

4) 岩相古地理格局的恢复

选取研究区内 17 口揭露地层较全、分布均匀的典型钻孔数据，在单剖面和对比剖面沉积相分析的基础上，绘制各层序的地层厚度、砂泥比等值线图，以砂泥比等值线为主，结合其他相关参数综合分析，恢复出各层序的岩相古地理(表 2.2.2)。

表 2.2.2　马家滩矿区三级层序对应的古地理沉积特征

层序	地层厚度/m	地层厚度特征	河流发育	沉积特征
SⅢ1	40～100	西部较厚，东部较薄	发育北西-南东向的河流	沉积环境是以典型的冲积河道为格架的冲积平原环境，在河道两侧发育泛滥平原和漫滩沼泽。煤层的发育仍受古河道的控制，这一时期地形逐渐淤平，形成有利的聚煤场所
SⅢ2	110～170	西部较厚，东部较薄	发育北西-南东向的河流	湖泊向西北方向扩张，河流作用减弱，三角洲平原上水系纵横发育，形成易于成煤的泥炭沼泽环境
SⅢ3	40～100	西部较厚，东部较薄	发育北西-南东向的河流	湖向东南收缩，区内三角洲已总体废弃，发育的冲积平原具有良好的聚煤条件。在 2#煤之后冲积河道广泛发育，泥炭沼泽发育程度变差，延安期的聚煤作用结束

SⅢ1 期发育北西-南东向的河流[图 2.2.17(a)],沉积环境是以典型的冲积河道为格架的冲积平原环境,在河道两侧发育泛滥平原和漫滩沼泽。煤层的发育受古河道的控制。

SⅢ2 期,湖泊向西北方向扩张,河流作用减弱,三角洲平原上水系纵横发育,形成易于成煤的泥炭沼泽环境[图 2.2.17(b)]。

SⅢ3 期,河流回春,湖向东南收缩,区内三角洲已总体废弃[图 2.2.17(c)],在此基础上发育的冲积平原具有良好的聚煤条件,随着冲积河道的大规模废弃,形成厚且稳定的煤层。在 2#煤之后,随着冲积河道广泛发育,泥炭沼泽发育程度明显变差,延安期的聚煤作用结束。

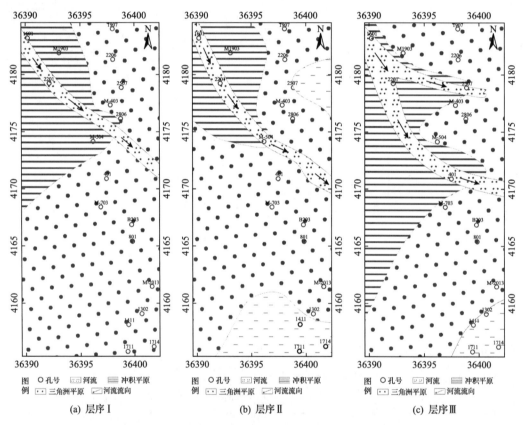

图 2.2.17　马家滩矿区不同层序下古地理图

2. 沉积环境对煤岩煤质的控制作用

1)层序-古地理对煤岩组分的控制

通常认为,镜质组的形成与强覆水、气流不畅的泥炭沼泽有关;惰质组多形成于弱覆水或周期性暴露的森林泥炭沼泽中;壳质组的成因与成煤植物种类关系密切,而与堆积环境的关系较小(鲁静等，2014)。该区煤层壳质组含量少(2%以下)，镜质组和惰质组含量此消彼长。我们将从层序地层横向展布变化、不同层序间沉积环境演化，以及同一层序不同体系域间转化这三个方面对煤岩显微组分的影响进行讨论。

(1)平面上，通过钻孔统计发现(双马井田1903井、203井和502井，金家渠井田1508井、1313井和1414井)，矿区北部(双马井田)所有煤层的镜惰比都小于1，南部(金家渠井田)所有煤层的镜惰比都大于1(图2.2.18)。发育于冲积平原环境的北部煤层，受河流的影响，水动力条件大，氧气供应充足，丝炭化作用占主导，惰质组含量多。发育于三角洲平原环境的煤层，在停滞、覆水不太深的条件下，水面活动小，镜质组含量相对较高。

(2)垂向上，显微组分的含量变化受层序-古地理演化影响较明显。以研究区北部1903井为例，沉积环境多次更替，其显微组分的含量受层序影响较明显。SⅢ1期，沉积环境由河流相向三角洲相演变，沼泽覆水性逐渐增强，镜质组从下至上，增加趋势明显；SⅢ2期，泥炭沼泽环境为三角洲相，形成的煤层显微组分含量整体较稳定；SⅢ3期，泥炭沼泽受河流作用影响增强，水动力逐渐增大，沼泽覆水性降低，镜质组含量再次降低(图2.2.19)。

(3)同一个层序中，体系域通过控制沼泽的覆水程度，影响凝胶化作用强度，进而影响显微组分含量(表2.2.3)。通过不同体系域对沼泽覆水性强弱影响对比，总结了如下一般性规律，即一个层序旋回中，不同成煤阶段镜质组含量大小顺序为：Ⅲ＞Ⅳ＞Ⅱ＞Ⅴ＞Ⅰ(图2.2.20)。

以1903井中层序SⅣ8为例，形成于高位体系域早期的4-2#煤的镜质组含量高于位于湖侵体系域早期的4-3#煤，同时形成于高位体系域晚期的4-1#煤的镜质组含量最低。层序SⅣ1、SⅣ2、SⅣ7皆有类似规律，以M707三级层序为例，SⅢ1时期煤层发育较为完整，形成于湖侵体系域晚期15#煤和高位体系域早期的12#煤和14#煤的镜质组含量较高，在低位体系域发育的18#煤和高位体系域的10#煤的镜质组含量较低，镜惰比值低于0.8。

2)层序-古地理对煤质的控制

层序-古地理对煤质的控制作用，主要体现在灰分和硫分的时空变化。其中，灰分主要是由流水搬运到泥炭沼泽和成煤植物一起沉积的陆源碎屑物质，其高低与沼泽水位的变化和河流的冲刷及溢岸作用有关(龚绍礼，1989；谢涛等，2012)。在海水影响下聚集的泥炭比淡水环境聚集的泥炭含硫更多(唐跃刚等，2015；汪洋等，2017)，而研究区是一套内陆湖泊三角洲沉积，硫分普遍较低，形态硫以黄铁矿硫和有机硫为主，黄铁矿硫与河流搬入该区的碎屑物质多少有关，有机硫含量会随着凝胶化程度的增强而增加，受淡水影响的煤惰质组含硫量低于镜质组(刘大锰等，1999)。

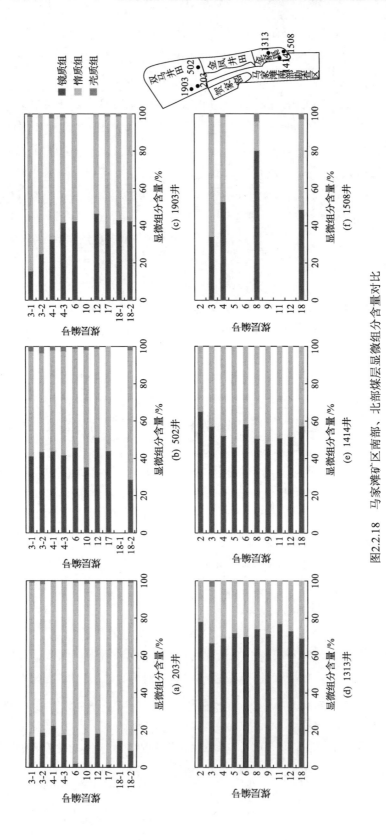

图2.2.18 马家滩矿区南部、北部煤层显微组分含量对比

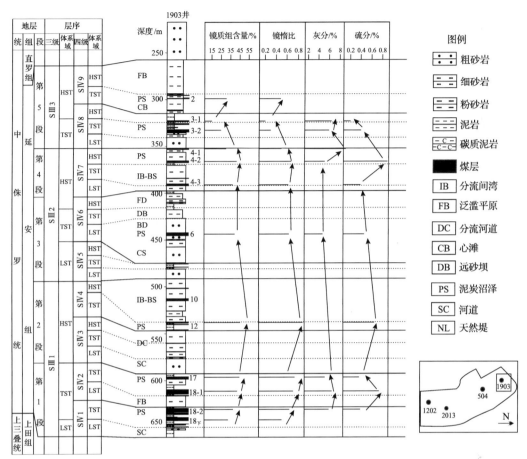

图 2.2.19 马家滩矿区 1903 井层序地层划分及对煤岩煤质垂向变化的控制

表 2.2.3 不同体系域对煤岩组分的影响

参数	煤层发育阶段				
	I	II	III	IV	V
对应体系域	低位体系域	湖侵体系域早期	湖侵体系域晚期	高位体系域早期	高位体系域中晚期
可容空间	呈增加趋势	呈增强趋势,增加速率逐渐变快	呈增加趋势,直至最大	湖退初期,呈减小趋势	呈逐渐减小趋势
覆水强度	较弱,呈增强趋势	中等,呈增强趋势	较强,逐渐增强,最大湖泛面处达到最大	较强,由最大覆水强度逐渐减弱	中等,呈减弱趋势
凝胶化作用	最弱	中等	最强	较强	较弱
镜质组含量	最低	中等	最高	较高	较低

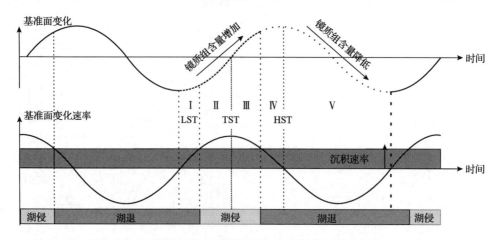

图 2.2.20　基准面变化及基准面变化速率与煤岩组分关系(据杨兆彪等，2013，有修改)

(1)垂向上，灰分和硫分总体受控于沉积环境的演化。马家滩矿区沉积环境演变由河流相到三角洲相，再到河流作用逐渐增强，灰分也随之表现为高—低—高的变化规律(图 2.2.19)。煤层 4-1#不符合该变化规律，灰分值异常(10%以上)，可能是形成于高位体系域晚期，此时泥炭沼泽内可容纳空间增加速率小于泥炭产生速率，造成泥炭暴露，部分氧化，导致灰分增加。硫分的垂向变化，大部分与凝胶化强度变化相关性较好，但影响硫分含量的因素较多，17#、4-2#等煤层的非规律性变化，需要进一步研究分析。

(2)平面展布上，以马家滩矿区主采煤层 18#煤为例，编制灰分、硫分等值线图(图 2.2.21和图 2.2.22)，矿区灰分北部较高，向南递减，由 SⅢ1 期古地理图可知(图 2.2.21)，矿区的物源区位于西北，灰分分布明显受物源的控制，马家滩矿区煤中硫分具有北部低、向南递增的特点，全硫分含量大多集中于 0.5%～1.6%，中硫煤(0.9%～1.5%)集中于矿区南部，且有机硫占主体(有机硫/全硫大于 50%)。随着凝胶化程度增强，有机硫含量会增加。由该区背景资料可知，成煤过程中未受海水影响，故推测由于矿区南部在相对还原环境下泥炭沼泽中凝胶化作用强，故硫含量也随之增高。

(二)红墩子矿区

1. 沉积环境

1)层序划分

以区内钻孔岩心资料为基础，结合岩石类型、沉积旋回、沉积构造、测井曲线等资料的综合分析，研究区石炭系—二叠系共识别出四个层序界面，划分出三个三级层序(图 2.2.23)，并进一步划分为低位体系域、湖侵体系域和高位体系域。区内含煤沉积可划分为两大沉积体系，即障壁岛-潮坪-潟湖体系和三角洲体系。

障壁岛-潮坪-潟湖体系主要发育在太原组下段，其沉积相的构成有：障壁岛相、潮道-潮汐三角洲相、潮坪相、潮下碳酸盐相、潟湖相和泥炭沼泽相。含煤地层中的三角洲沉积体系是在陆表海环境下的障壁岛-潮坪-潟湖沉积的基础上随着海退逐渐向陆过渡，水动力以潮汐作用为主逐渐转变为以河流作用为主。红墩子矿区主要以三角洲平原为主，主要构成元素有分流河道沉积组合、天然堤沉积组合、决口扇沉积组合、分流间湾沉积组合和沼泽沉积组合。

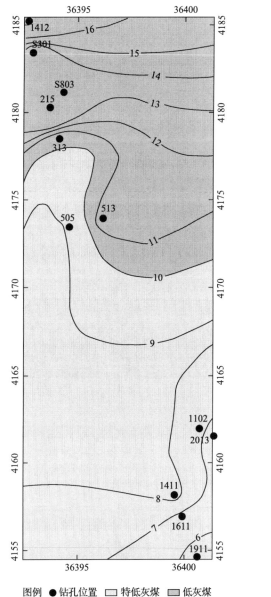

图 2.2.21　18#煤层灰分等值线图(单位：%)

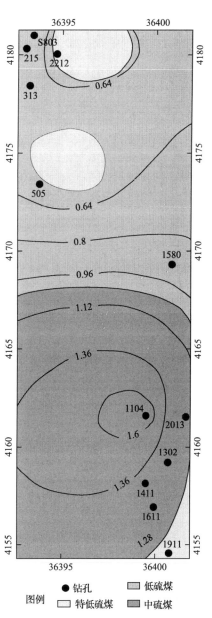

图 2.2.22　18#煤层硫分等值线图(单位：%)

2)层序地层格架的建立

　　沿物源方向绘制了一条沉积相及层序地层对比剖面图(图 2.2.24)。研究区石炭系—二叠系共识别出四个层序界面，划分出三个三级层序，并进一步划分为低位体系域、湖侵体系域和高位体系域。

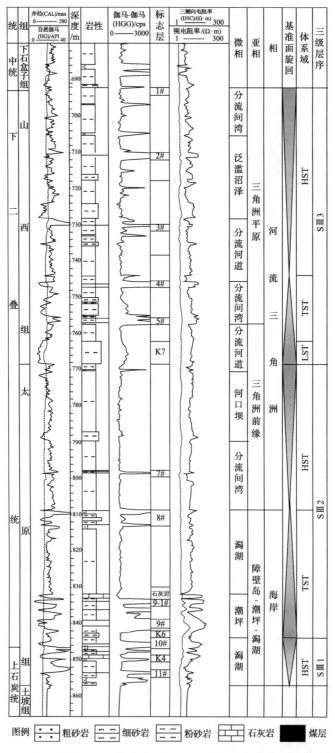

图 2.2.23 红墩子矿区 HD801 太原组—山西组沉积相及层序地层柱状图

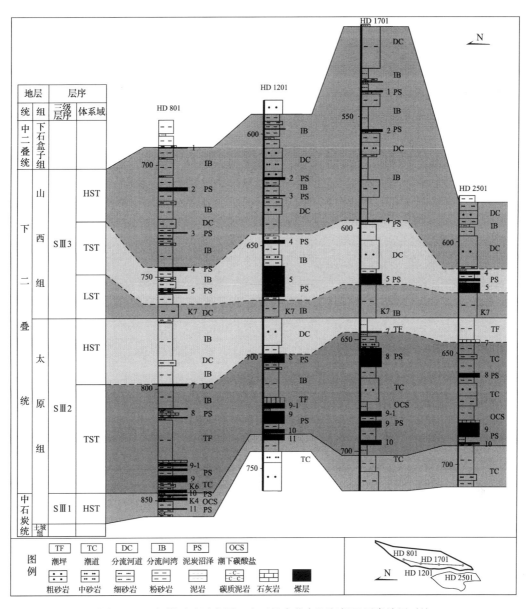

图 2.2.24　红墩子矿区太原—山西组南北向沉积相及层序地层对比

　　层序 SⅢ1 对应太原组中下段。底部以中、细砂岩为主，与土坡组整合接触，顶界为 10#煤底面，可进行区域性地层对比。该层序仅发育高位体系域，由潮道和泥炭沼泽相的细砂岩、粉砂岩和煤层为主，部分区域层段发育潮下碳酸盐相，煤层欠发育，仅在研究区北部发育 11#煤层。

　　层序 SⅢ2 对应太原组中上段。底部为广泛沼泽化沉积界面，即 10#煤底，顶界为 K7 砂岩底，为一套灰、灰白色细砂岩，含云母碎片及炭屑，可进行区域性地层对比。该层序发育有海侵体系域和高位体系域，其中，海侵体系域沉积厚度最大，介于 30～50m，以泥炭沼泽相的煤层、潮坪相的灰岩、分流间湾相的细砂岩为主，煤层较为发育，以 8#煤、9#

煤为主。高位体系域以粉砂岩和细砂岩为主，偶见粗砂岩，为潮道相和分流河道相。

层序 SⅢ3 对应山西组。底界为山西组和太原组的分界，顶界为山西组与下石盒子组的整合界面。主要发育三角洲沉积体系，低位体系域以 K7 砂岩标志，主要岩性为中砂岩、细砂岩，地层厚度较薄；海侵体系域发育主采煤层 4#煤和 5#煤，发育有泥炭沼泽相的煤和分流间湾相的粉砂岩、细砂岩；高位体系域经历的时间长，沉积地层厚度大，其中北部地层保存完整，发育多层煤，包括 1#煤、2#煤和 3#煤，南部 HD 2501#高位体系域欠发育，没有煤层保留下来，主要为一套分流河道相的粗砂岩、细砂岩。

综上所述，太原组下段，属于障壁-潮坪-潟湖至潮下碳酸盐相的沉积，伴随有中厚-厚煤层的出现。太原组上段，出现滨海三角洲体系的沉积，河流作用的影响逐渐增强，海水的影响逐渐减弱，随着时间的推移，海域已逐渐向南及西南侧退缩，随着晚石炭世末期海侵作用，三角洲沉积体系向北或东北方向退出。早二叠世早期的沉积已经演化为大规模的三角洲体系的沉积，沉积环境以三角洲平原沉积体系为主。

3）岩相古地理格局的恢复

选取研究区内 17 口揭露地层较全、分布均匀的典型钻孔数据，在单井剖面和连井剖面沉积相分析的基础上，分别绘制各层序的地层厚度、砂泥比等值线图，以砂泥比等值线为主，结合其他相关参数综合分析，恢复石炭纪—二叠纪含煤岩系的岩相古地理（图 2.2.25）。

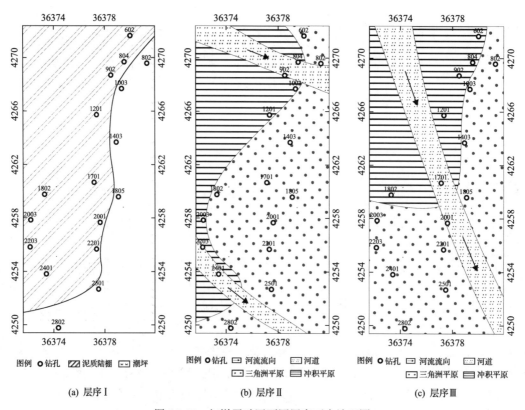

(a) 层序Ⅰ (b) 层序Ⅱ (c) 层序Ⅲ

图 2.2.25　红墩子矿区不同层序下古地理图

研究区自晚奥陶世抬升后，长期遭受剥蚀，至早石炭世晚期整体下沉。从晚石炭世到早二叠世早期总体经历了由障壁岛、潟湖—三角洲—河流环境演变过程。其中三角洲沉积由早到晚又经历了不同演化过程，总体来看，晚石炭世早期在区域性海退背景下形成了进积型的三角洲沉积序列，前缘砂受波浪作用较为明显；晚石炭世中期在区域性海侵作用下形成了退覆型的三角洲沉积序列，前缘砂及分流河道砂体受到潮汐作用；晚石炭世晚期到早二叠世早期又转变为进积型三角洲沉积序列，随着河流作用不断加强，逐渐演变为河流体系。

2. 沉积环境对煤岩煤质的控制作用

1) 层序-古地理对煤岩组分的控制

选取六口钻孔的石炭纪—二叠纪煤层岩心段，用镜惰比表示煤岩组分的分布特征(图 2.2.26)。石炭纪—二叠纪一共经历了三个旋回，同一时期不同区域的泥炭沼泽环境不同，镜惰比值不同。在旋回Ⅰ中，矿区南缘的沉积环境为障壁岛-潮坪，水动力条件较强，氧气供应充足，植物遗体丝炭化作用强烈，生成大量的惰质组分，镜惰比普遍低于 0.8（如 2503 井、HK706 井）；发育于矿区中部和北部的煤层（如 2401 井、1706 井、1303 井），

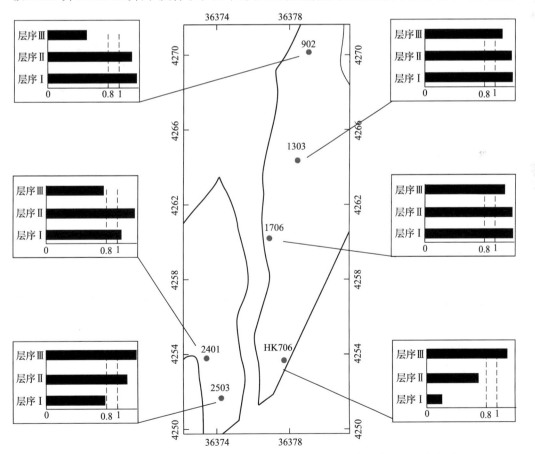

图 2.2.26 红墩子矿区太原组—山西组不同层序煤中镜惰比值的平面分布图

泥炭沼泽环境为相对稳定的泥质陆棚，水动力条件弱，以弱氧化环境或还原环境为主，植物遗体凝胶化作用强烈，以镜质组为主，镜惰比普遍大于 1；在旋回Ⅱ中，河流作用不断加强，发育于河道附近的煤层(如 HK706 井)，水动力条件强，以氧化环境为主，镜惰比小于 0.8。矿区北部的煤层(如 902 井、1303 井)，泥炭沼泽环境以冲积平原、三角洲平原及过渡相为主，还原环境占主导，以镜质组为主，镜惰比大于1；在旋回Ⅲ中，河流向西北移动，矿区西北部以河流环境为主，受到水动力作用，植物遗体受到强烈的氧化作用，形成了大量的惰质组分，镜惰比普遍大于 1。而在矿区的南部的煤层(如 HK706 井、1706 井、2503 井)，泥炭沼泽环境演变为冲积平原或三角洲，水动力条件变弱，植物遗体凝胶化作用变强，镜惰比普遍大于 1。

2) 层序-古地理对煤质的控制

分别选取 SⅢ2 层序的 9#煤和 SⅢ3 层序的 4#煤，编制 4#煤和 9#煤的灰分(图 2.2.27 和图 2.2.28)及硫分平面分布图(图 2.2.29 和图 2.2.30)。其中，9#煤位于太原组中段，属

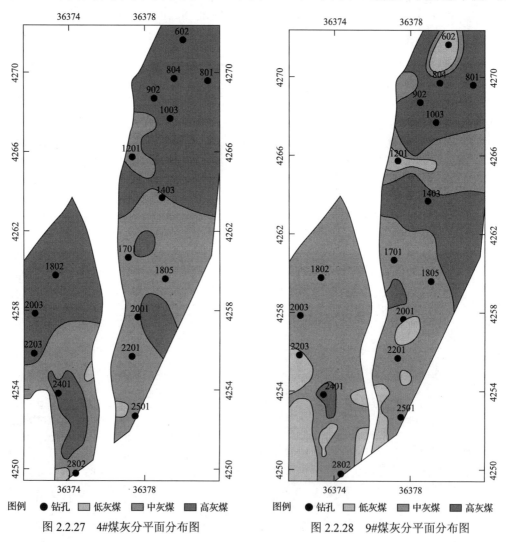

图 2.2.27　4#煤灰分平面分布图　　　图 2.2.28　9#煤灰分平面分布图

54

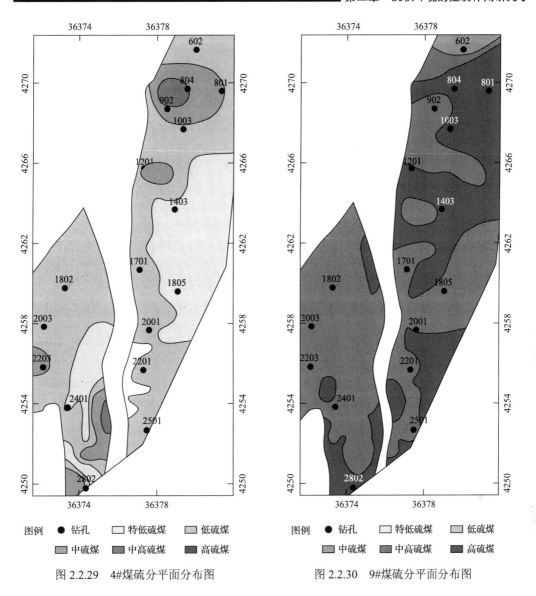

图 2.2.29　4#煤硫分平面分布图　　　　图 2.2.30　9#煤硫分平面分布图

于障壁-潮坪-潟湖至潮下碳酸盐相的沉积，向滨海三角洲体系沉积的过渡时期，所以 9# 煤硫分以中高硫-高硫煤为主，矿区东翼无明显变化规律，全硫 $S_{t,d}$ 的一般大于 2%；西翼自南向北呈现降低趋势。由于受北部物源影响，9#煤在北部以高灰分煤为主，中灰煤次之，向南灰分含量降低，矿区西侧变化不明显。4 煤发育于层序Ⅲ下的海侵体系域，煤夹杂着粉砂岩和细砂岩，在区域性海侵作用背景下形成了退覆型的三角洲沉积序列，前缘砂及分流河道砂体受到潮汐作用，由于海水作用减弱，全硫含量降低，主要以低硫-特低硫煤为主，局部地区(如 902 井、2401 井)存在中高硫煤，原煤灰分含量为 10.26%～49.87%，平均为 26.89%，属低灰-高灰煤，以中灰煤为主，高灰煤次之，与 9#煤相比，灰分含量有所升高，与冲积平原环境的广泛发育相关，在水平方向上矿区西翼相对东翼灰分略高些，东翼总体上自北向南灰分有减小趋势，西翼总体上浅部较深部低。

55

第三节　西北赋煤区

一、沉积环境演化

西北赋煤区早—中侏罗世主要含煤岩系为八道湾组和西山窑组。含煤地层主要为一套冲积扇-河流-三角洲-湖泊体系,《中国煤炭资源赋存规律与资源评价》一书将早—中侏罗世含煤地层划分出五个三级层序(表2.3.1)(中国煤炭地质总局,2016)。

表 2.3.1　西北地区早—中侏罗世含煤岩系层序地层划分(中国煤炭地质总局,2016)

统	准噶尔盆地	伊犁盆地	吐哈盆地	库车-满加尔	柴达木盆地	祁连山西部盆地群	潮水盆地	三级层序
上侏罗统	齐古组	齐古组	齐古组	齐古组	采石岭组	享堂组	沙枣河组	
中侏罗统	头屯河组	艾维尔沟群	七克台组	恰克马克组	石门沟组	江苍组	青土井群	SⅢ5
			三间房组					SⅢ4
	西山窑组	胡吉尔台组	西山窑组	克孜勒努尔组	大煤沟组	木里组		SⅢ3
下侏罗统	三工河组	吉仁台组	三工河组	阳霞组	小煤沟组	热水组	芨芨沟群	SⅢ2
	八道湾组	苏阿苏河组	八道湾组	阿合组				SⅢ1
				塔里奇克组				
上三叠统	郝家沟组	郝家沟组	郝家沟组	郝家沟组		南营儿组		

(一)早侏罗世沉积环境及聚煤特征

层序Ⅲ1处于早侏罗世早中期,大致对应西北赋煤区主要成煤组段八道湾组,在各个大、中型盆地中几乎均有分布,但在每个盆地中的发育范围不同(中国煤炭地质总局,2016)。湖侵早期,基准面逐渐上升,可容空间逐渐增大,但变化不快,辫状河三角洲沉积体系比较发育,在其分流间湾处发育泥炭沼泽,植物生长繁盛,有煤层形成。湖侵晚期,基准面上升速率突然加快,水体突然加深。高位期,湖泊退缩,辫状河三角洲沉积体系又重新发育,分流间湾沼泽内泥炭堆积,但持续时间较短,有薄煤层形成(中国煤炭地质总局,2016)。

层序Ⅲ2对应早侏罗世晚期,该层序在准噶尔、伊犁、柴达木及祁连山等盆地中均有零星分布,层序界面多为古河道侵蚀面,该层序在当时处在炎热干旱的古气候条件下,没有煤层发育(汪彦等,2012;王佟等,2013)。

(二)中侏罗世沉积环境及聚煤特征

层序Ⅲ3对应中侏罗世早期,大致对应西北赋煤区另一主要成煤组段西山窑组,该时期在分流间湾内,沼泽大范围发育,泥炭持续稳定堆积,形成了在该区广泛分布的厚煤层,厚煤层多形成于湖侵末期(中国煤炭地质总局,2016)。在准噶尔、吐哈、伊犁、柴达木及祁连山-走廊盆地煤层发育好，厚度大，而且连续性好，煤厚从几米到上百米均有发育。中侏罗世中期含煤盆地中煤层也广泛发育。总体看，低位体系域和高位体系域较发育，湖侵体系域沉积时间短，地层厚度小。中侏罗世晚期，由于后期的剥蚀作用，该层序在新疆几个盆地中残留范围不大，但在柴北缘地区残留厚度比较大，多为湖相粉砂岩、泥岩及油页岩组成，煤层欠发育，仅在盆地局部地区有薄煤层或煤线沉积。

二、煤岩煤质变化

（一）煤岩特征

西北赋煤区各矿区主采煤层的变质程度低，宏观煤岩组分中暗煤和丝炭含量较高，有机显微组分中惰质组分含量较高。各成煤盆地煤的煤岩煤质特征如下：

1. 下侏罗统八道湾组

八道湾组在准噶尔盆地、吐哈盆地、三塘湖盆地和伊犁盆地的含煤性较好。准噶尔盆地中，靠近沉积中心的四棵树、沙湾、硫磺沟矿区煤的镜质组含量多在60%以上，而距沉积中心较远的艾维尔沟、克布尔碱等矿区，煤的镜质组含量多在40%以下，煤的显微组分以惰质组为主。三塘湖盆地煤的镜质组相对较高，以淖毛湖为典型，镜质组含量高达78%。伊犁盆地中尼勒克、伊南等矿区煤的镜质组和惰质组含量相当。塔北盆地煤的显微组分以镜质组为主，镜质组多在50%以上，惰质组多在40%以下（图2.3.1）。

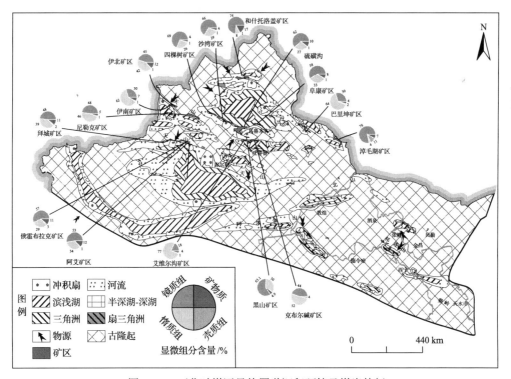

图 2.3.1　西北赋煤区早侏罗世沉积环境及煤岩特征

2. 中侏罗统西山窑组

中侏罗统西山窑组在准噶尔盆地、吐哈盆地、三塘湖盆地和伊犁盆地的含煤性较好。中侏罗统西山窑组煤层的惰质组含量整体高于下侏罗统八道湾煤层。高惰质组煤，以准噶尔盆地东缘、吐哈盆地和伊犁盆地为代表。例如，准噶尔盆地东缘五彩湾、将军庙等矿区，吐哈盆地的三道岭、大南湖等矿区，伊犁盆地的伊南和伊北矿区的惰质组含量多达 60%以上(图 2.3.2)。

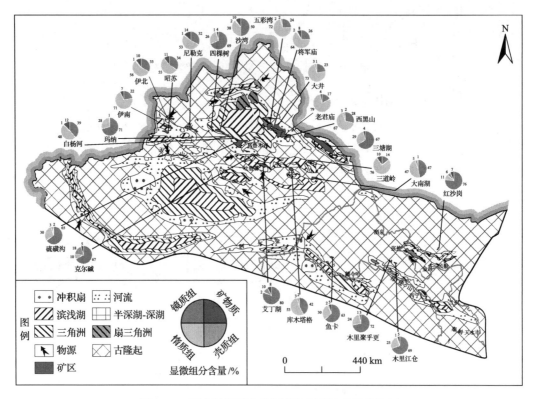

图 2.3.2　西北赋煤区中侏罗世沉积环境及煤岩特征

(二)煤质特征

1. 下侏罗统八道湾组

西北赋煤区八道湾组煤的原煤灰分变化范围为 7%～24%，平均 15%，以低灰煤为主。准噶尔盆地煤的灰分整体较低，例如，阜康、硫磺沟等矿区，灰分多为 10%～20%，属于低灰煤。除吐哈盆地中的艾维尔沟、塔北的阿艾矿区煤的灰分分别为 22%和 24%外，西北赋煤区大部分矿区灰分低于 20%。西北赋煤区八道湾组煤的硫分含量较低，多为特低硫煤和低硫煤(图 2.3.3)。

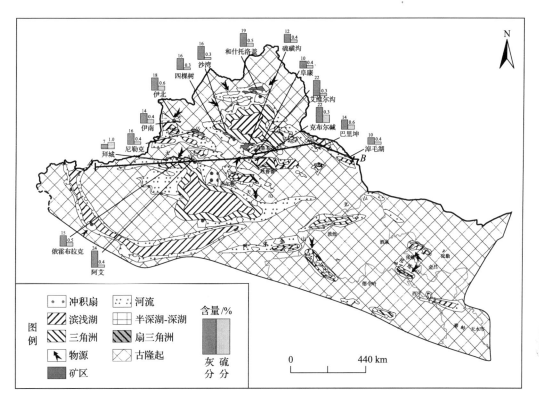

图 2.3.3 西北赋煤区早侏罗世沉积环境及八道湾组煤质特征

2. 中侏罗统西山窑组

西北赋煤区中侏罗统西山窑组煤的原煤灰分低于八道湾组,灰分含量多集中于 10%~15%。西山窑组煤的硫分含量较低,硫分含量一般为 0.2%~0.6%,多为特低硫煤和低硫煤(图 2.3.4)。

三、沉积环境对煤岩煤质控制作用分析

(一)沉积环境对煤岩煤质平面变化控制

1. 下侏罗统八道湾组

早侏罗世早期,辫状河三角洲比较发育,在分流间湾处发育泥炭沼泽,覆水深,处于还原环境下,植物生长繁盛,发育稳定连续的厚煤层,植物遗体经历了充分的凝胶化作用,宏观煤岩类型以光亮煤、半亮煤为主,组分以镜质组为主,含量为 18%~78%,平均值为 57.14%,煤中惰质组含量为 4%~77%,平均值为 42%。从平面上来看(图 2.3.1),靠近盆地中心的沼泽覆水较深,凝胶化作用较强,镜质组含量较高,例如,淖毛湖矿区为滨浅湖沉积环境,覆水深,镜质组含量高,平均为 78.31%,近年来以良好的直接液化性能和较高的焦油产量而备受关注。

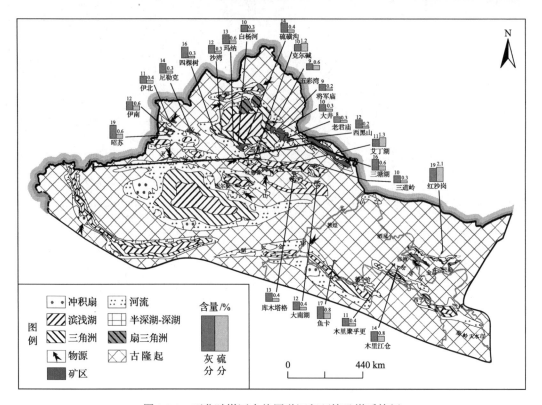

图 2.3.4　西北赋煤区中侏罗世沉积环境及煤质特征

从图 2.3.3 中 A—B 剖面（图 2.3.5）可知，西北赋煤区自西向东，各矿区煤层普遍发育在河流和三角洲平原环境下，覆水深，凝胶化程度较强，镜质组含量基本在 50% 以上，例如，黑山和淖毛湖矿区镜质组含量分别为 65.1% 和 78.41%。个别矿区（艾维尔沟矿区）位于古陆斜坡地带，处于氧化环境下，惰质组含量为 77.3%，镜质组含量只有 17.6%。

西北地区早侏罗世煤中矿物质较少，灰分较低，大部分低于 20%，平均为 15.73%。总体来说，区内各赋煤盆地距物源区越远，各煤层灰分总体含量越小。该区造山带与盆地相间，盆地物源为环绕周围的造山带，因此几大聚煤盆地的灰分分布都呈现出中间较低、外围较高的特征。早侏罗世的煤，因其形成于内陆环境，成煤植物本身硫含量较低，地下水补给少，所以大部分属低硫煤或特低硫煤，普遍低于 1%。

从图 2.3.3 中 A—B 剖面（图 2.3.5）可知，西北赋煤区早侏罗世煤的灰分含量介于 10.1%~24.28%，硫分含量介于 0.35%~0.64%，以低灰-中灰煤、特低硫-低硫煤为主，自西向东灰分呈现降低趋势，硫分含量变化不明显。

2. 中侏罗统西山窑组

中侏罗统沉积期为最主要的聚煤期，沉积环境以滨浅湖、三角洲、河流沉积为主。厚煤层主要形成于三角洲平原沼泽中，在湖侵晚期，基准面上升缓慢或已停止上升，低可容空间长时期保持稳定，植物生长繁盛，沼泽大范围发育，泥炭持续稳定堆积。随着可容空间减小，由湖盆中心向外，沉积环境由滨浅湖沉积逐渐变为三角洲沉积和河流沉积，泥炭沼泽覆水环境逐渐转变为浅覆水氧化环境，大量植物遗体处于供氧充分的条件下，丝炭化作用占主导，产生较多的惰质组分，由各盆地中心向外，宏观煤岩类型以半暗煤、暗淡煤为主，镜质组含量为 14.12%～80.56%，惰质组含量为 10.31%～78.65%，总体上讲，显微组分中富惰质组，镜质组含量次之(图 2.3.2)。

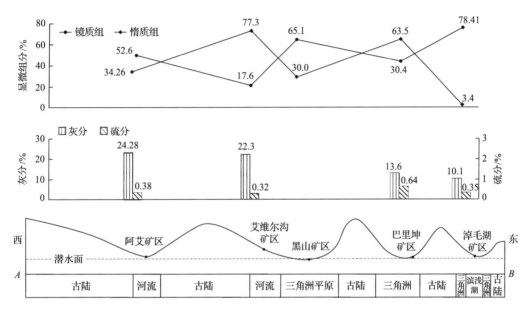

图 2.3.5　西北赋煤区早侏罗世沉积环境及煤岩煤质特征剖面变化图

从图 2.3.4 中 A—B 剖面(图 2.3.6)可知，镜质组和惰质组此消彼长，富镜质组煤层主要发育在中部的三角洲及滨浅湖环境下，覆水条件良好，凝胶化作用充分，例如，艾丁湖矿区镜质组含量高达 80.3%，位于赋煤区西缘和东缘的含煤矿区，在河流和冲积扇环境下，水动力条件大，河流携带大量的氧与成煤植物遗体接触，丝炭化作用强烈。例如，三道岭矿区惰质组含量明显增高，普遍高于 50%，最大值为 75.6%。

中侏罗统沉降时造山带与盆地相间，各赋煤盆地物源为环绕周围的造山带，因此，越靠近造山带灰分越高，远离物源区靠近盆地中心灰分越低，如老君庙矿区灰分为 8%，几大聚煤盆地的灰分分布都呈现出中间较低、外围较高的特征。硫分与沉积环境关系非常密切，早—中侏罗世的煤，因其形成于内陆环境，成煤植物本身硫含量较低，所以，大部分煤属低硫煤或特低硫煤，一般为 0.3%～0.6%，普遍低于 1%。

从图 2.3.4 中 A—B 剖面(图 2.3.6)可知，煤的灰分介于 10%～19%，以低灰煤为主，自西向东变化不大，硫分含量介于 0.3%～0.6%，在河流相、三角洲相环境中硫分普遍较低，以特低灰煤为主。

(二)沉积环境对煤岩煤质垂向变化控制

西北赋煤区在下—中侏罗统八道湾组和西山窑组上发育多层可采煤层，随着沉积环境的演化，各煤层的煤岩特征因而存在一定差异。

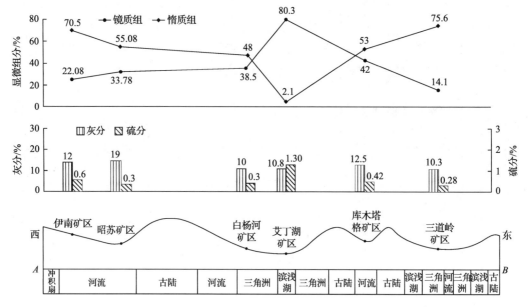

图 2.3.6　西北赋煤区中侏罗世沉积环境及煤岩煤质特征剖面变化图

西北赋煤区主要成煤组段为八道湾组和西山窑组(主要赋存于新疆地区)，二者泥炭沼泽环境存在一定差异。其中下侏罗统八道湾组以湖泊三角洲为主，其成煤时，凝胶化作用相对较强，镜质组含量多达到 50%以上，惰质组多在 30%左右。中侏罗统西山窑组主要泥炭沼泽环境为河控三角洲，其惰质组含量整体增高，多达 50%以上，镜惰比多在 1 以下(图 2.3.7)。因河流作用增强，碎屑物质供应加强，西山窑组煤中矿物质含量比八道湾组高。由于八道湾组和西山窑组的沉积环境为陆相环境，其煤层硫分含量较低(图 2.3.8)。

第四节　华南赋煤区

一、沉积环境演化

志留纪后期扬子板块和华夏板块(加里东运动)拼合，形成华南地区，早石炭世南方地区主要含煤地层为测水组，属于海陆过渡相沉积。中二叠世，为地史上海侵规模最大的时期之一，沉积环境不稳定，属滨海型沉积，此时沉积的含煤地层为梁山组和童子岩组。晚二叠世成煤作用主要有两种沉积类型(邵龙义等，2013b)：一种类型主要分布在川中、川南、黔北、黔西、滇东、苏南、湘赣一带，以陆相沉积为主，局部夹海相灰岩及硅质岩沉积，称为龙潭组；另一种类型主要分布在盆地或拗陷中心部位，以海陆交互相为主，称吴家坪组。晚古生代成煤作用结束后，华南地区持续凹陷，早—中三叠世进入全面海进时期，除康滇、华夏云开隆起仍凸出水面外，其他地区共同接受了早—中三叠世海相碳酸盐岩和碎屑沉积。发生在中三叠世末期的印支运动，使上扬子盆地和江南、东南一带强烈抬升为陆，出现大范围的海退，武陵-江南隆起成为陆源区；华夏、云开、武夷古陆变得更为广阔，以海相沉积为主的盆地转变为陆相碎屑沉积，晚三叠大部分地区处于隆起区，聚煤作用主要发生在四川盆地和湘赣地区(邵龙义，2014b)。

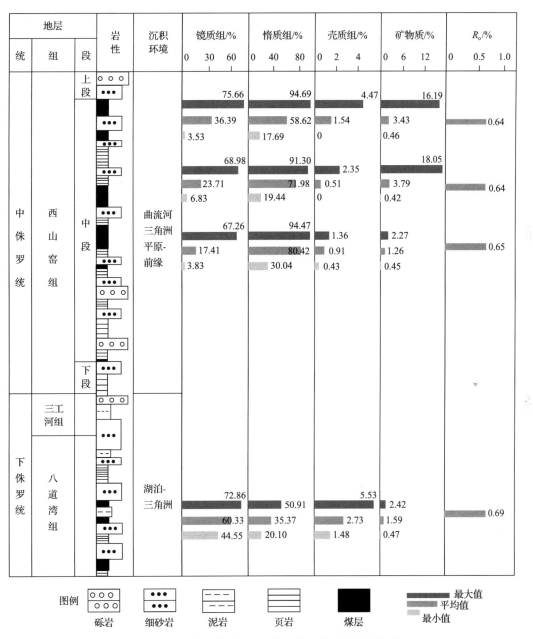

图 2.3.7　西北赋煤区泥炭沼泽环境演化对煤岩的控制

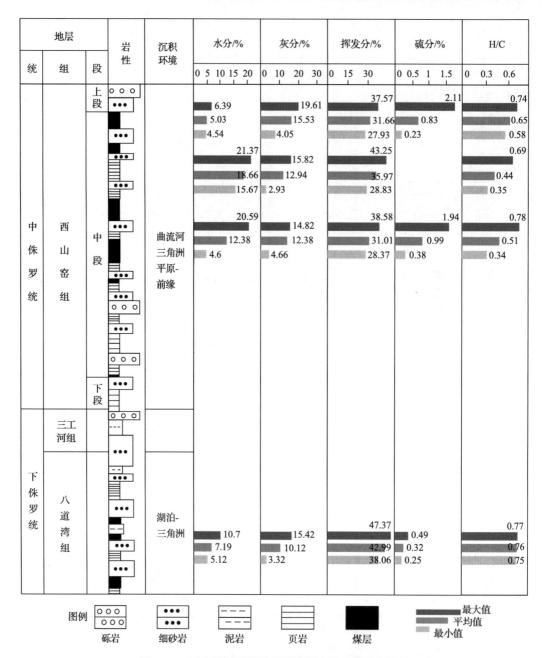

图 2.3.8　西北赋煤区泥炭沼泽环境演化对煤质的控制

华南地区成煤组段众多,本书重点论述上二叠统龙潭组含煤组段。华南地区晚二叠世受东吴运动的影响,由于海退关系,康滇古陆、华夏古陆有所扩大,在这两个古陆之间的广阔地区,其沉积组合类型自西而东依次为:①陆相河湖泥砂质沉积组合(四川乐山至云南宣威);②海陆交互相含煤及硅质沉积组合(北龙门山中南段—滇东南);③海相含煤及硅质、碳酸盐沉积组合(秦岭、陕、川、桂、鄂东、湘西);④海陆交互相含煤及少量硅质、碳酸盐沉积组合(苏北至湘南、粤北)；⑤以陆相为主含海相钙泥质沉积组合(浙西至广州、花县)。上述有规律的沉积组合反映出从两个古陆的内侧至中心，沉积组合对称性分布。靠近康滇古陆的东侧和紧邻浙闽古陆西侧，陆相碎屑沉积组合或以陆相为主的沉积组合均较发育，依次向中心变为海陆交互相含煤沉积组合，形成了华南晚二叠世两个相对变化的聚煤富煤带(图 2.4.1)(张韬，1995；邵龙义等，2013a，2013b)。

二、煤岩煤质变化

(一)煤岩特征

华南赋煤区包含有早石炭世、晚石炭世—早二叠世、晚二叠世、晚三叠世、新近纪等聚煤期，其中以晚二叠世聚煤作用最强，煤层分布最广，形成的煤炭资源量最大。其余各聚煤期所形成的煤仅在华南赋煤区局部发育。

华南赋煤区晚二叠世含煤地层包括龙潭组、长兴组、宣威组等，广泛分布在华南地区，其中以云、贵、川、渝地区最为发育。整体上，华南赋煤区晚二叠世煤的煤岩组分较为稳定，变化不大，主要特征表现为以镜质组为主，惰质组次之，壳质组含量甚微，矿物含量较高。

华南赋煤区晚二叠世煤的煤岩煤质特征划分为三大区，浙北、苏南、皖南、赣东(第一区)，湘、鄂、桂、粤(第二区)和滇、黔、渝、川(第三区)(图 2.4.2)。第一区，煤中镜质组含量为 30%～70%，惰质组含量为 10%～20%，该区以富集树皮体为特点，部分矿区(产煤地)壳质组含量高达 20%以上，例如，江西的萍乡、乐平矿区壳质组含量分别为 17%和 39%。第二区，煤中镜质组含量较高，平均含量普遍超过 70%，惰质组含量较低，平均含量普遍低于 10%，壳质组除局部地区外一般很少。第三区，煤中镜质组含量较第二区略有降低，平均含量多为 50%～60%，惰质组含量多在 20%左右，局部较高，如黔西水城矿区惰质组含量一般为 40%，甚至高达 70%(李河名和费淑英，1996)，大部分矿区壳质组含量极低。

(二)煤质特征

华南赋煤区晚二叠世煤的灰分整体偏高。从西向东，由滇东(川南)—黔西—湘中—福建，灰分先降低后升高，例如，川南的筠连矿区灰分高达 29%，盘江矿区灰分为 17%，涟邵矿区灰分为 14%，到浙北产煤地灰分为 25%。

华南赋煤区晚二叠世煤中硫分含量变化趋势和灰分变化趋势相反。总体上，华南赋煤区晚二叠世煤中硫分含量高，以中—高硫煤为主，由西向东，表现出硫分含量先升高后降低的变化趋势，滇东和川南的恩洪、古叙矿区煤中硫分含量分别为 0.3%和 0.2%；黔西六盘水煤田煤中硫分含量为 2.0%；广西的合山等矿区煤中硫分含量超过 3.0%，湘中袁家矿区等煤中硫分含量为 2.0%左右，靠近赋煤区东部(特别是东南部)，各矿区(产煤地)硫分多为 1.5%左右。

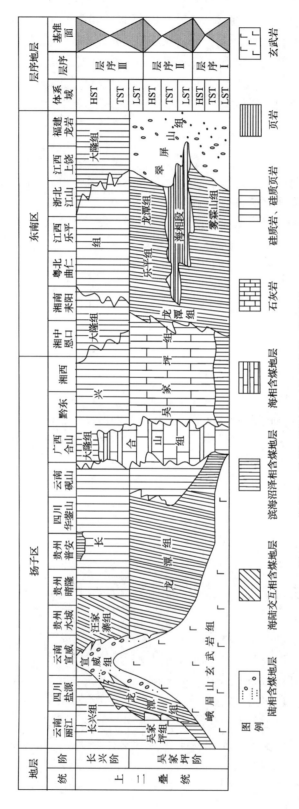

图2.4.1 华南晚二叠世沉积地层对比示意图（据张韬，1995）

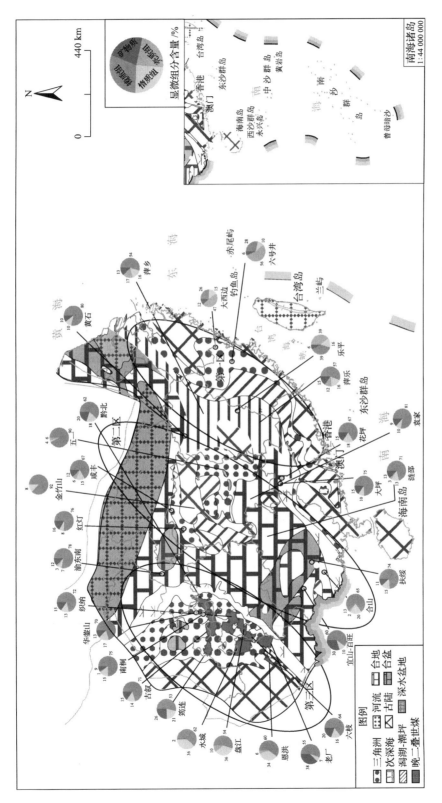

图2.4.2 华南赋煤区晚二叠世沉积环境及煤岩特征

三、沉积环境对煤岩煤质控制作用分析

(一)沉积环境对煤岩煤质平面变化控制

华南赋煤区晚二叠世煤的煤岩煤质特征受沉积环境的影响明显。华南晚二叠世聚煤沉积环境以海陆过渡相为主，泥炭沼泽环境整体较潮湿，煤的显微组分中，镜质组含量一般大于70%，以凝胶碎屑体和凝胶结构镜质体为主，结构镜质体较少，惰质组含量在30%以下，部分地区受沉积环境控制形成我国特有的树皮体残殖煤——乐平煤，壳质组含量高达 30%以上。以下叙述三个区(图 2.4.2)中煤岩煤质特征受沉积环境的影响。

第一区以富集树皮体为特点，最著名的江西省乐平一带，龙潭组煤为树皮残殖煤，多数是以潮汐流为主的水动力条件较强的情况下，有机质经反复筛选富集树皮体，形成的残殖煤，壳质组含量可达 31%~82%；第二区，煤中镜质组含量较高，惰质组含量较低，壳质组除局部地区外一般很少。该区位于华南赋煤区的沉积中心区域，覆水条件较好，凝胶化作用较强，湖南省湘西北区显微组分以镜质组为主，惰质组次之；第三区煤中镜质组含量在70%以上，以凝胶碎屑体为主，惰质组含量小于20%，局部较高。西南地区晚二叠世煤的显微组分以镜质组为主，区域上变化规律从西(陆)向东(靠海)及由南西向北东增高，西部尤为显著，聚煤中心地区镜质组含量最高而向边缘地带逐渐降低。灰分和硫分也受沉积环境影响(图 2.4.3)。硫分含量受海水影响明显，华南晚二叠世煤以高硫煤占优势，低硫煤主要分布于河流相沉积的区域，而灰分分布受古陆物源区影响明显，从西向东，煤中灰分由高到低的变化趋势，即随着远离康滇古陆陆源区，灰分逐渐降低，向东靠近古陆，灰分再次升高。

从图 2.4.3 中 A—B 剖面(图 2.4.4)可知，华南赋煤区晚二叠世沉积环境整体为海陆过渡环境，由西向东，沉积环境演变为河流—三角洲—次深海环境—河流环境，煤中镜质组含量先增高再降低，惰质组变化与之相反。煤的灰分受距物源区(古陆)的远近的影响，由西向东呈先降低后增高的变化趋势，硫分变化受海水的影响。

(二)沉积环境对煤岩煤质垂向变化控制

华南赋煤区上二叠统主要成煤组段为龙潭组和宣威组，其中以龙潭组为主。龙潭组主要为海陆交互相沉积环境成煤，宣威组为陆相曲流河沉积环境成煤。龙潭组成煤沼泽环境由潟湖-潮坪环境逐渐演变为潮控三角洲环境，镜质组含量降低趋势明显，平均含量由73%逐渐降低为55%，惰质组含量逐渐由15%增加至25%，矿物质含量也随着河流作用的增强、碎屑物质供应的增加而增高。宣威组整体为曲流河相成煤，镜质组含量平均为 30.4%，惰质组含量平均为 28.6%，成煤区距离康滇古陆较近，碎屑物质供应丰富，致使其矿物质含量高达26.4%(图 2.4.5)。

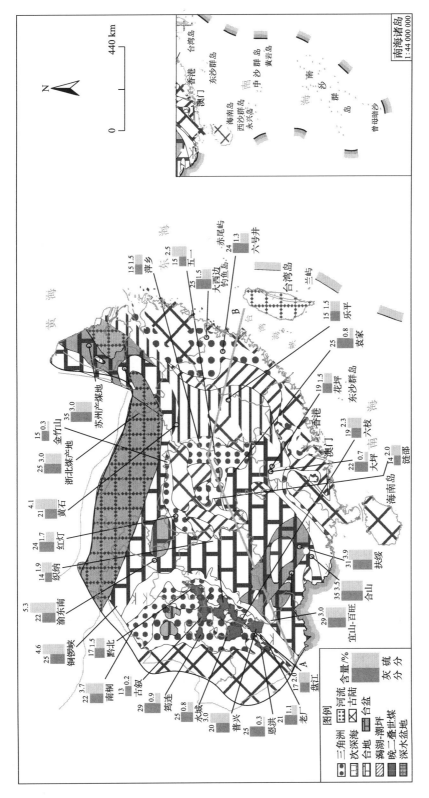

图2.4.3 华南赋煤区晚二叠世沉积环境及煤质特征

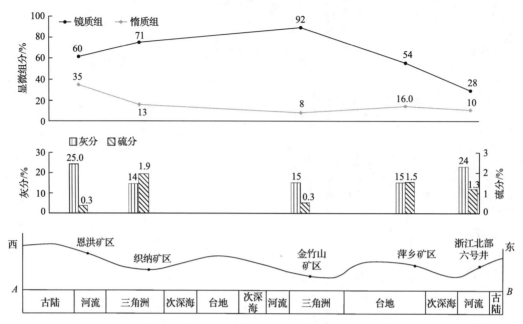

图 2.4.4　华南赋煤区晚二叠世沉积环境及煤岩煤质特征剖面变化图

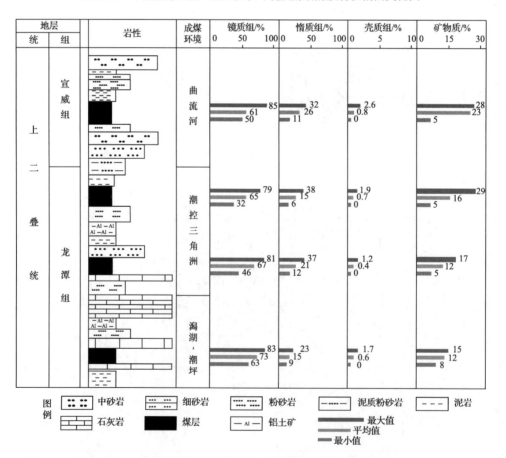

图 2.4.5　华南赋煤区泥炭沼泽环境演化对煤岩的控制作用

龙潭组煤层受海水的影响，其硫分含量整体较高，多达 2%左右，随着海水向东部退去，河流作用加强，碎屑物质供应加强，灰分含量增高。宣威组为陆相成煤环境，煤中硫分含量整体较龙潭组低，受康滇古陆碎屑物质供应影响，灰分含量相对较高（图 2.4.6）。

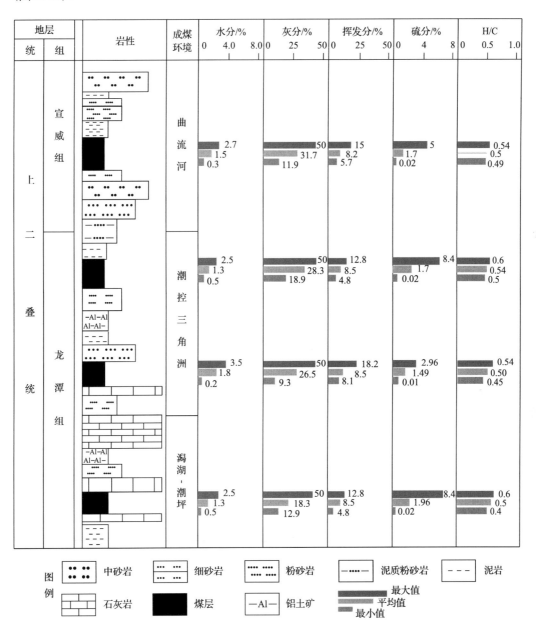

图 2.4.6 华南赋煤区泥炭沼泽环境演化对煤质的控制作用(据邵龙义等，2013b，有修改)

第五节　成煤盆地控制下的沉积环境对煤岩煤质的控制

各赋煤区沉积环境对煤岩煤质控制的共同特征是：煤中灰分主要受物源区的性质和距离控制，靠近物源区，灰分含量一般较高。煤中硫分主要受成煤期海水的影响，海陆过渡相形成的煤硫分普遍较高。煤中有机组分含量主要受成煤植物、成煤的凝胶化作用与丝炭化作用的控制，凝胶化作用强，镜质组含量较高；丝炭化作用强，惰质组含量高，靠近沉积中心(湖盆或三角洲环境)形成的泥炭沼泽一般覆水性较好，植物遗体的凝胶化作用较强，而靠近物源区(冲积扇或者河流相沉积环境)形成的泥炭沼泽，丝炭化作用强，惰质组含量高。

原型盆地类型控制沉积环境，从而导致煤岩组分的差异。盆地类型引起煤岩煤质特征的差异，需要在相似的沉积环境下进行对比，例如，同属于海陆过渡相沉积环境下，华南赋煤区的扬子盆地(克拉通拗陷)相对于东南盆地(陆内裂陷)惰质组含量明显高(表2.5.1，图2.5.1)。本节重点分析典型采样矿区盆地类型控制下的沉积环境对煤岩煤质特征的影响(图2.5.2)。

表 2.5.1　不同盆地类型下煤岩煤质特征表

时代	成煤盆地名称	盆地类型	结构	动力背景	古地理	惰质组/%	镜质组/%	壳质组/%	灰分/%
晚古生代	华南盆地	陆内裂陷	断陷	拉伸	海陆交互相	13.4	75	1.84	15.09
	华北盆地	克拉通拗陷	拗陷	挤压	海陆交互相	21.19	67.25	4.33	8.05
	扬子盆地	克拉通拗陷	拗陷	拉伸	海陆交互相	15.79	71.57	1.27	11.37
	东南盆地	陆内裂陷	拗陷	拉伸	海陆交互相	8.52	90.78	0	5.24
晚三叠世	鄂尔多斯盆地主体	克拉通拗陷	断拗	挤压	陆相	18.72	65.7	3.5	12.08
	湘赣粤盆地	山间盆地	断陷	挤压	海陆交互相-陆相	11.73	74.5	13.7	6.93
	四川盆地	克拉通拗陷	断拗	挤压	海陆交互相-陆相	19.83	64.2	2.04	13.93
早—中侏罗世	鄂尔多斯盆地	克拉通拗陷	拗陷	剪切挤压	陆相	45.81	47.18	1.71	5.25
	准噶尔盆地	陆内裂陷	断拗	拉伸	陆相	36.41	56.95	1.73	5.1
	塔北、塔西南盆地	山间盆地	断陷	拉伸	陆相	54.47	41.14	1	10.41
	吐哈盆地	陆内裂陷	断陷	拉伸	陆相	40.43	49.6	4.33	6.96
	三塘湖盆地	陆内裂陷	断拗	拉伸	陆相	37.4	67.95	2.88	2.85
	柴北缘盆地	山间盆地	断陷	弱拉伸	陆相	37.32	50.43	7.3	5.01
	祁连、天山	走滑拉分盆地	断陷	拉伸	陆相	24.7	70.65	0.75	3.91

续表

时代	成煤盆地名称	盆地类型	结构	动力背景	古地理	惰质组/%	镜质组/%	壳质组/%	灰分/%
早白垩世	三江盆地	陆内裂陷	断拗	拉伸	海陆交互相-陆相	10.1	77.69	1.79	10.43
	松辽盆地	陆内裂陷	断拗	拉伸	陆相	2.78	83.14	1.88	12.74
	海拉尔-二连盆地	陆内裂陷	断拗	拉伸	陆相	21.1	64.02	1.13	15.81

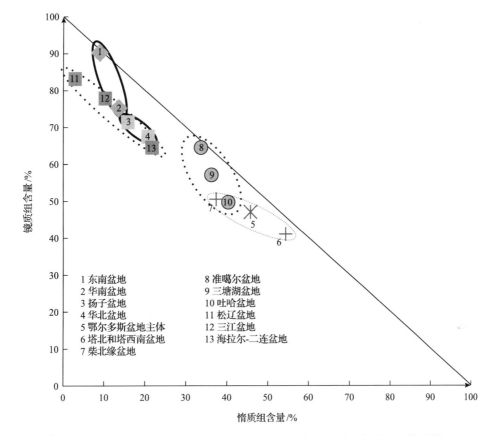

图 2.5.1　不同成煤盆地下煤岩特征对比(盆地类型划分)(据曹代勇等,2018)

　　东北赋煤区早白垩世主要成煤盆地为断陷湖盆,其控制下的沉积环境为滨浅湖、河流三角洲和湖泊三角洲沼泽环境。该环境下沼泽基底沉降较快,沼泽覆水性较好,泥炭的凝胶化较强,镜质组含量相对较高,惰质组含量较低(图 2.5.3),物源多为湖盆周围高地,运输距离短,导致煤中矿物质含量相对较高,进而灰分含量较高,多在10%以上。该区泥炭沼泽未受海水影响，硫分来源匮乏，全硫含量多在 0.5% 以下，为特低硫煤（图 2.5.4）。

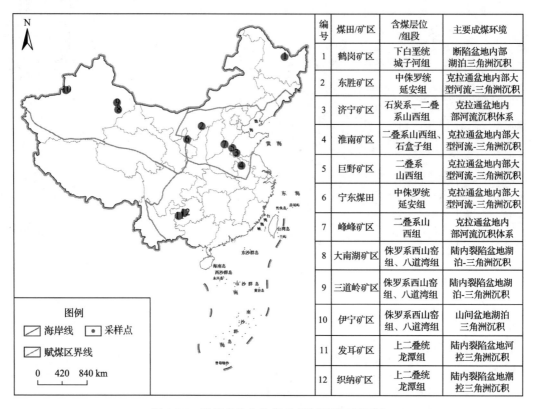

编号	煤田/矿区	含煤层位/组段	主要成煤环境
1	鹤岗矿区	下白垩统城子河组	断陷盆地内部湖泊三角洲沉积
2	东胜矿区	中侏罗统延安组	克拉通盆地内部大型河流-三角洲沉积
3	济宁矿区	石炭系—二叠系山西组	克拉通盆地内部河流沉积体系
4	淮南矿区	二叠系山西组、石盒子组	克拉通盆地内部大型河流-三角洲沉积
5	巨野矿区	二叠系山西组	克拉通盆地内部大型河流-三角洲沉积
6	宁东煤田	中侏罗统延安组	克拉通盆地内部大型河流-三角洲沉积
7	峰峰矿区	二叠系山西组	克拉通盆地内部河流沉积体系
8	大南湖矿区	侏罗系西山窑组、八道湾组	陆内裂陷盆地湖泊-三角洲沉积
9	三道岭矿区	侏罗系西山窑组、八道湾组	陆内裂陷盆地湖泊-三角洲沉积
10	伊宁矿区	侏罗系西山窑组、八道湾组	山间盆地湖泊三角洲沉积
11	发耳矿区	上二叠统龙潭组	陆内裂陷盆地河控三角洲沉积
12	织纳矿区	上二叠统龙潭组	陆内裂陷盆地潮控三角洲沉积

图 2.5.2 采样点分布及其对应的泥炭沼泽环境

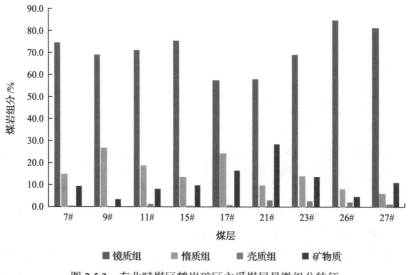

图 2.5.3 东北赋煤区鹤岗矿区主采煤层显微组分特征

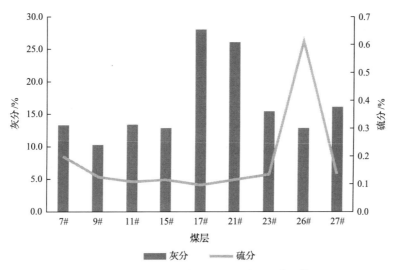

图 2.5.4 东北赋煤区鹤岗矿区主采煤层煤质特征

华北赋煤区石炭纪—二叠纪成煤盆地类型为克拉通拗陷,泥炭沼泽环境较为多样,其中上石炭统—下二叠统太原组煤层一般多为海陆过渡相成煤,主要泥炭沼泽环境为障壁海岸泥炭沼泽环境、潮控三角洲泥炭沼泽环境,泥炭沼泽还原性较强,镜质组含量较高,因受海水影响煤中硫含量较高(图 2.5.5、图 2.5.6),且由赋煤区北部向南部,煤中硫分逐渐增高,灰分逐渐降低(图 2.5.6)。下二叠统山西组,主要泥炭沼泽环境为河流泥炭沼泽环境和湖泊三角洲泥炭沼泽环境,相对于太原组煤层,成煤泥炭沼泽还原性降低,镜质组含量相对减少(图 2.5.7),灰分含量与太原组相似,主要受赋煤区北部阴山古陆的供应,灰分多在 10%~20%,因海水向南退去,成煤沼泽未受海水影响,硫的供应匮乏,煤中全硫含量多在 1%以下(图 2.5.8)。

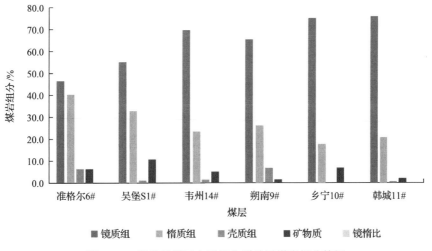

图 2.5.5 华北赋煤区太原组典型矿区煤岩组分特征

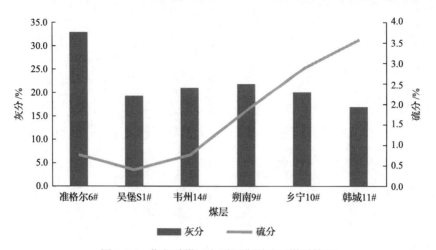

图 2.5.6　华北赋煤区太原组典型矿区煤质特征

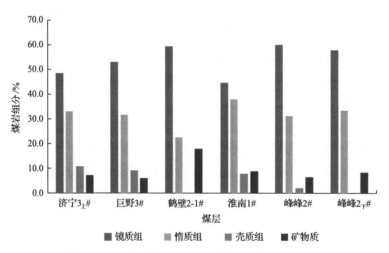

图 2.5.7　华北赋煤区山西组采样矿区煤岩组分特征

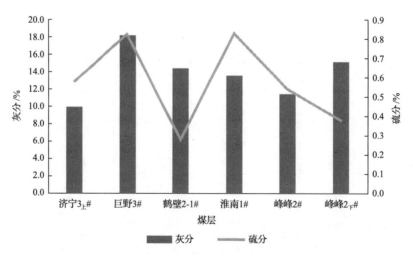

图 2.5.8　华北赋煤区山西组采样矿区煤质特征

华北侏罗纪为克拉通盆地内大型河湖三角洲环境成煤期(王双明, 2017), 泥炭经历了较强的丝炭化作用, 形成的煤层惰质组含量相对较高, 多在50%以上(图2.5.9)。地势平缓, 物源距离较远, 碎屑输入匮乏, 致使煤中矿物质含量相对较低, 进而导致灰分含量较低, 多为特低灰煤。硫分来源匮乏, 全硫含量多在1%以下, 以特低硫-低硫煤为主(图2.5.10)。

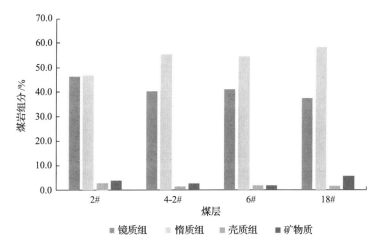

图 2.5.9 华北赋煤区宁东煤田延安组煤岩组分特征

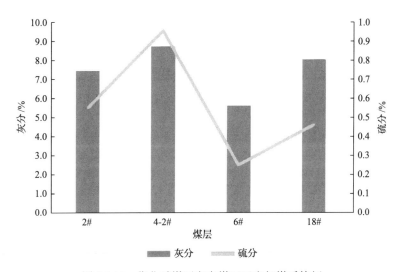

图 2.5.10 华北赋煤区宁东煤田延安组煤质特征

西北赋煤区主要成煤盆地为陆内裂陷盆地和山间盆地。主要泥炭沼泽环境为河流三角洲和湖泊三角洲泥炭沼泽环境。西北赋煤区主要采集了伊犁盆地和吐哈盆地下侏罗统八道湾组煤层。八道湾组主要泥炭沼泽环境为陆内裂陷盆地下大型湖泊三角洲相沉积, 赋煤区整体处于伸展构造环境下, 沉积基底沉降缓慢, 且泥炭沼泽水源补给性较差, 泥炭沼泽可容空间较小, 泥炭常被暴露氧化, 致使煤中惰质组含量较高, 多达到70%以上。

因泥炭沼泽水源补给较差，多为大气降水为主，故其碎屑沉积体系几乎废弃，煤中无机矿物质含量极低(图 2.5.11)，相应的灰分多在 10% 以下，陆相成煤硫元素来源匮乏，煤中硫分含量极低(图 2.5.12)。

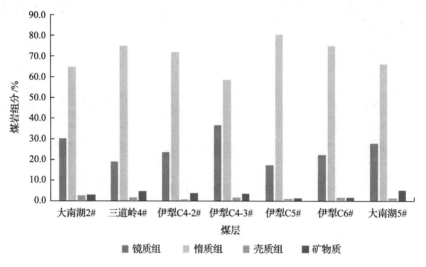

图 2.5.11　西北赋煤区重点采样区煤岩组分特征

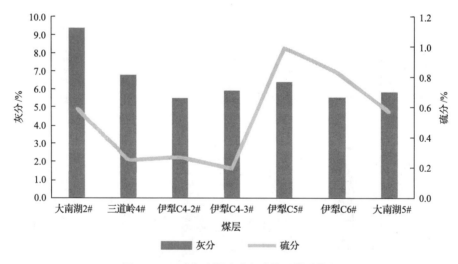

图 2.5.12　西北赋煤区重点采样区煤质特征

华南赋煤区晚二叠世泥炭沼泽环境较为多样，主要有障壁岛海岸、潮控三角洲和河流三角洲三种主要泥炭沼泽环境。潮控三角洲下成煤多受海水影响，河流三角洲下成煤受海水影响较小。在华南赋煤区采集了格目底煤矿 9#煤层，该煤层是陆内裂陷盆地内河控三角洲成煤(图 2.5.13)，泥炭沼泽基底沉降速度较快，覆水性较好，镜质组含量相对较高。相对于潮控三角洲，河控三角洲碎屑物质供给更强，致使煤灰分含量相对较高。泥炭沼泽未受海水影响，硫分输入匮乏，煤中全硫含量多在 1%以下。

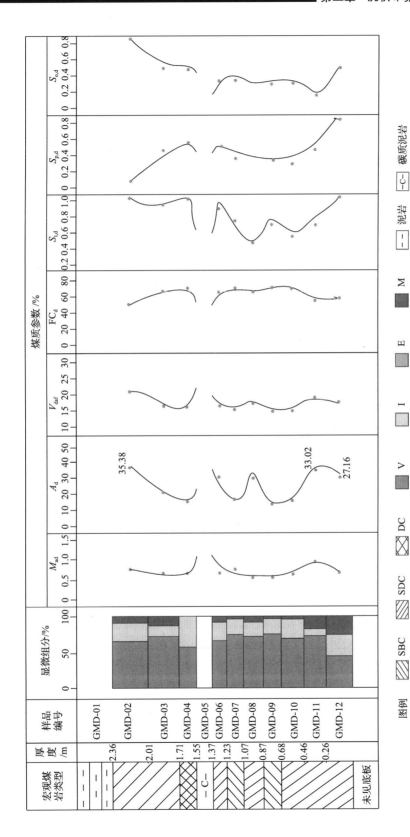

图2.5.13　华南赋煤区格目底煤矿 采样区煤岩特征

V为镜质组；I为惰质组；E为壳质组；M为矿物；SBC为半亮煤；SDC为半暗煤；DC为暗煤；M_{ad}为水分含量；$S_{o,d}$为有机硫含量；A_d为灰分含量；V_{daf}为挥发分含量；FC_d为固定碳含量；$S_{t,d}$为全硫含量；$S_{p,d}$为黄铁矿硫含量；$S_{o,d}$为有机硫含量

第三章

泥炭沼泽类型的控制作用研究

泥炭沼泽环境主要是由水体和泥炭构成，二者本身的性质及相互之间的关系，控制着煤的成分和结构，进而影响其化学性质和物理性质，成煤植物、水体性质(pH、Eh)、沼泽覆水程度、水动力条件、沼泽水补给源等均影响成煤过程中的凝胶化和丝炭化作用，进而影响煤中有机和无机组分含量的变化。采用点上剖析和面上总结的研究思路，以重点矿区主采煤层的系统分层样品为研究对象，分析其成煤泥炭沼泽类型对煤岩煤质的控制，按照"覆水程度+成煤植物类型"的原则进行命名，将泥炭沼泽划分为三大类型：潮湿草本沼泽、潮湿森林沼泽和干燥森林沼泽。从宏观煤岩描述和显微煤岩组分等方面总结了煤岩、煤质及地球化学特征，优选合适的煤相分析指标，研究每一分层的煤相参数特征，并编制煤相垂向演化图，分析主采煤层的煤相类型垂向演化，确定各重点矿区主要泥炭沼泽类型。结合前人研究成果，总结各赋煤区泥炭沼泽类型，分析泥炭沼泽类型与煤岩煤质的关系。

第一节　煤相分析指标和方法

煤相就是煤层的沉积相，也就是在某一成煤环境中形成的煤的原始成因类型(Teichmuller，1989)。一定类型的成煤沼泽导致一定煤相的形成。确定煤相主要有以下四个依据：堆积作用的类型、植物群落、沉积环境(包括pH、细菌活动性、硫的补给性)、氧化-还原电位。煤相研究主要是通过对煤层本身所包含的各种成因标志(如煤岩学、古植物学、沉积学及地球化学特征)的研究，来探讨煤层原始沉积环境，划分不同煤相类型，为建立煤层成煤模式提供依据。本书对主采煤层进行系统的分层采样，主要选取了煤岩学方法分析煤相，对成煤泥炭沼泽环境进行重点研究。首先对宏观煤岩、显微煤岩组分、煤质等特征进行了总结，挑选合适的煤相分析指标，研究每一分层的煤相参数特征，结合煤相垂向演化图，分析主采煤层的垂向煤相演化。

一、指标参数

本书选择六种煤相参数指标，各参数计算方法及表征沼泽特征叙述如下，主采煤层的煤相划分主要依据以下参数的变化：

(1)凝胶化指数：GI=(镜质组+粗粒体)/(半丝质体+丝质体+碎屑惰质体)。Diessel (1982，1986，1992)认为，GI 值高反映泥炭沼泽覆水深，无机构镜质体占优势，凝胶化作用强。

(2)结构保存指数：TPI=(结构镜质体+均质镜质体+丝质体+半丝质体)/(基质镜质体+粗粒体+碎屑镜质体)。该指数反映成煤植物类别，Diessel(1986)认为，TPI 值高说明成煤植物中木本植物比草本植物所占的比例大。

(3)植物指数：VI=(结构镜质体+均质镜质体+团块镜质体+半丝质体+丝质体+树脂体+木栓体)/(基质镜质体+孢子体+角质体+碎屑惰质体+碎屑镜质体+碎屑壳质体)。Calder 等(1991)提出，该指数可以反映沼泽中木本植物与草本植物的亲疏关系。

(4)地下水影响指数：GWI=(胶质镜质体+团块镜质体+原煤灰分+碎屑镜质体)/(结构镜质体+均质镜质体+基质镜质体)。Calder 等(1991)提出，该指数反映泥炭沼泽覆水程度，地下水位越高，GWI 值越大。

(5)镜惰比指数：V/I=镜质组/惰质组。Harvey 和 Dillon(1985)提出，该指数反映沼泽水面高低。一般来说，镜质组代表的是一种潮湿的还原环境，惰质组代表的是一种干燥氧化环境，这一参数可以较为直观地反映沼泽的覆水程度及气候的干湿情况。根据许福美等(2010)关于镜惰比的划分：Ⅰ类，V/I>4；Ⅱ类，1<V/I≤4；Ⅲ类，0.25<V/I≤1；Ⅳ类，V/I≤0.25，依次代表强覆水、极潮湿-覆水、潮湿-弱覆水、干燥-极干燥火灾发生的环境。

(6)流动性指数：MI=(碎屑镜质体+碎屑惰质体+壳质组)/(基质镜质体+均质镜质体)。张鹏飞等(1997)在对吐哈盆地含煤沉积研究中提出，该指数反映沼泽水流动性。MI 值大于 0.4 为流动相，MI 值小于 0.1 为停滞相，MI 值为 0.1~0.4 时为较停滞相。根据研究区实际资料，沉积环境为一套内陆湖泊三角洲环境，沼泽水流动性较小，上述划分范围可能并不适合全国范围的使用，因此，本次工作对部分地区只对流动性的变化趋势进行分析。

二、图解法

煤相分析过程中主要采用的图解法有：GI-TPI 关系图解法、GWI-VI 关系图解法及 *T-D-F* 煤相图解法。

(一)GI-TPI 关系图

在所有煤相研究方法中，Diessel(1986)所提出的 GI-TPI 图解可能是最经典也是目前引用最广泛的煤相分析方法。该方法是利用煤层的煤岩学标志(主要是显微煤岩组分含量)，引入两个定量化参数 GI 和 TPI 来反映不同环境下形成的煤相类型。将 TPI=1 作为森林沼泽和低位沼泽(芦苇草沼)的界线，GI=1 作为潮湿型沼泽与干燥型沼泽的界线。

（二）GWI-VI 关系图

Calder 等（1991）提出，地下水影响指数和植物指数可以用来表征泥炭沼泽类型，即将 VI=2 作为草本植物和木本植物的界线，用 GWI=1 作为森林沼泽与流水沼泽的界线，实质上是在 Diessel（1986）提出的 TPI 和 GI 关系图的基础上添加了壳质组分和矿物质。

（三）*T-D-F* 煤相图解

T-D-F 煤相图解最早是由 Diessel（1986）建立的，Silva 和 Kalkreuth（2005）据此煤相图将煤相分为潮湿森林沼泽相、开放沼泽相和陆地森林沼泽相三种类型。一般潮湿森林沼泽相由高的 *T* 值反映，开放沼泽相由高的 *D* 值反映，陆地森林沼泽相通过高的 *F* 值反映：

T=结构镜质体+均质镜质体。

F=丝质体+半丝质体。

D=碎屑镜质体+孢子体+碎屑壳质体+角质体+碎屑惰质体+碎屑矿物（黏土矿物+氧化硅类）。

第二节　东北赋煤区

一、鹤岗矿区煤相分析

东北赋煤区鹤岗矿区益新煤矿的主采煤层为下白垩统城子河组煤层，选取了鹤岗矿区益新煤矿的 7#煤层、9#煤层和 15#煤层，分别对各煤层进行了系统的分层采样测试。7#煤层分层采集煤样品 9 件，从上而下样品编号由 YX-7-01 到 YX-7-09。9#煤层分层采集煤样品 12 件，从上而下样品编号由 YX-9-01 到 YX-9-12。15#煤层分层采集煤样品 9 件，从上而下样品编号由 YX-15-01 到 YX-15-09。

（一）7#煤煤相分析

1. 煤岩煤质特征

7#煤层的镜质体平均随机反射率为 0.99%，属于中煤阶烟煤（1/3 焦煤）。煤呈黑色，沥青光泽，参差状断口，裂隙发育，煤质松软，以碎块煤为主。煤层下部以光亮煤为主，其次为半暗煤，煤层自下而上宏观煤岩类型呈光亮煤-半亮煤交替出现。

显微煤岩组分中，以镜质组为主（59.5%～85.9%，平均值 74.7%），惰质组次之（7.7%～28.9%，平均值 14.9%），壳质组（0%～1.0%，平均值 0.6%）及矿物质（1.4%～30%，平均值 9.75%）较少。其中，镜质组以均质镜质体和基质镜质体为主，结构镜质体次之，偶见团块镜质体及胶质镜质体；惰质组以半丝质体为主，其次为氧化丝质体和碎屑惰质体，再次为火焚丝质体，偶见粗粒体；壳质组以孢子体为主，其次为角质体，偶见树脂体和碎屑壳质体；以黏土类矿物为主，碳酸盐矿物次之（图 3.2.1）。煤层自下而上镜质组含量整体趋势逐渐降低(图 3.2.2)。

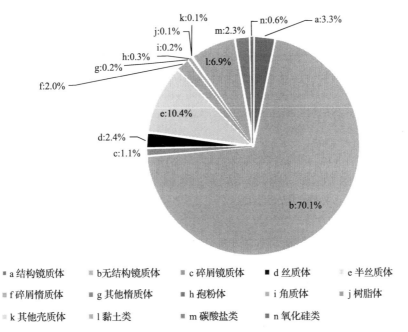

- ▪ a 结构镜质体
- ▪ b 无结构镜质体
- ▪ c 碎屑镜质体
- ▪ d 丝质体
- ▪ e 半丝质体
- ▪ f 碎屑惰质体
- ▪ g 其他惰质体
- ▪ h 孢粉体
- ▪ i 角质体
- ▪ j 树脂体
- ▪ k 其他壳质体
- ▪ l 黏土类
- ▪ m 碳酸盐类
- ▪ n 氧化硅类

图 3.2.1　益新煤矿 7#煤亚显微组分含量饼状图

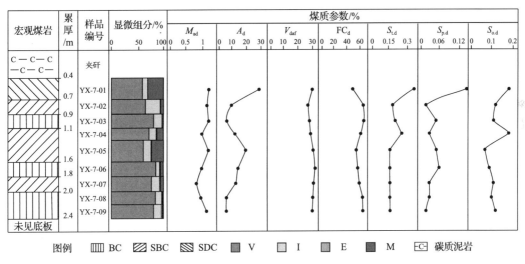

图 3.2.2　益新煤矿 7#煤煤岩煤质特征垂向变化图

　　7#煤分层原煤水分(M_{ad})为 0.82%~1.17%,平均值为 1.04%,煤层总体水分含量低,其中 YX-7-01 水分最高,达到 1.17%;原煤灰分(A_d)为 6.79%~29.08%,平均值为 13.37%,为低灰-特低灰煤。在接近矸石层的煤层 YX-7-01 灰分含量最高,达到 29.08%。各煤分层原煤挥发分(V_{daf})为 27.79%~32.76%,平均值为 30.53%;原煤固定碳(FC_d)为 49.07%~64.86%,平均值为 60.21%。各煤分层原煤全硫含量 0.34%~0.16%,平均值为 0.20%,

为特低硫煤，形态硫测试表明 7#煤以有机硫为主，接近顶底板的煤层全硫含量异常，主要是硫化铁硫异常造成了全硫含量的异常。在垂向上，自下而上水分整体变化较小；灰分先增加后减少，然后再增加；挥发分和固定碳无明显变化。全硫含量在 YX-7-01 分层处出现异常较高值，黄铁矿硫在垂向上变化较小，煤层下部的有机硫比上部较高，在 YX-7-01 和 YX-7-04 煤分层出现较高值(图 3.2.2)。

2. 煤相指标特征

1) GI-TPI 图解分析

从 GI-TPI 关系图(图 3.2.3)可知，益新煤矿 7#煤层各分层样大部分分布在潮湿森林沼泽相中，只有 YX-7-05 落在潮湿草本沼泽相(低位泥炭沼泽)，说明泥炭沼泽环境整体较为稳定。除 YX-7-06 的 GI>10 外，样品总体 1<GI<10，表明沼泽环境覆水程度较深；样品总体 TPI>1，属较高 TPI 群体，说明煤岩植物结构保存较好，降解程度低，反映成煤植物为草本与木本混生，且以木本植物为主。

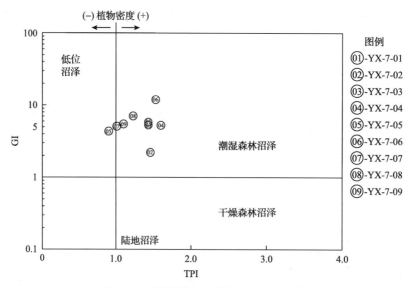

图 3.2.3　益新煤矿 7#煤层 GI-TPI 关系图

2) GWI-VI 图解分析

由 GWI-VI 关系图(图 3.2.4)可知，益新煤矿 7#煤层的 GWI 较低，GWI 总体在 0.1～0.5，平均值为 0.22，水动力条件整体较强，前期地下水水动力条件弱，后期快速增强，对泥炭沼泽的补给相应增大，成煤植物以木本植物为主，中间分层 YX-7-05 则以草本植物为主。

3) T-D-F 图解分析

由 T-D-F 图(图 3.2.5)可看出，益新煤矿 7#煤层的各分层煤样主要落在潮湿森林沼泽区内，T 值相对较高，平均值为 62%，反映泥炭沼泽环境以潮湿气候为主；F 值相对较低，平均值为 21%，反映泥炭沼泽环境受到干燥气候的影响较小；D 值最低，平均值为

17%，反映聚煤区外来碎屑物质供应不足。

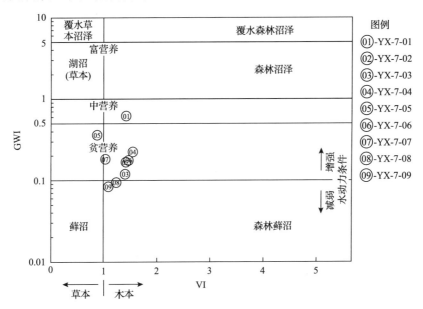

图 3.2.4 益新煤矿 7#煤层 GWI-VI 关系图

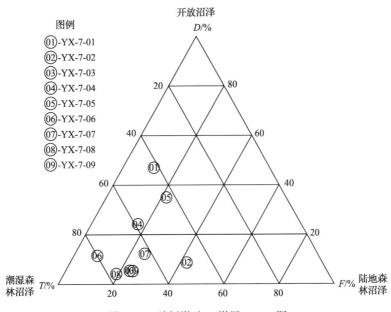

图 3.2.5 益新煤矿 7#煤层 T-D-F 图

4）镜惰比分析

益新煤矿 7#煤层的各分层样品，除 YX-7-02 样品的 V/I 值为 2.26 外，V/I 值均大于 4，反映 7#煤层泥炭沼泽环境处于强覆水的还原环境和极潮湿-覆水的还原环境。

5）流动性指数（MI）分析

益新煤矿 7#煤层的各分层样品，除位于煤层顶部的 YX-7-01 样品的 MI 值为 0.13 外，

MI 值均小于 0.1。从整体上来看,YX-7-09 至 YX-7-05 的流动性呈现增强的趋势;YX-7-04 至 YX-7-01 的流动性整体呈现出先降低后突然增强的趋势。

3. 煤相垂向演化

益新煤矿 7#煤层煤相包括两种类型,即潮湿草本沼泽相和潮湿森林沼泽相。

煤相垂向自下而上经历潮湿森林沼泽相—潮湿草本沼泽相—潮湿森林沼泽相演化(图 3.2.6)。

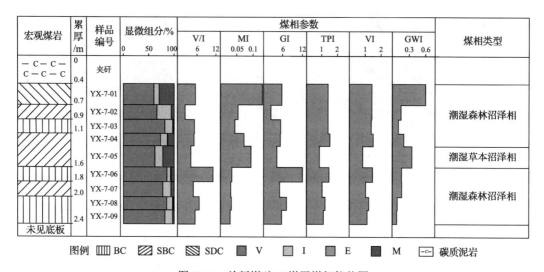

图 3.2.6　益新煤矿 7#煤层煤相柱状图

V/I 为镜惰比;MI 为流动性指数;GI 为凝胶化指数;TPI 为结构保存指数;VI 为植物指数;GWI 为地下水影响指数

潮湿森林沼泽相,对应样品 YX-7-09 至 YX-7-06。VI>1,TPI>1,表明成煤植物以木本植物为主。宏观煤岩类型以亮煤和半亮煤为主,GI 为 5~11.87,V/I 为 5~11.06,二者均先增大后减小,反映沼泽覆水深,为强覆水环境。GWI 为 0.08~0.18,整体较小,表明地下水动力条件较弱,对沼泽的补给较小,为贫营养程度。MI 为 0.03~0.04,反映沼泽水流动性弱,为停滞相。

潮湿草本沼泽相,对应样品 YX-7-05。VI<1,TPI<1,表明成煤植物以草本植物为主。宏观煤岩类型为半亮煤,GI=4.13,V/I=4.13,MI=0.13,覆水略微变浅,仍为强覆水环境。沼泽水流动性较弱,为较停滞相,凝胶化程度高,地下水补给略微增大。

潮湿森林沼泽相,对应样品 YX-7-04 至 YX-7-01。VI>1,TPI>1,表明成煤植物以木本植物为主。宏观煤岩类型由半亮煤过渡为半暗煤,GI 为 2.32~5.67,平均值为 4.62;V/I 为 2.26~5.67,平均值为 4.61,与前一沼泽相比,覆水性变化不大,为强覆水至覆水。GWI 为 0.11~0.63,MI 为 0.04~0.13,平均值为 0.07,反映地下水动力条件整体较小,沼泽水整体流动性较弱,为停滞相和较停滞相,但在成煤末期地下水动力条件和沼泽水体流动性有所增大。

(二)9#煤层煤相分析

1. 煤岩煤质特征

9#煤层的镜质体平均随机反射率为 0.99%，属于中煤阶烟煤(1/3 焦煤)。煤颜色为黑色，沥青光泽，参差状断口，煤质坚硬，含镜煤条带，可见方解石浸染。煤层以半亮煤为主，中部有部分半暗煤。

显微煤岩组分中，以镜质组为主(55.8%～80.2%，平均值 69.0%)，惰质组次之(18.2%～37.5%，平均值 27.0%)，壳质组(0%～1.4%，平均值 0.4%)及矿物质(0.55%～6.34%，平均值 3.7%)较少(图 3.2.7)。其中，镜质组以均质镜质体和基质镜质体为主，结构镜质体次之，偶见团块镜质体及胶质镜质体；惰质组以半丝质体为主，其次为碎屑惰质体和氧化丝质体，再次为微粒体，偶见火焚丝质体；壳质组以孢子体为主，其次为角质体。

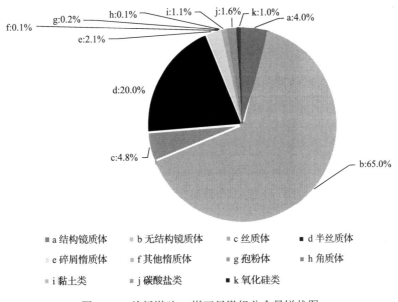

图 3.2.7 益新煤矿 9#煤亚显微组分含量饼状图

9#煤各分层原煤水分(M_{ad})为 0.90%～1.16%，平均值为 1.03%，煤层总体水分含量低，其中 YX-9-02 水分最高，达到 1.17%；原煤灰分(A_d)为 6.27%～19.68%，平均值为 10.34%，为低灰-特低灰煤，在煤层下段的 YX-9-12 灰分含量最高，达到 19.68%；原煤挥发分(V_{daf})为 27.18%～30.98%，平均值为 28.65%；原煤固定碳(FC_d)为 58.03%～68.00%，平均值为 63.95%；各煤分层原煤全硫含量 0.10%～0.16%，平均值为 0.13%，为特低硫煤。形态硫测试表明 9#煤以有机硫为主；9#煤全硫垂向上变化稳定，但有机硫和黄铁矿硫有稍微波动，其他煤质参数垂向上整体变化较小，规律不明显(图 3.2.8)。

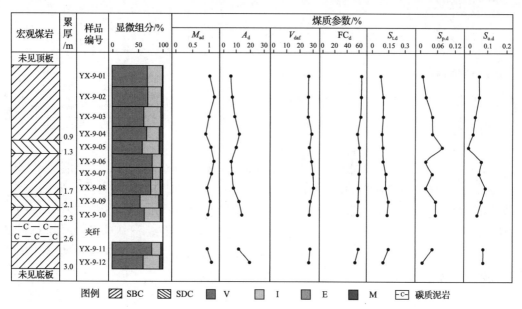

图 3.2.8　益新煤矿 9#煤煤岩煤质特征垂向变化图

2. 煤相指标特征

1）GI-TPI 图解分析

从 GI-TPI 关系图（图 3.2.9）可以看出，益新煤矿 9#煤层的各分层样大部分分布在潮湿森林沼泽相中，只有 YX-9-04 落在潮湿草本沼泽相（低位泥炭沼泽）。说明泥炭沼泽环境整体较为稳定。样品总体 1<GI<10，表明沼泽环境覆水程度较深；除 YX-9-04 的 TPI<1 外，其余样品 TPI>1，属较高 TPI 群体，说明煤层的植物结构保存较好，降解程度低，反映成煤植物为草木混生，且以木本植物为主。

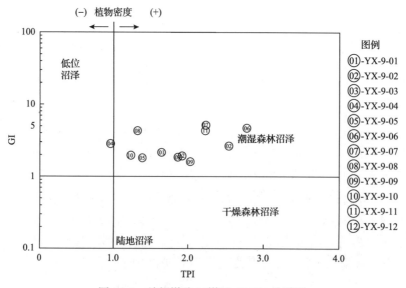

图 3.2.9　益新煤矿 9#煤层 GI-TPI 关系图

2）GWI-VI 图解分析

由 GWI-VI 关系图（图 3.2.10）可以看出，益新煤矿 9#煤层的 GWI 较低，总体为 0.1～0.5，平均值为 0.14，反映地下水水动力条件整体较弱，且地下水水动力条件为弱—强—弱—强变化，对应的沼泽水营养程度较小，为贫营养状态，VI 值整体大于 1，表明成煤植物以木本植物为主，除样品 YX-9-04 以草本植物为主外，其他样品以森木沼泽植物为主。

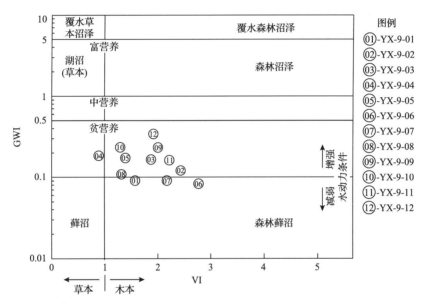

图 3.2.10 益新煤矿 9#煤层 GWI-VI 关系图

3）T-D-F 图解分析

由 T-D-F 图（图 3.2.11）可以看出，9#煤层的各分层煤样主要落在潮湿森林沼泽区内，T 值相对较高，平均值为 55%，反映泥炭沼泽环境主要以潮湿气候为主；F 值平均值为38%，反映泥炭沼泽环境一定程度上受到干燥气候的影响；D 值，平均值为 7%，反映外来碎屑物质供应不足。

4）镜惰比分析

益新煤矿 9#煤层各分层样品的 V/I 值集中在 1.49～5.1。除 YX-9-06、YX-9-07、YX-9-08 和 YX-9-09 四个样的 V/I 值大于 4 外，其余样品 V/I 值介于 1～4（图 3.2.12），反映 9#煤层泥炭沼泽环境初期在处于强覆水的还原环境和极潮湿覆水的还原环境之间转变。

5）流动性指数（MI）分析

益新煤矿 9#煤层的 MI 值均小于 0.1，且变化较小，表明沼泽水体较为停滞。

3. 煤相垂向演化

益新煤矿 9#煤层煤相包括两种类型，即潮湿草本沼泽相和潮湿森林沼泽相，煤相垂

89

向自下而上经历潮湿森林沼泽相—潮湿草本沼泽相—潮湿森林沼泽相演化(图3.2.12)。

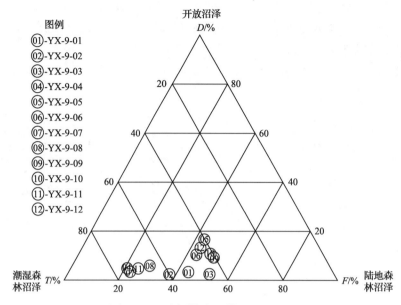

图 3.2.11 益新煤矿 9#煤层 *T-D-F* 图

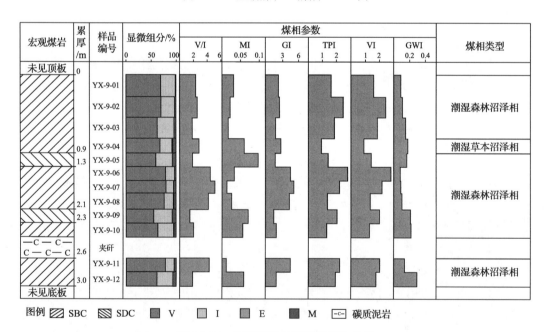

图 3.2.12 益新煤矿 9#煤层煤相柱状图

　　潮湿森林沼泽相,对应样品 YX-9-12 至 YX-9-05。VI>1,TPI>1,表明成煤植物以木本植物为主。宏观煤岩类型以半亮煤为主,GI 为 1.49~5.10,V/I 为 1.49~5.10,反映沼泽覆水较深,为极潮湿至强覆水环境。GWI 为 0.08~0.32,整体较小,表明地下水动力条件较弱，对沼泽的补给较小，为贫营养程度。MI 为 0.01～0.09，反映沼泽水流动性弱，为停滞相。样品 YX-9-12 至 YX-9-11 段，GI 和 V/I 升高，表明覆水程度增大，还原作用增强，凝胶化作用较强。MI 则减小，表明沼泽水流动性减弱，为停滞相。随后，大量水体进入泥炭沼泽，水位逐渐上升、水体加深，无机物汇入泥炭沼泽中，泥炭沼泽环境被破坏，在煤层中形成夹矸。在此之后，水位下降、水体变浅，重新恢复泥炭沼泽环境，对应样品 YX-9-10 至 YX-9-05 段，由 GI 和 V/I 反映沼泽覆水较深，且垂向上先变深后变浅。GWI 在垂向上逐渐减小，表明地下水动力条件逐渐减弱，对沼泽水的补给逐渐减弱。MI 表明反映沼泽水流动性弱，为停滞相。

潮湿草本沼泽相，对应样品 YX-9-04。VI=0.9，TPI=0.92，表明成煤植物以草本植物为主。宏观煤岩类型为半亮煤，GI=2.77，V/I=2.77，MI=0.06，反映覆水较深，为极潮湿-覆水环境，沼泽水流动性弱，为停滞相。

潮湿森林沼泽相，对应样品 YX-9-03 至 YX-9-01。VI＞1，TPI＞1，表明成煤植物以木本植物为主。宏观煤岩类型以半亮煤为主，GI 为 1.82～2.54，V/I 为 1.82～2.54，反映沼泽覆水较深，为极潮湿至覆水环境。GWI 为 0.09～0.15，整体较小，表明地下水动力条件较弱，对沼泽的补给较小，为贫营养程度。MI 为 0.02～0.03，反映沼泽水流动性弱，为停滞相。

（三）15#煤层煤相分析

1. 煤岩煤质特征

15#煤层的镜质体平均随机反射率为 0.96%，属于中煤阶烟煤(1/3 焦煤)。煤颜色为黑色，参差状断口，煤质松软，易破碎，以碎块煤和鳞片状煤为主，可见方解石浸染。煤层以光亮煤和半亮煤为主，并两者交替出现。

显微煤岩组分中，以镜质组为主(61.9%～91.1%，平均值 75.4%)，惰质组次之(6.9%～24.0%，平均值 13.8%)，壳质组(0%～1.98%，平均值 0.8%)及矿物质(1.97%～23.8%，平均值 9.9%)较少。煤层自下而上镜质组含量先增加后减少，惰质组与之相反(图 3.2.14)。其中，镜质组以均质镜质体为主，基质镜质体次之；惰质组以半丝质体为主，氧化丝质体次之，再次为碎屑惰质体和粗粒体，煤层中偶见微粒体；壳质组以孢子体为主，其次为沥青质体，偶见角质体和树脂体(图 3.2.13)。

各煤分层原煤水分(M_{ad})为 0.82%～1.04%，平均值为 0.93%，煤层总体水分含量低；原煤灰分(A_d)为 5.03%～21.44%，平均值为 12.93%，为低灰-特低灰煤，夹矸层下部的 YX-15-07 和 YX-15-08 样品达到中灰煤；原煤挥发分(V_{daf})为 27.93%～32.92%，平均值 30.36%；原煤固定碳(FC_d)为 54.53%～67.75%，平均值为 60.61%；各煤分层原煤全硫含量 0.10%～0.27%，平均值为 0.16%，为特低硫煤，形态硫测试表明 15#煤层以有机硫为主。全硫虽然整体较低，但垂向上自下而上逐渐减少，黄铁矿硫无明显变化，有机硫整体减少；其他煤质参数整体变化较小，规律不明显(图 3.2.14)。

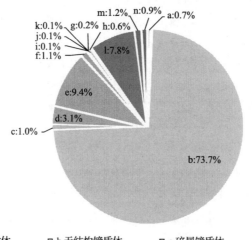

□ a 结构镜质体　　□ b 无结构镜质体　　□ c 碎屑镜质体　　□ d 丝质体

■ e 半丝质体　　　■ f 碎屑惰质体　　　■ g 其他惰质体　　　■ h 孢粉体

□ i 角质体　　　　□ j 树脂体　　　　　■ k 其他壳质体　　　■ l 黏土类

■ m 碳酸盐类　　　■ n 氧化硅类

图 3.2.13　益新煤矿 15#煤亚显微组分含量饼状图

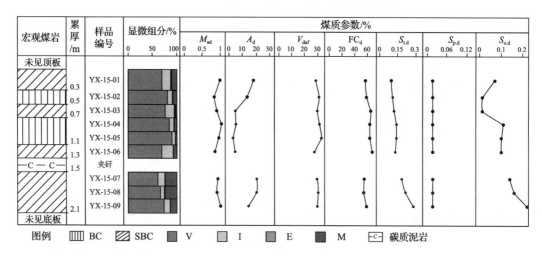

图例　 BC　 SBC　 V　 I　 E　 M　 碳质泥岩

图 3.2.14　益新煤矿 15#煤层煤岩煤质特征垂向变化图

2. 煤相指标特征

1) GI-TPI 图解分析

由 GI-TPI 关系图（图 3.2.15）可以看出，益新煤矿 15#煤层各煤分层大部分在潮湿森林沼泽相，只有 YX-15-01 落在潮湿草本沼泽相（低位泥炭沼泽）。样品总体 GI>4，表明沼泽环境覆水程度较深；除 YX-15-01 的 TPI<1 外，样品总体 TPI>1，属较高 TPI 群体，说明煤层的植物结构保存较好，降解程度低，反映成煤植物为草木混生，且以木本植物为主。

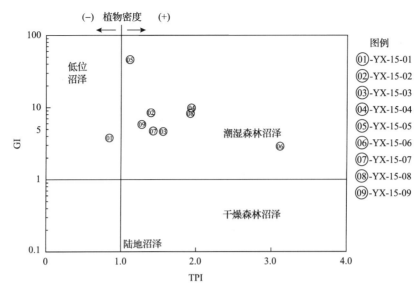

图 3.2.15 益新煤矿 15#煤层 GI-TPI 关系图

2)GWI-VI 图解分析

由 GWI-VI 关系图(图 3.2.16)可以看出,益新煤矿 15#煤层的 GWI 较低,平均值为 0.20,反映出地下水水动力条件整体较弱,且垂向上呈先增大再减小然后再增大趋势,对应的沼泽水营养程度为贫营养状态,除样品 YX-15-01 外,其余样品的 VI 均大于 1,成煤植物以木本植物为主。

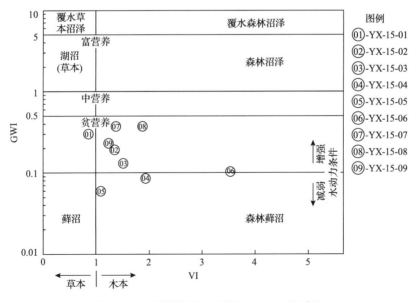

图 3.2.16 益新煤矿 15#煤层 GWI-VI 关系图

3)T-D-F 图解分析

由 T-D-F 图(图 3.2.17)可以看出,15#煤层的各分层煤样主要分布在潮湿森林沼泽区内，T 平均值为 63%，反映成煤时期主要以潮湿气候为主；F 平均值为 19%，反映泥炭沼泽环境中也受到了干燥气候的影响；D 值最低，平均值为 17%，反映外来碎屑物质供应不足。

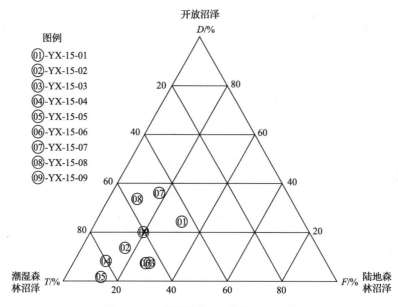

图 3.2.17　益新煤矿 15#煤层 T-D-F 图

4）镜惰比分析

15#煤层的大部分煤层的 V/I 值大于 4，只有 YX-15-01、YX-15-03、YX-15-06 的 V/I 值介于 1～4，反映 15#煤层泥炭沼泽环境整体上处于强覆水的还原环境和极潮湿-覆水的还原环境之间进行转变。

5）流动性指数（MI）分析

15#煤层的 MI 值均小于 0.1，沼泽水较为停滞。从整体上来看，YX-15-09 至 YX-15-06 的流动性呈现增强的趋势；YX-15-05 至 YX-15-01 的流动性波动较大。

3. 煤相垂向演化

益新煤矿 15#煤层煤相包括两种类型，即潮湿草本沼泽相和潮湿森林沼泽相，煤相垂向自下而上经历潮湿森林沼泽相—潮湿草本沼泽相演化（图 3.2.18）。

潮湿森林沼泽相，对应样品 YX-15-09 至 YX-15-02。VI>1，TPI>1，表明成煤植物以木本植物为主。宏观煤岩类型以半亮煤为主，GI 和 V/I 均在 2.9～13.14 之间，反映沼泽覆水较深，为极潮湿至强覆水环境，还原作用占主动地位，凝胶化作用较强。GWI 为 0.06～0.36，整体较小，表明地下水动力条件较弱，对沼泽的补给较小，为贫营养程度。MI 为 0.02～0.07，反映沼泽水流动性弱，为停滞相。样品 YX-15-09 至 YX-15-07 段，GI 和 V/I 均大于 4，表明覆水整体深，凝胶化作用强烈。MI 为 0.03～0.06，垂向变化不大，表明沼泽水流动性较弱，为停滞相。随后，大量水体进入泥炭沼泽，水位逐渐上升、

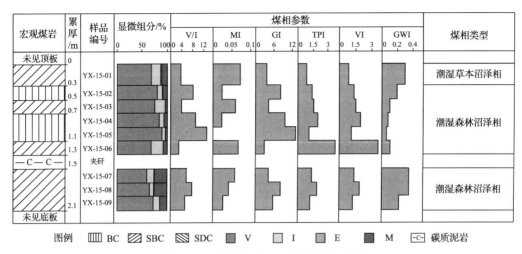

图 3.2.18　益新煤矿 15#煤层煤相柱状图

水体加深，无机物汇入泥炭沼泽中，泥炭沼泽环境被破坏，在煤层中形成夹矸。在此之后，水位下降、水体变浅，重新恢复泥炭沼泽环境，对应样品 YX-15-06 至 YX-15-02 段，由下向上，GI 和 V/I 整体呈现降低趋势，覆水程度整体变浅。GWI 整体较低，仍为贫营养程度，由下向上，整体呈增大趋势，表明地下水动力条件逐渐增强，对沼泽水的补给逐渐增强。MI 均小于 0.1，表明反映沼泽水流动性弱，为停滞相。由下而上，VI 和 TPI逐渐减小，反映成煤的木本植物逐渐减少。

潮湿草本沼泽相，对应样品 YX-15-01。VI<1，TPI<1，表明成煤植物以草本植物为主。宏观煤岩类型以半亮煤为主，GI 和 V/I 均为 3.71，反映沼泽覆水较深，为覆水环境。GWI 为 0.3，表明地下水动力条件较弱，对沼泽的补给较小，为贫营养程度。MI 为0.07，反映沼泽水流动性弱，为停滞相。

二、鹤岗矿区泥炭沼泽类型与煤岩煤质的关系

(一)泥炭沼泽类型与煤岩的关系

鹤岗矿区成煤环境均为潮湿气候，其覆水较深，沼泽水动力条件较弱，凝胶化作用较强，还原性强，因此，宏观煤岩类型以半亮煤和光亮煤为主，显微煤岩组分中镜质组含量较高，平均值在 70%以上，惰质组次之，壳质组含量较低，镜惰比基本上大于 4；此外，该矿区成煤植物以木本植物为主，通常沉积的是高木质素的富木泥炭，在煤化过程中转化为富含镜质组的烟煤。该区煤的镜质组通常为结构镜质体和均质镜质体，因此，潮湿森林泥炭沼泽下形成的煤层，植物结构保存较好。

(二)泥炭沼泽类型与煤质的关系

鹤岗矿区益新煤矿煤层整体上灰分含量较低，属于特低灰-低灰煤。潮湿森林泥炭沼泽环境下所形成的煤层，其成煤过程中水位较高，地下水或地表水带入的外来矿物质较少，因此该沼泽环境下形成的煤层灰分含量较低。潮湿草本泥炭沼泽环境下所形成的煤

层，地下水或地表水带入的矿物质较多，所以煤中灰分含量相对潮湿森林沼泽较高。

三、赋煤区主采煤层泥炭沼泽类型与煤岩煤质的关系

在前人研究成果和本节研究成果的基础上，总结了东北赋煤区规划矿区主采煤层的泥炭沼泽类型，分析了泥炭沼泽类型与煤岩煤质的关系。东北赋煤区下白垩统主采煤层的泥炭沼泽类型，以潮湿森林沼泽为主，潮湿草本沼泽次之，未见干燥森林沼泽（图 3.2.19和图 3.2.20）。东部三江-穆棱盆地的含煤区域，主采煤层的泥炭沼泽类型均以潮湿森林沼泽环境为主，覆水性较强，凝胶化作用占主导，因此，镜质组含量较高，一般在 70%以上。双鸭山、鸡西煤田煤主要为低灰煤，鹤岗和七台河矿区主要是中灰煤。内陆湖泊环境成煤，硫分含量普遍均低于 0.5%。西部的海拉尔盆地和二连盆地中，白音乌拉矿区、白音华矿区、农乃庙矿区、五一牧场矿区、赛罕塔拉矿区及高力罕矿区主采煤层的泥炭沼泽类型为潮湿草本沼泽，因此，氢含量和镜质组含量较高。西部其余矿区主采煤层的泥炭沼泽类型均为潮湿森林沼泽，镜质组含量为主。煤中矿物质和灰分含量较高，大部分矿区为中灰煤，硫分含量则较低。

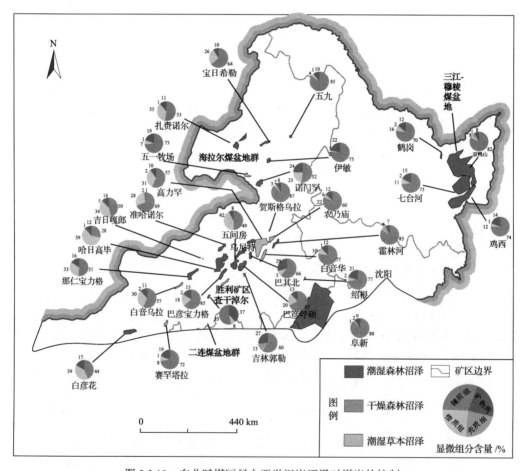

图 3.2.19 东北赋煤区早白垩世泥炭沼泽对煤岩的控制

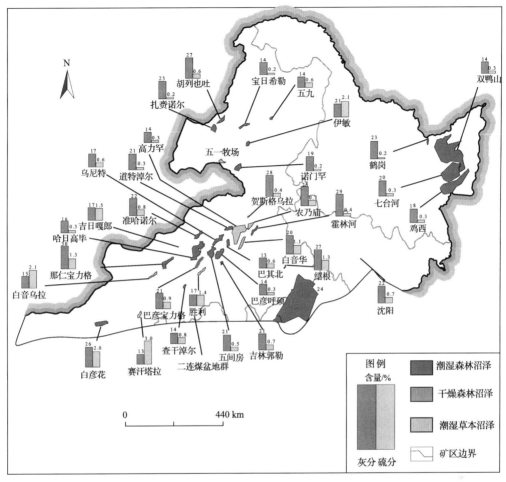

图 3.2.20　东北赋煤区早白垩世泥炭沼泽对煤质的控制

第三节　华北赋煤区

一、宁东煤田马家滩矿区煤相分析

鄂尔多斯盆地西缘宁东煤田马家滩矿区位于华北赋煤区西缘。宁东煤田马家滩矿区主采煤层为中侏罗统延安组煤层，选取了宁东煤田马家滩矿区双马煤矿的 4-2#煤层和金凤煤矿的 18#煤层，分别对各煤层进行了系统的分层采样测试。4-2#煤层分层采集煤样品 8 件，从上而下样品编号由 SM-01 到 SM-08。18#煤层分层采集煤样品 17 件，从上而下样品编号由 MJ-01 到 MJ-17。

（一）4-2#煤层煤相分析

1. 煤岩煤质特征

4-2#煤层的镜质体随机反射率为 0.64%，属于低煤阶烟煤（不黏煤）。煤颜色为黑色，沥青光泽，参差状断口，以条带结构为主。煤层上部以半暗煤为主，向下逐渐过渡为半亮煤和光亮煤。

显微煤岩组分中，惰质组含量高（16.4%～80.6%，平均值为 54.0%），镜质组次之（18.6%～77.6%，平均值为 41.9%），壳质组（0.8%～3.5%，平均值为 1.7%）及矿物质（0%～12.2%，平均值为 3.4%）少（图 3.3.1）。其中，镜质组以基质镜质体为主，结构镜质体和均质镜质体次之，大部分煤分层含团块镜质体，惰质组以半丝质体为主，其次为碎屑惰质体和氧化丝质体，煤层底部含有少量火焚丝质体，壳质组以小孢子体为主，主要分布在基质镜质体中，矿物质以黏土矿物为主，充填在细胞腔和裂隙中（图 3.3.1）。

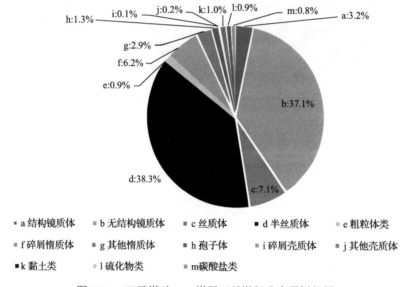

图 3.3.1 双马煤矿 4-2#煤层亚显微组分含量饼状图

各煤分层原煤水分（M_{ad}）为 1.48%～12.11%；原煤灰分（A_d）含量为 3.09%～19.31%，平均为 8.68%，为低灰-特低灰煤，灰分自下而上先减小再增加，接近顶底板时，煤层灰分异常，高达 18%；挥发分（V_{daf}）为 27.49%～43.01%，平均为 35.7%，自下而上逐渐降低；固定碳（FC_d）为 46.38%～70.27%，平均为 60.84%，自下而上逐渐增加；各煤分层原煤全硫含量为 0.67%～4.16%，平均为 1.20%，4-2#煤为中硫煤，形态硫测试表明，以黄铁矿硫为主，接近顶底板的煤层全硫含量异常增加，主要受黄铁矿硫和有机硫异常增加的影响（图 3.3.2）。

2. 煤相指标特征

1) GI-TPI 图解分析

从 GI-TPI 关系图（图 3.3.3）可以看出，双马煤矿 4-2#煤各分层中，SM-08、SM-07、SM-06 落在潮湿草本沼泽相（低位泥炭沼泽相），成煤植物以蒿草、芦苇等草本植物为主，SM-05、SM-04、SM-03、SM-02、SM-01 落在干燥森林沼泽相，成煤植物以木本植物为主。

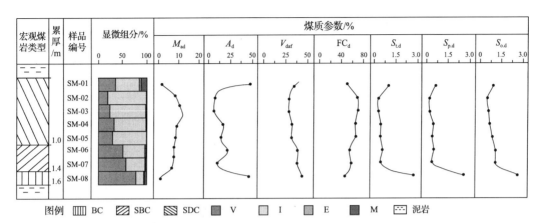

图 3.3.2　双马煤矿 4-2#煤层煤岩煤质特征垂向变化图

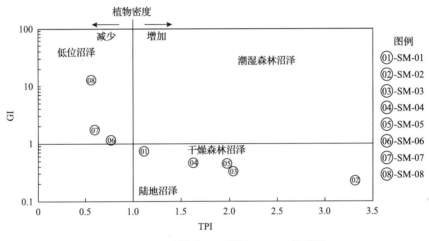

图 3.3.3　双马煤矿 4-2#煤层 GI-TPI 关系图

2) GWI-VI 图解分析

从 GWI-VI 关系图(图 3.3.4)可以看出,双马煤矿 4-2#煤地下水影响指数 GWI 较低(全部小于 1),地下水动力条件较弱,对沼泽水的补给较弱,泥炭沼泽整体处于贫营养状态。植物指数 VI 整体大于 1,成煤植物为草木混生型,其中以木本植物为主,只有成煤初期(SM-08、SM-07、SM-06)植物 VI<1,成煤植物为草本植物。和 GI-TPI 关系图所反映的情况相似。

3) T-D-F 图解分析

由 T-D-F 图(图 3.3.5)可以看出,除 SM-08 样品外,其余样品点均落在陆地森林沼泽区内,F 值相对较高,平均为 76%,反映泥炭沼泽主要以干燥气候为主;T 值平均为 14%,反映泥炭沼泽环境受潮湿气候的影响较小;D 值平均为 10%,反映外来碎屑物质供应不足。

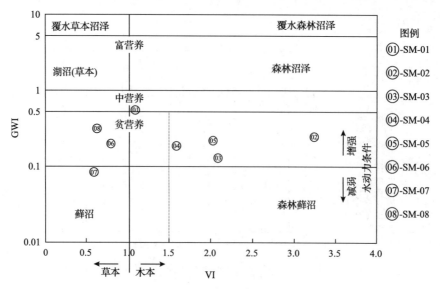

图 3.3.4　双马煤矿 4-2#煤层 GWI-VI 关系图

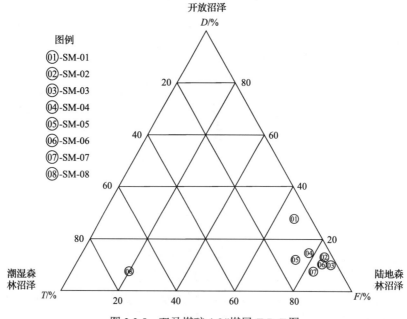

图 3.3.5　双马煤矿 4-2#煤层 *T-D-F* 图

4）镜惰比分析

从图 3.3.6 可以看出，双马煤矿 4-2#煤层下段煤 V/I 为 1～4，中上段煤 V/I 为 0.25～1，反映 4-2#煤层下段泥炭沼泽环境为极潮湿-覆水的还原环境，向上逐渐转化为潮湿弱覆水的还原环境。

3. 煤相垂向演化

双马煤矿 4-2#煤层的煤相类型为潮湿草本沼泽相和干燥森林沼泽相，其中，干燥森林沼泽相占优势。4-2#煤层的煤相垂向自下而上经历潮湿草本沼泽相—干燥森林沼泽相演化（图 3.3.6）。

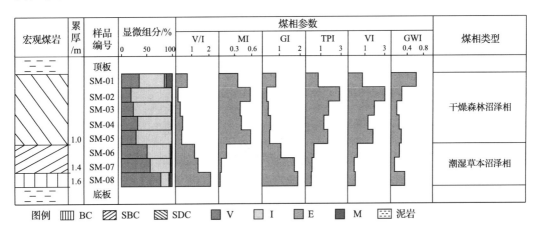

图 3.3.6　双马煤矿 4-2#煤层煤相柱状图

潮湿草本沼泽相，对应样品 SM-08 至 SM-06。VI＜1，TPI＜1，表明成煤植物以草本植物为主。宏观煤岩类型由亮煤过渡为半亮煤，V/I 为 1.1～4.73，GI＞1，表明沼泽覆水较深，随沼泽演化，沼泽覆水深度变浅。GWI 为 0.09～0.32，表明地下水动力条件较弱，对沼泽的补给较少，为贫营养程度。MI 为 0.03～0.14，反映沼泽水流动性弱，从停滞相转为较停滞相。

干燥森林沼泽相，对应样品 SM-05 至 SM-01。VI＞1，TPI＞1，表明成煤植物以木本植物为主。宏观煤岩类型为半暗煤，V/I 为 0.23～0.70，GI 为 0.24～0.76，表明沼泽覆水较浅，为潮湿-弱覆水环境，凝胶化作用减弱，丝炭化作用增强。GWI 为 0.13～0.56，表明地下水动力条件依旧整体较弱，整体为贫营养程度向中营养程度演化。MI 为 0.33～0.54，反映沼泽水流动性较强，在流动相和较停滞相之间变化。

(二)18#煤层煤相分析

1. 煤岩煤质特征

18#煤层镜质体随机反射率为 0.65%，属于低煤阶烟煤（不黏煤）。煤层上部半暗煤、半亮煤交替出现，向下过渡为半亮煤。

显微煤岩组分中，以惰质组为主，含量为 25.3%～78.3%，平均值为 57.6%；镜质组次之，含量为 20.7%～65.4%，平均值为 38.1%。煤层中下部镜质组含量呈降低趋势，上部煤层镜质组含量有所升高；惰质组含量呈现出与之相反的变化趋势；壳质组及矿物质含量较少，壳质组含量为 0.7%～4.3%，平均值为 1.9%；矿物质含量为 0%～8.0%，平均值为 2.5%。其中，镜质组以基质镜质体为主，结构镜质体和均质镜质体次之，惰质组以半丝质体为主，其次为碎屑惰质体和氧化丝质体，个别煤分层含有火焚丝质体，壳质组以小孢子体为主，其次是沥青质体，矿物质主要为黏土类、碳酸盐类和硫化物类矿物（图 3.3.7）。

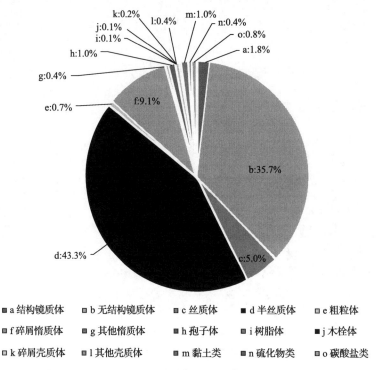

图 3.3.7　金凤煤矿 18#煤层亚显微组分含量饼状图

各煤分层原煤水分(M_{ad})为 4.05%～6.82%，MJ-09 水分最高，达 6.82%，各煤分层水分变化较小，具有向顶板、底板逐渐递减的趋势；原煤灰分(A_d)含量为 4.43%～21.35%，平均为 8.08%，为低灰煤-特低灰煤，灰分整体变化小，但是在接近底板处灰分含量异常，高达 21.4%；挥发分(V_{daf})为 25.91%～40.68%，平均为 32.1%，挥发分自下而上略微降低；固定碳(FC_d)为 15.54%～67.85%，平均为 61.93%，自下而上逐渐增加；金凤煤矿 18#煤层各煤分层原煤全硫含量为 0.28%～0.73%，平均为 0.46%，18#煤层为特低硫煤，形态硫测试表明 18#煤层以黄铁矿硫为主(图 3.3.8)。

2. 煤相指标特征

1) GI-TPI 图解分析

从 GI-TPI 关系图中(图 3.3.9)可以看出，大部分样品落在干燥森林沼泽相。从演化角度分析可以看出，成煤初期(MJ-17、MJ-16、MJ-15)为泥炭沼泽环境演化阶段，凝胶化指数(GI)逐渐由大于 1 演变到小于 1，覆水强度逐渐降低，TPI 由小于 1 逐渐演变到大于 1，表明成煤植物逐渐由草本植物演变为木本植物为主；成煤中期(MJ-14、MJ-13、MJ-12、MJ-11、MJ-10)为泥炭沼泽环境稳定阶段，覆水强度整体较为稳定，略有降低，且 GI 均小于 1，覆水较浅，TPI>1，成煤植物主要为木本植物；成煤晚期为泥炭沼泽环境波动阶段，泥炭沼泽有两次覆水突然增强，而后缓慢减弱的情况，成煤植物类型也在覆水深度由深变浅的过程中发生着由木本植物为主逐渐演变为以草本植物为主的变化。

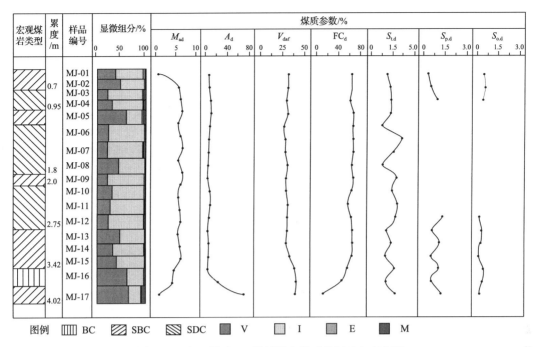

图 3.3.8 金凤煤矿 18#煤层煤岩煤质特征垂向变化图

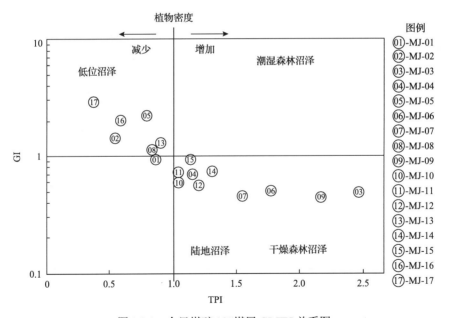

图 3.3.9 金凤煤矿 18#煤层 GI-TPI 关系图

2）GWI-VI 图解分析

从 GWI-VI 关系图（图 3.3.10）可以看出，金凤煤矿 18#煤层 GWI 较低（基本上介于 0.1～0.5），地下水动力条件较弱，对沼泽水的补给较弱，泥炭沼泽整体处于贫营养程度。植物指数 VI 大部分分层大于 1，成煤植物为草木混生型，且以木本植物为主，随着地下水影响指数逐渐减小，地下水动力条件逐渐减弱，成煤植物逐渐由草本植物演变为木本植物，因此，在成煤过程中成煤植物与地下水水动力条件发生了多次频繁的变化，该结果与上述 GI-TPI 关系图反映的情况一致。

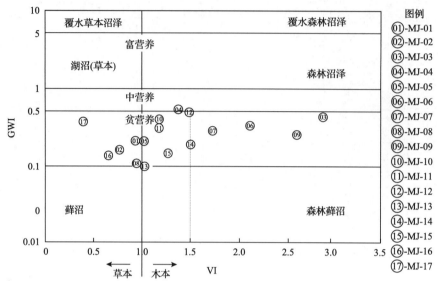

图 3.3.10　金凤煤矿 18#煤层 GWI-VI 关系图

3) *T-D-F* 图解分析

由图 3.3.11 可以看出，18#煤层的各分层样品主要落在潮湿的陆地森林沼泽区内，F 值较高，平均为 77%，反映泥炭沼泽环境主要以干燥气候为主；T 值平均为 5%，反映泥

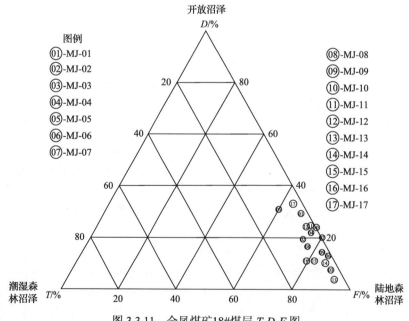

图 3.3.11　金凤煤矿18#煤层 *T-D-F* 图

炭沼泽环境受潮湿气候的影响很小；D 值平均为 20%，反映外来碎屑物质供应较少。

4）镜惰比分析

金凤 18#煤层 V/I 值为 0.67～2.89，平均值为 0.81，整体处于潮湿-弱覆水的环境中。其中 MJ-17、MJ-16、MJ-06 三个分层的 V/I 值为 1.8～2.59，处于极潮湿-弱覆水的还原环境，表明泥炭沼泽环境整体是由初期极潮湿-弱覆水的还原环境向潮湿-弱覆水、较干燥的氧化环境转变，其中覆水程度偶有小范围的波动，泥炭沼泽覆水性会突然增强再逐渐减弱。

3. 煤相垂向演化

金凤煤矿 18#煤层的煤相类型为潮湿草本沼泽相和干燥森林沼泽相，其中，干燥森林沼泽相占优势。18#煤的煤相垂向由下而上经历潮湿草本沼泽相—干燥森林沼泽相 4 个旋回至潮湿草本沼泽相的演化（图 3.3.12）。

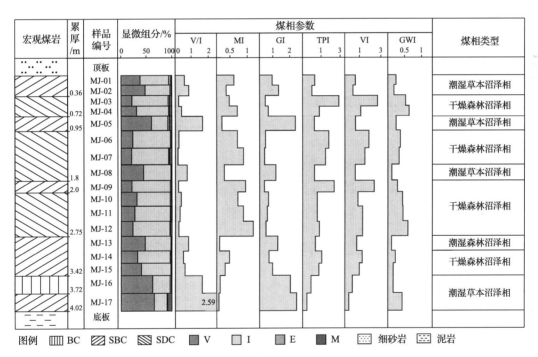

图 3.3.12　金凤煤矿 18#煤层煤相柱状图

潮湿草本沼泽相—干燥森林沼泽相 4 个旋回，对应样品 MJ-17 至 MJ-03。样品 MJ-17 至 MJ-14 为第一旋回，样品 MJ-13 至 MJ-09 为第二旋回，样品 MJ-08 至 MJ-06 为第三旋回，MJ-05 至 MJ-03 为第四旋回。

潮湿草本沼泽相，VI<1，TPI<1，表明成煤植物以草本植物为主。宏观煤岩类型以亮煤和半亮煤为主，V/I 为 0.67～2.59，GI>1，表明沼泽覆水较深，为潮湿-弱覆水和极潮湿-覆水环境，凝胶化作用较强。GWI 为 0.10～0.39，表明地下水动力条件较弱，对沼泽的补给较少，为贫营养程度。MI 为 0.06～0.46，反映沼泽水流动性变化大。

干燥森林沼泽相，VI>1，TPI>1，表明成煤植物以木本植物为主。宏观煤岩类型以半暗煤为主，V/I 为 0.27～0.69，GI 为 0.27～0.70，表明沼泽覆水较浅，为潮湿—弱覆水环境，丝炭化作用较强。GWI 为 0.14～0.56，表明地下水动力条件较弱，为贫营养程度。MI 为 0.23～0.96，反映沼泽水流动性较强，在流动相和较停滞相之间变化。

二、鲁西南煤田煤相分析

鲁西南煤田东滩煤矿主采煤层为山西组 3$_\text{上}$煤层，选取东滩煤矿的 3$_\text{上}$煤层进行了系统的分层采样测试。3$_\text{上}$煤层分层采集煤样品 11 件，从上而下样品编号由 DT-01 到 DT-11。

(一)煤岩煤质特征

东滩煤矿 3$_\text{上}$煤 V_daf>37%，镜质体反射率为 0.62%，属于低煤阶烟煤(气煤)。煤的颜色为黑色，沥青光泽，参差状断口，条带状结构。煤层中部为半亮煤和半暗煤，向顶底板逐渐过渡为暗淡煤(图 3.3.13)。

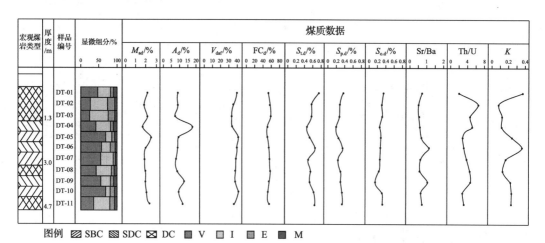

图 3.3.13 东滩煤矿 3$_\text{上}$煤层煤岩煤质特征垂向变化图

K 为灰成分指数

显微煤岩组分中镜质组含量为 25.0%～70.8%，平均值为 48.7%；惰质组含量次之16.5%～50.4%，平均值为 33.1%；壳质组含量为 6.3%～18.9%，平均值为 10.8%；矿物质含量为 5.0%～10.7%，平均值为 7.5%(图 3.3.13)。其中，镜质组以基质镜质体为主，结构镜质体和均质镜质体次之，偶见团块镜质体及胶质镜质体，惰质组以半丝质体为主，其次为碎屑惰质体和氧化丝质体，再次为微粒体，煤层中偶见粗粒体，壳质组以孢子体为主，其次为角质体和树脂体，偶见树皮体和沥青质体，矿物质主要为黏土类(图 3.3.14)。

东滩煤矿 3$_\text{上}$煤层各煤分层原煤水分(M_ad)为 1.88%～2.31%；原煤灰分含量(A_d)为17.26%～7.46%，平均为 10.17%，为低灰煤-特低灰煤，靠近顶板灰分低于靠近底板的灰分含量；挥发分(V_{daf})为 35.78%～41.70%，平均为 38.63%；固定碳(FC_d)为 52.82%～59.43%，平均为 55.11%。东滩煤矿 3$_{上}$煤层各煤分层原煤全硫($S_{t,d}$)含量为 0.46%～0.76%，平均为 0.58%，属于低硫煤，形态硫测试表明，煤中硫分以黄铁矿硫为主，接近顶底板硫含量增高，其次为有机硫，靠近顶板处，有机硫出现异常的高值，有机硫和黄铁矿硫控制着煤分层的硫含量变化(图 3.3.13)。

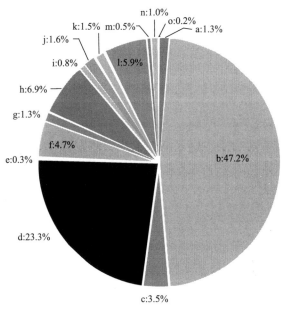

图 3.3.14 东滩煤矿 3$_{上}$煤层亚显微组分含量饼状图

(二)煤相指标特征

1. GI-TPI 图解分析

从 GI-TPI 关系图中(图 3.3.15)可以看出，东滩煤矿 3$_{上}$煤各分层样大部分落在潮湿草本沼泽相(低位泥炭沼泽)中，只有 DT-02、DT-03 落在干燥森林沼泽相，说明泥炭沼泽环境整体较为稳定。除 DT-02、DT-03、DT-11 的凝胶化指数(GI)小于 1 外，其余样品 GI＜5 表明泥炭沼泽环境整体覆水程度较深，除 DT-02 和 DT-03 样品 TPI＞1 外，其余样品 TPI＜1，反映成煤植物为草木混生，且也草本植物为主。

2. GWI-VI 图解分析

从 GWI-VI 关系图(图 3.3.16)可以看出，东滩煤矿 3$_{上}$煤层 GWI 较低(介于 0.1～0.5)，地下水动力条件较弱，对沼泽水的补给较弱，泥炭沼泽整体处于贫营养程度。VI 均小于

1，成煤植物以草本植物为主。

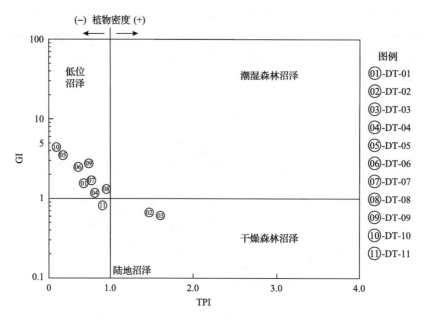

图 3.3.15　东滩煤矿 3 上煤层 GI-TPI 关系图

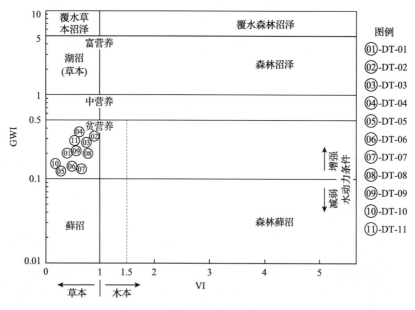

图 3.3.16　东滩煤矿 3 上煤层 GWI-VI 关系图

3. *T-D-F* 图解分析

由 *T-D-F* 图(图 3.3.17)可以看出，东滩煤矿 3 上煤层各分层样品主要落在陆地森林沼泽和开放沼泽之间，*F* 值为 30%～67%，平均为 54%，*D* 值为 23%～54%，平均为 38%，

T 值为 1%～16%，平均为 9%，整体变化较大，反映泥炭沼泽环境以干燥与潮湿气候交替出现，变化频繁，外来碎屑物质供应相对较少。

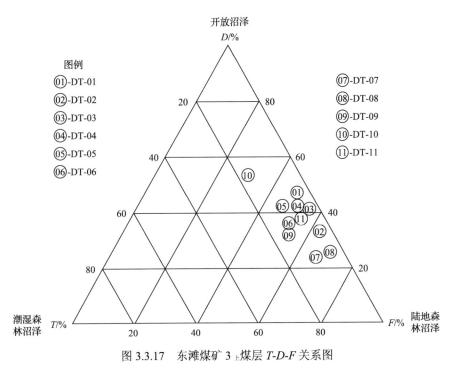

图 3.3.17　东滩煤矿 3$_上$煤层 T-D-F 关系图

4. 镜惰比分析

东滩煤矿3$_上$煤层各煤分层镜惰比 V/I 为 0.5～4.5，变化幅度较大。成煤初期，DT-11镜惰比为 0.85，属于弱覆水环境，氧化作用占主导地位，向上泥炭沼泽环境经历了突然性的水进，DT-10 镜惰比升高至 4.57，过渡为强覆水环境。成煤中期，DT-10 至DT-05 的镜惰比由高—低—高发生变化，总体大于 1，覆水深度也相应地出现强覆水—覆水—强覆水的变化。成煤后期，煤分层 V/I 为 0.5～1.51，覆水深度有所下降，经历了由高—低—高的变化，泥炭沼泽环境由极潮湿-覆水到潮湿-弱覆水再到极潮湿-覆水的变化。

（三）煤相垂向演化

东滩煤矿3$_上$煤层的煤相类型包括潮湿草本沼泽相和干燥森林沼泽相，煤相垂向自下而上经历潮湿草本沼泽相—干燥森林沼泽相—潮湿森林沼泽相演化（图 3.3.18）。

潮湿草本沼泽相，对应样品 DT-11 至 DT-04。VI<1，TPI<1，表明成煤植物以草本植物为主。宏观煤岩类型以半亮煤和半暗煤为主，V/I 为 0.85～4.57，GI 为 0.93～4.96，表明沼泽覆水较深，为潮湿-弱覆水和极潮湿-覆水环境，凝胶化作用较强。GWI 为0.13~0.42，表明地下水动力条件较弱，对沼泽的补给较少，为贫营养程度。MI 为 0.12～

0.50，反映沼泽水流动性较弱，主要为较停滞相。

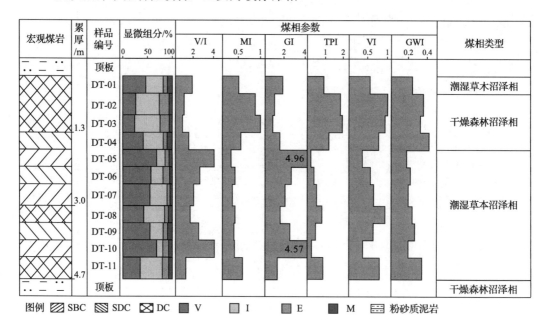

图 3.3.18　东滩煤矿 3上煤层煤相柱状图

干燥森林沼泽相，对应样品 DT-03 至 DT-02。VI 为 0.87～0.96，TPI＞1，表明成煤植物为草木混生型，且以木本植物为主。宏观煤岩类型为暗淡煤，V/I 为 0.50～0.57，GI 为 0.51～0.58，表明沼泽覆水较浅，为潮湿-弱覆水环境，丝炭化作用较强。GWI 为 0.33～0.42，表明地下水动力条件较弱，为贫营养程度。MI 为 0.92～1.10，反映沼泽水流动性较强。

潮湿草本沼泽相，对应样品 DT-01。VI=0.47，TPI=0.49，表明成煤植物以草本植物为主。宏观煤岩类型为暗淡煤，V/I 为 1.51，GI 为 1.53，表明沼泽覆水较深，为极潮湿-覆水环境，凝胶化作用较强。GWI 为 0.20，表明地下水动力条件较弱，对沼泽的补给较少，为贫营养程度。MI 为 0.36，反映沼泽水流动性较弱，主要为较停滞相。

三、重点矿区泥炭沼泽类型与煤岩煤质的关系

(一)马家滩矿区

马家滩矿区延安组煤层的泥炭沼泽类型有潮湿草本泥炭沼泽和干燥森林沼泽两种，其中，干燥森林沼泽占优势。潮湿草本沼泽环境形成的煤，由于富含矿物质的地下水大量进入沼泽，导致煤中灰分高；由于沼泽覆水较深，处于还原环境下，有机硫分会增高，镜质组(特别是基质镜质体)含量高。干燥森林沼泽环境形成的煤，由于沼泽覆水较浅，丝炭化作用较强，惰质组含量高；由于沼泽主要靠大气降水进行补给，外来矿物质较少，煤中灰分含量较低。

(二)鲁西南煤田

东滩 $3_上$ 煤层泥炭沼泽类型主要有两种：潮湿草本泥炭沼泽和干燥森林泥炭沼泽。干燥森林泥炭沼泽下形成的煤层，长期处于干燥阶段，浅覆水，成煤植物遗体在偏氧化的条件下经受较强的丝炭化作用，因此宏观煤岩类型以暗煤为主，显微煤岩组分以惰质组为主，镜质组次之。潮湿草本泥炭沼泽下形成的煤层，其形成于更为潮湿的环境下，沼泽覆水强且位于潜水面以下，水位较低，接近滞水环境，草本成煤植物遗体在还原条件下经受强烈凝胶化作用，植物结构保存较差，宏观煤岩类型以暗煤为主，显微煤岩组分以镜质组为主，惰质组次之。

东滩 $3_上$ 煤层整体灰分、硫分含量都较低，属于特低灰-低灰及特低硫-低硫煤。干燥森林泥炭沼泽下形成的煤层，由于成煤时期沼泽水位较高，大气降水带入的矿物质较多，使得该沼泽环境下形成的煤层灰分含量相对较低。干燥环境下泥炭沼泽偏氧化性，硫分含量整体较低。潮湿草本泥炭沼泽由于其水位较低，地下水和地表水补给较强，外来矿物质带入较多，因此灰分含量相对较高。且覆水较深，水动力较弱，因此凝胶化作用强，还原性较强，硫分含量出现相应增高的现象。

四、赋煤区主采煤层泥炭沼泽类型与煤岩煤质的关系

在前人研究成果和本次研究成果的基础上，总结了华北赋煤区内规划矿区太原组、山西组、延安组主采煤层的泥炭沼泽类型，分析了泥炭沼泽类型与煤岩煤质的关系。

(一)石炭系—二叠系山西组和太原组

太原组主采煤层的泥炭沼泽类型以潮湿森林沼泽为主，分布在鄂尔多斯盆地东缘大部分区域及西缘的宁东煤田、山西块拗的中部及南部、华北东部的邯郸—邢台一带和鲁西南赋煤带；其次是潮湿草本沼泽，零星地分布在鄂尔多斯盆地的河保偏矿区、府谷矿区，山西块拗的朔南矿区(图 3.3.19 和图 3.3.20)。整体上讲，这些区域镜质组含量均高于惰质组含量，且以基质镜质体为主。成煤时期多受海水影响，硫分普遍较高，灰分基本较低，以低灰煤为主，部分区域为中灰煤。

山西组主采煤层的泥炭沼泽类型在鄂尔多斯盆地的府谷矿区，山西块拗的朔南矿区以潮湿草本沼泽为主，氢含量和镜质组含量均较高；在其他山西组的矿区泥岩沼泽类型以潮湿森林沼泽为主，镜质组含量普遍为 50%～75%，在华北赋煤区南部的郑州矿区、济源矿区和焦作矿区甚至可以达到 80%以上(图 3.3.21)。华北赋煤区以森林沼泽为主，氢含量较低。由前述可知，该沼泽环境主要由大气降水进行补给，距物源的距离为灰分变化的主要影响因素，因此该区煤质以低灰-中高灰煤为特征，且由北向南随着距离物源方向越远，灰分整体由高到低发生变化。山西组沉积环境主要为陆相成煤环境，受海水影响微弱，因此硫分含量普遍较低，以低硫煤-特低硫煤为主(图 3.3.22)。

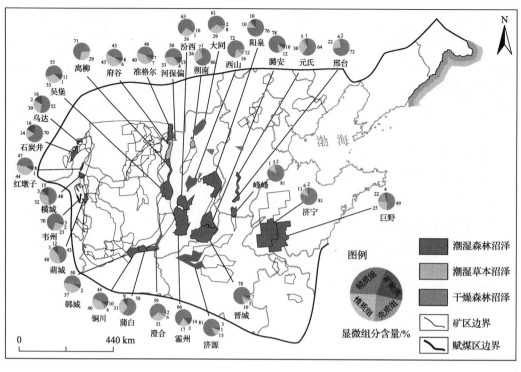

图 3.3.19 华北赋煤区太原组泥炭沼泽类型与煤岩的关系

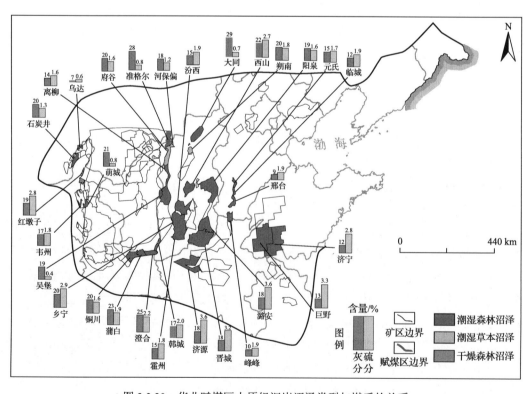

图 3.3.20 华北赋煤区太原组泥炭沼泽类型与煤质的关系

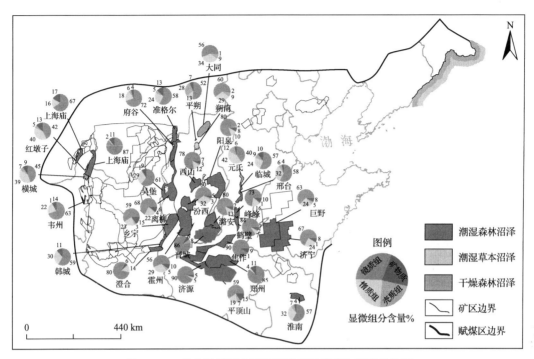

图 3.3.21　华北赋煤区山西组泥炭沼泽类型与煤岩的关系

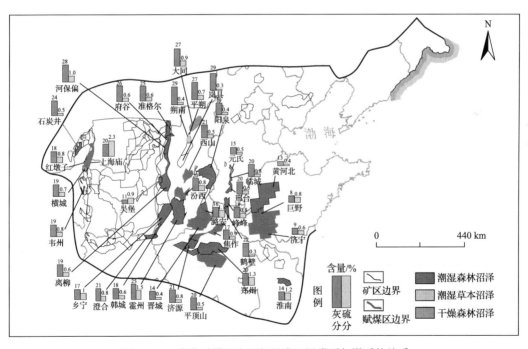

图 3.3.22　华北赋煤区山西组泥炭沼泽类型与煤质的关系

(二) 中侏罗统延安组

延安组主采煤层的泥炭沼泽类型的显著特征是以干燥森林沼泽为主(图 3.3.23 和

图 3.3.24），干燥森林沼泽最明显的特征是惰质组含量高（曹志德，2006，2009），这也是

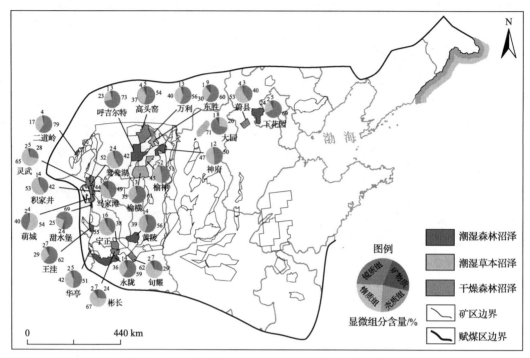

图 3.3.23　华北赋煤区延安组泥炭沼泽类型与煤岩的关系

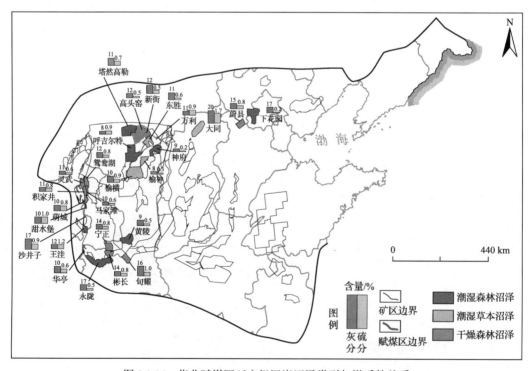

图 3.3.24　华北赋煤区延安组泥炭沼泽类型与煤质的关系

侏罗纪煤层惰质组普遍含量较高的重要原因之一。鄂尔多斯盆地的彬长矿区、旬耀矿区、鸳鸯湖矿区及马家滩矿区，宁东煤田的萌城矿区、灵武矿区、积家井矿区和陇东煤田的宁正矿区的泥炭沼泽类型以干燥森林沼泽为主，煤层中惰质组含量高。在该泥炭沼泽环境下，多形成气化用煤。鄂尔多斯盆地东胜矿区和陕北侏罗纪煤田的榆神矿区和榆横矿区的主采煤层形成于潮湿草本沼泽，致使其氢含量明显增高，对直接液化用煤的形成十分有利。且该泥炭沼泽类型为低位泥炭沼泽，因此相比其他矿区灰分含量较高。其余矿区泥炭沼泽类型以潮湿森林沼泽为主，煤中氢含量较低，镜质组含量较高，因此多形成气化用煤。

第四节　西北赋煤区

一、吐哈盆地重点矿区煤相分析

吐哈盆地的三道岭矿区主采煤层为中侏罗统西山窑组的 4#煤层，大南湖矿区大南湖二矿主采煤层为下侏罗统八道湾组 25#煤层。选取三道岭矿区的 4#煤层和大南湖矿区大南湖二矿 25#煤层，分别对各煤层进行系统的分层采样测试。4#煤层分层采集煤样品 41件，从上而下样品编号由 SDL-01 到 SDL-41。25#煤层分层采集煤样品 31件，从上而下样品编号由 DNH2-01 到 DNH2-31。

（一）三道岭矿区 4#煤层煤相分析

1. 煤岩煤质特征

三道岭矿区 4#煤层属于低煤阶烟煤（不黏煤），宏观煤岩类型以暗淡煤为主，中间夹有亮煤、半亮煤和半暗煤条带，可见方解石薄膜和黄铁矿。

显微煤岩组分以惰质组为主，介于 6.9%～96.6%，平均为 74.8%；镜质组含量次之，介于 1.3%～89.4%，平均为 19.0%；壳质组含量为 0%～6.7%，平均为 1.6%；矿物质含量为 0.5%～23.3%，平均值为 4.6%。惰质组以半丝质体为主，其次是碎屑惰质体和氧化丝质体，含少量粗粒体及微粒体；镜质组以基质镜质体为主，结构镜质体和均质镜质体次之，部分层位含有团块状镜质体以及碎屑镜质体；壳质组以孢子体为主，其次是角质体和树脂体，部分层位含沥青质体；矿物质以碳酸盐类矿物为主，其次是黏土类矿物和硫化物类矿物（图 3.4.1）。

三道岭矿区 4#煤层的原煤水分（M_{ad}）为 5.74%～9.57%，平均为 8.06%；原煤灰分（A_d）为 1.24%～24.1%，平均为 6.82%，为低灰-特低灰煤；挥发分（V_{daf}）为 23.65%～46.93%，平均为 30.13%；固定碳（FC_d）为 40.28%～74.23%，平均为 65.33%。各煤分层原煤全硫含量为 0.04%～0.86%，平均为 0.24%，4#煤层为特低硫煤和低硫煤（图 3.4.2）。

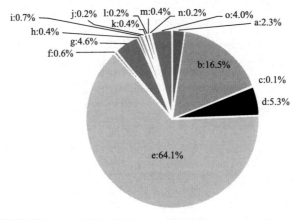

图 3.4.1 三道岭矿区 4#煤层亚显微组分含量饼状图

2. 煤相指标特征

1) GI-TPI 图解分析

由 GI-TPI 关系图(图 3.4.3)可以看出，除 SDL-11、SDL-12、SDL-13 样品落在潮湿草本沼泽相外，三道岭矿区 4#煤层其余各分层样品均落在干燥森林沼泽相中。说明泥炭沼泽环境整体较为稳定。样品总体 GI<1，表明沼泽环境覆水程度较弱；样品总体 TPI>1，说明煤岩植物结构保存较好，降解程度低，反映成煤植物为草木混生，且以木本植物为主。

2) GWI-VI 图解分析

从 GWI-VI 关系图(图 3.4.4)可以看出，三道岭矿区 4#煤层的 GWI 变化较大，介于 0.01～5，整体处于贫营养-中营养环境，个别分层处在富营养环境，反映地下水动力条件变化较大，对沼泽水的补给强度也变化较大。VI 整体大于 1，表明成煤植物以木本植物为主。

3) T-D-F 图解分析

由 T-D-F 图(图 3.4.5)可以看出，所有煤样点基本落在陆地森林沼泽区内，F 值相对较高，平均为 82%，T 值平均为 5%，反映泥炭沼泽环境以干燥气候为主；D 值平均为 10%，反映外来碎屑物质供应不足。

4) 镜惰比分析

三道岭矿区 4#煤层在成煤早期(SDL-41 至 SDL-14)的镜惰比(V/I)普遍小于 0.25，反映泥炭沼泽处于相对干燥的环境；成煤中期(SDL-13 至 SDL-11)，1<V/I<4，反映该阶段为潮湿-覆水环境；成煤后期(SDL-10 至 SDL-01)的镜惰比(V/I)则集中于 0.25～1，反映该阶段为潮湿-弱覆水环境。

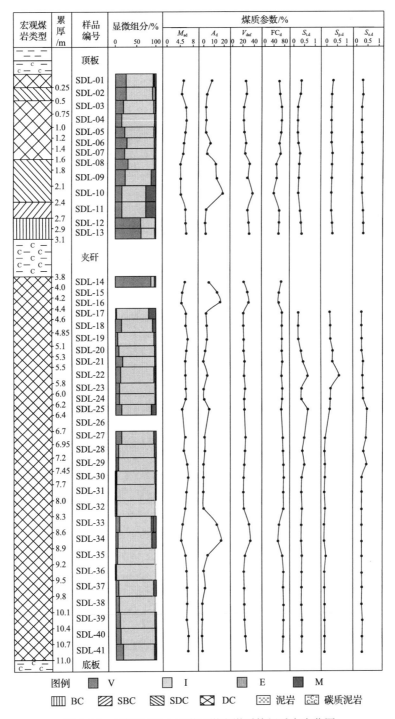

图 3.4.2　三道岭矿区 4#煤层煤岩煤质特征垂向变化图

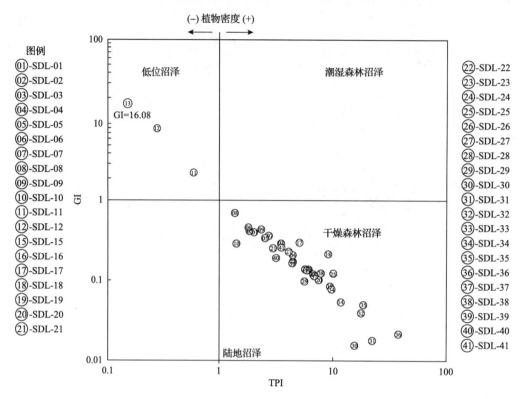

图 3.4.3 三道岭矿区 4#煤层 GI-TPI 图

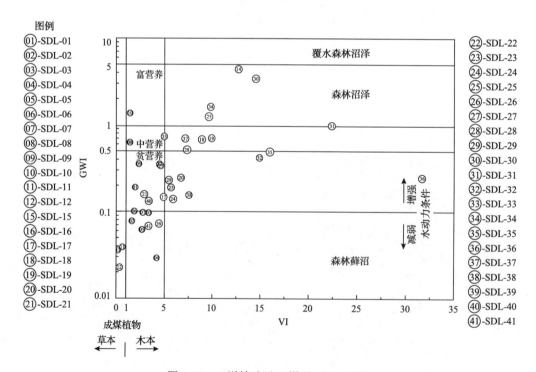

图 3.4.4 三道岭矿区 4#煤层 GWI-VI 图

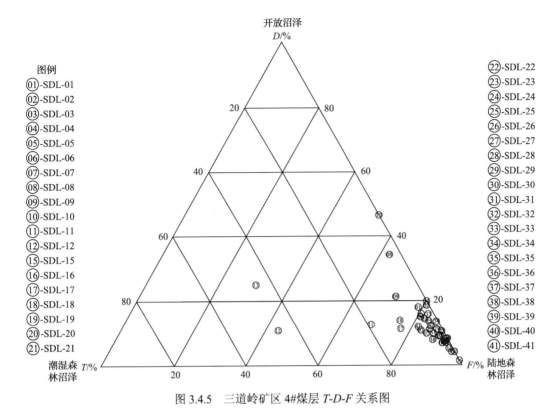

开放沼泽
D/%

图例
①-SDL-01
②-SDL-02
③-SDL-03
④-SDL-04
⑤-SDL-05
⑥-SDL-06
⑦-SDL-07
⑧-SDL-08
⑨-SDL-09
⑩-SDL-10
⑪-SDL-11
⑫-SDL-12
⑮-SDL-15
⑯-SDL-16
⑰-SDL-17
⑱-SDL-18
⑲-SDL-19
⑳-SDL-20
㉑-SDL-21

㉒-SDL-22
㉓-SDL-23
㉔-SDL-24
㉕-SDL-25
㉖-SDL-26
㉗-SDL-27
㉘-SDL-28
㉙-SDL-29
㉚-SDL-30
㉛-SDL-31
㉜-SDL-32
㉝-SDL-33
㉞-SDL-34
㉟-SDL-35
㊱-SDL-36
㊲-SDL-37
㊳-SDL-38
㊴-SDL-39
㊵-SDL-40
㊶-SDL-41

潮湿森
林沼泽 *T*/%

陆地森
林沼泽 *F*/%

图 3.4.5 三道岭矿区 4#煤层 *T-D-F* 关系图

5)流动性指数(MI)分析

三道岭矿区 4#煤层的成煤早期和中期的 MI 值普遍大于 0.4,反映早中期为流动相。成煤后期,除了 SDL-10 大于 0.4,MI 值普遍小于 0.4,总体为较停滞相,SDL-13 到 SDL-11 的 MI 值小于 0.1,为停滞相。

3. 煤相垂向演化

三道岭矿区 4#煤层的煤相类型包括干燥森林沼泽相和潮湿草本沼泽相,其中,干燥森林沼泽相占优势。煤相垂向自下而上经历干燥森林沼泽相—潮湿草本沼泽相—干燥森林沼泽相演化(图 3.4.6)。

干燥森林沼泽相,对应样品 SDL-41 至 SDL-14。VI>1,TPI>1,表明成煤植物以木本植物为主。宏观煤岩类型为暗淡煤,V/I 为 0.01~0.29,GI 为 0.02~0.29,表明沼泽覆水浅,为潮湿至干燥火灾发生的环境,丝炭化作用强。GWI 为 0.07~4.5,表明地下水动力条件变化较大,整体处于贫营养和中营养程度。MI 为 0.38~6,表明沼泽水动力流动性变化较大。随后,大量水体快速进入泥炭沼泽,水位逐渐上升、水体加深,无机物汇入泥炭沼泽中,泥炭沼泽环境被破坏,在煤层中形成夹矸。

潮湿草本沼泽相,对应样品 SDL-13 至 SDL-11。VI<1,TPI≤1,表明成煤植物以草本植物为主。宏观煤岩类型为亮煤和半亮煤,V/I 为 2~12.87,GI 为 2.19~16.08,反映沼泽覆水深,为极潮湿-覆水至强覆水的环境,还原作用占主动地位,凝胶化作用强。

GWI 为 0.02～0.04，表明地下水动力条件很弱。MI 为 0.01～0.05，反映沼泽水流动性弱，为停滞相。

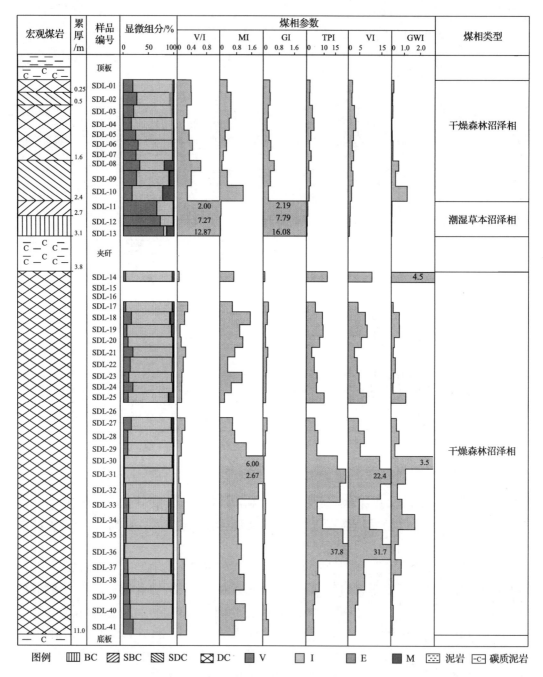

图 3.4.6　三道岭矿区 4#煤层煤相柱状图

干燥森林沼泽相，对应样品 SDL-10 至 SDL-01。VI＞1，TPI＞1，表明成煤植物以木本植物为主。宏观煤岩类型为半暗煤和暗淡煤，V/I 为 0.19～0.68，GI 为 0.20～0.68，表明沼泽覆水较浅，氧化作用占主导地位，丝炭化作用强。GWI 为 0.08～1.38，表明地下水动力条件变化较大，整体为贫营养程度。MI 为 0.13～0.91，表明沼泽水动力流动性较强，为流动相和较停滞相。

(二) 大南湖矿区 25#煤层煤相分析

1. 煤岩煤质特征

大南湖二矿 25#煤层总体呈黑色，以暗煤为主，宏观煤岩类型为暗淡煤，质轻，易碎，见参差状断口，偶见镜煤条带和黄铁矿，偶夹结核。

显微煤岩组分中，惰质组为主(32.3%～91.3%，平均值为 64.7%)，镜质组次之(6.1%～65.6%，平均值为 30.1%)，壳质组及矿物质含量较少(壳质组含量为 0.5%～5.6%，平均值为 2.4%；矿物质含量为 0.5%～17.1%，平均值为 2.8%)；镜质组以基质镜质体为主，结构镜质体和均质镜质体次之，偶见碎屑镜质体；惰质组以半丝质体为主，其次为碎屑惰质体和氧化丝质体；壳质组以孢子体为主，其次为角质体和树脂体，矿物主要以黏土矿物为主(图 3.4.7)。

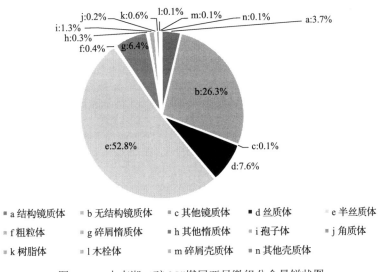

图 3.4.7　大南湖二矿 25#煤层亚显微组分含量饼状图

大南湖二矿 25#煤层各煤分层原煤水分(M_{ad})为 13.19%～21.17%，平均为 18.18%，在煤层中部 DNH2-20 样品达到最大，上部煤层水分含量整体略低于下部煤层，水分在煤层下部变化不明显，煤层上部呈震荡式变化；原煤灰分(A_d)含量为 5.88%～40.47%，平均为 9.36%，为特低灰煤，DNH2-05、DNH2-06 及 DNH2-09 出现异常高值，其余分层灰分整体变化小；挥发分(V_{daf})为 32.08%～47.08%，平均为 37.49%；固定碳(FC_d)为 31.51%～63.23%，平均为 56.79%。大南湖二矿 25#煤层各煤分层原煤全硫($S_{t,d}$)含量为 0.07%～1.78%，平均为 0.59%，大南湖二矿煤属于低硫煤。硫分在煤层中部相对较高，向上下两侧逐渐降低，形态硫测试表明，煤中硫分以黄铁矿硫和有机硫为主，靠近底板处，有机硫出现异常高值(图 3.4.8)。

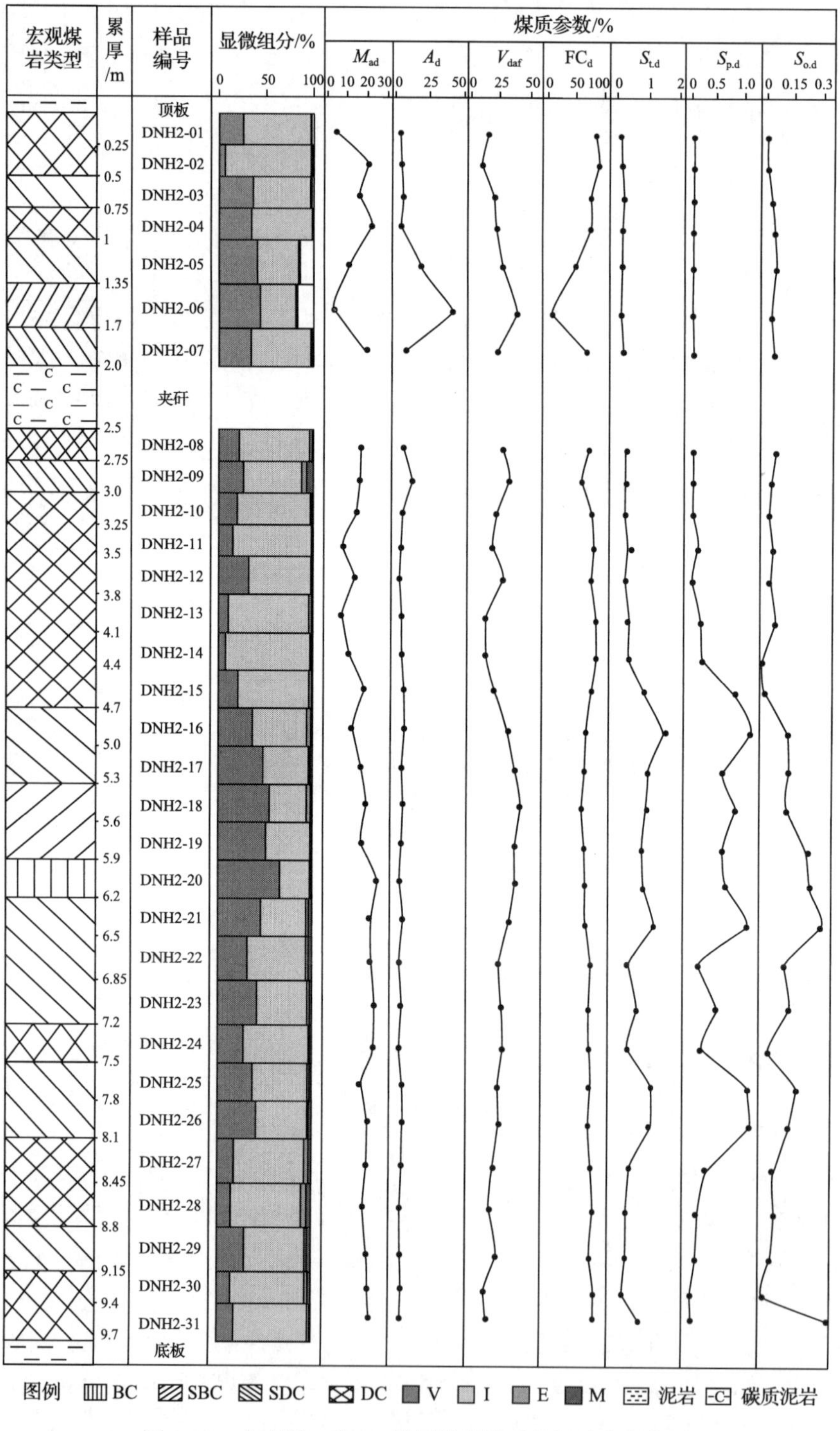

图 3.4.8　大南湖二矿 25#煤层煤岩煤质特征垂向变化图

图例　▥ BC　◪ SBC　◩ SDC　◨ DC　▦ V　□ I　▨ E　■ M　▥ 泥岩　▱ 碳质泥岩

122

2. 煤相指标特征

1) GI-TPI 图解分析

从 GI-TPI 关系图(图 3.4.9)中可以看出,除 DNH2-06、DNH2-18、DNH2-19、DNH2-20 样品落在潮湿草本沼泽相外,大南湖二矿 25#煤层各分层样品大部分分布在干燥森林沼泽相中。样品总体 GI<1,表明沼泽环境覆水程度较小;样品总体 TPI>1,属较高 TPI 群体,说明煤岩植物结构保存较好,降解程度低,反映成煤植物为草木混生,且以木本植物为主。

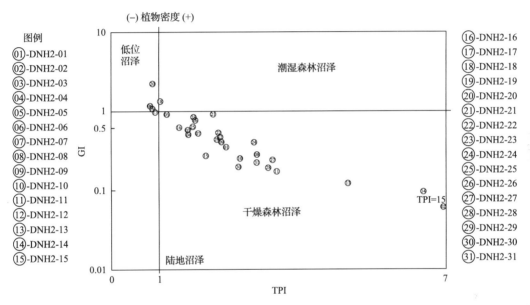

图 3.4.9 大南湖二矿 25#煤层 GI-TPI 关系图

2) GWI-VI 图解分析

大南湖二矿 25#煤层,从 GWI-VI 关系图(图 3.4.10)可以看出,GWI 都为 0.01~0.5,VI 整体大于 1,反映沼泽水动力较弱,成煤植物以木本为主。和 GI-TPI 反映的情况相似,泥炭沼泽环境变化较小。而 DNH2-06、DNH2-17 至 DNH2-20 较为特殊,成煤植物以草本植物为主。

3) *T-D-F* 图解分析

从 *T-D-F* 三角端元图(图 3.4.11)可以看出,大南湖二矿 25#煤层各分层主要为陆地森林沼泽相。

4) 镜惰比分析

大南湖二矿 25#煤层各煤分层 V/I 为 0.07~2.03。成煤初期(DNH2-31 至 DNH2-21)的 V/I 为 0.18~0.93,由下向上整体增大,基本为潮湿-弱覆水环境;成煤中期,样品 DNH2-20 至 DNH2-18 的 V/I 为 1.06~2.03,为极潮湿-覆水环境;其余样品 DNH2-17 至 DNH2-01 的 V/I 基本上介于 0.25~1.0,代表潮湿-弱覆水环境。

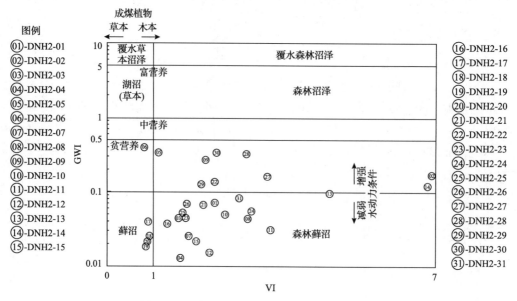

图 3.4.10 大南湖二矿 25#煤层 GWI-VI 关系图

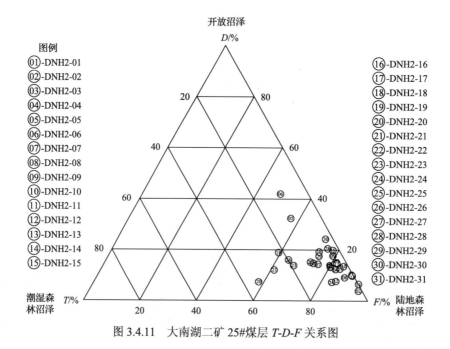

图 3.4.11 大南湖二矿 25#煤层 *T-D-F* 关系图

5) 流动性指数分析

大南湖二矿 25#煤层各煤分层流动性指数分布于 0.04~1.77，成煤前期(DNH2-31 至 DNH2-21)的 MI 值呈现先增大后升减小的趋势，MI 介于 0.2~1.23，平均值为 0.59，反映沼泽水为较停滞-流动相；成煤中期趋于稳定，MI 值介于 0.04~0.22，平均值为 0.13，反映沼泽水为停滞-较停滞相；成煤后期，MI 值介于 0.13~0.9，平均值为 0.45，反映沼泽水为较停滞-流动相。

3. 煤相垂向演化

大南湖二矿 25#煤层的煤相类型包括干燥森林沼泽相和潮湿草本沼泽相，其中，干燥森林沼泽相占优势。煤相垂向自下而上经历干燥森林沼泽相—潮湿草本沼泽相—干燥森林沼泽相—潮湿草本沼泽相—干燥森林沼泽相演化(图 3.4.12)。

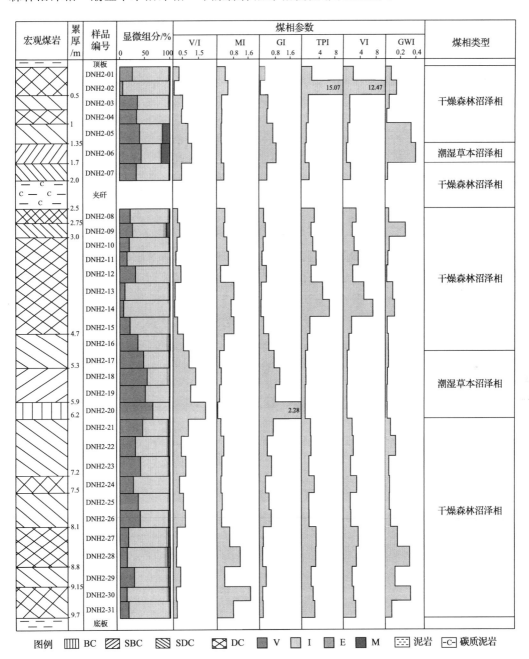

图 3.4.12　大南湖二矿 25#煤层煤相柱状图

干燥森林沼泽相，对应样品 DNH2-31 至 DNH2-21。VI>1，TPI>1，表明成煤植物以木本植物为主。宏观煤岩类型以半暗煤和暗淡煤为主，V/I 为 0.18~0.93，GI 为 0.20~0.93，表明沼泽覆水较浅，为潮湿-弱覆水至干燥火灾发生的环境，丝炭化作用强。GWI 为 0.07~0.35，表明地下水动力条件弱，整体处于贫营养程度。MI 为 0.20~1.77，表明沼泽水动力流动性变化较大，为较停滞至流动相。

潮湿草本沼泽相，对应样品 DNH2-20 至 DNH2-17。VI<1，TPI≤1，表明成煤植物为草木混生型，以草本植物为主。宏观煤岩类型以亮煤和半亮煤为主，V/I 为 1.06~2.03，GI 为 0.98~2.28，表明沼泽覆水较深，为极潮湿-覆水环境，凝胶化作用较强。GWI 为 0.02~0.03，表明地下水动力条件很弱。MI 为 0.04~0.22，反映沼泽水流动性较弱，为停滞相和较停滞相。

干燥森林沼泽相，对应样品 DNH2-16 至 DNH2-07。VI>1，TPI>1，表明成煤植物以木本植物为主。宏观煤岩类型以半暗煤和暗淡煤为主，V/I 为 0.08~0.62，GI 为 0.10~0.62，表明沼泽覆水浅，为潮湿-弱覆水至干燥火灾发生环境，丝炭化作用较强。GWI 为 0.02~0.27，表明地下水动力条件弱，整体处于贫营养程度。MI 为 0.38~0.90，表明沼泽水动力流动性较大，为较停滞至流动相。在对应样品 DNH2-08 后，大量水体进入泥炭沼泽，水位快速上升、水体加深，无机物汇入泥炭沼泽中，泥炭沼泽环境被破坏，在煤层中形成夹矸。随后，水位快速下降、水体变浅，恢复干燥森林沼泽。

潮湿草本沼泽相，对应样品 DNH2-06。VI=0.81，TPI=0.83，表明成煤植物以草本植物为主。宏观煤岩类型为半亮煤，V/I 和 GI 均为 1.14，表明沼泽覆水较深，为极潮湿-覆水环境，凝胶化作用较强。GWI 为 0.41，表明地下水动力条件较弱。MI 为 0.24，反映沼泽水流动性较弱，为较停滞相。

干燥森林沼泽相，对应样品 DNH2-05 至 DNH2-01。VI>1，TPI>1，表明成煤植物以木本植物为主。宏观煤岩类型以半暗煤和暗淡煤为主，V/I 为 0.07~0.91，GI 为 0.07~0.92，表明沼泽覆水较浅，为潮湿-弱覆水至干燥火灾发生环境，丝炭化作用较强。GWI 为 0.01~0.35，表明地下水动力条件弱，整体处于贫营养程度。MI 为 0.24~0.58，表明沼泽水动力流动性为较停滞至流动相。

二、吐哈盆地重点矿区泥炭沼泽类型与煤岩煤质的关系

(一)泥炭沼泽类型与煤岩的关系

三道岭矿区 4#煤层和大南湖矿区 25#煤层以干燥森林沼泽相为主，泥炭沼泽位于潜水面以上，浅覆水或不覆水，成煤植物遗体在偏氧化的条件下经受丝炭化作用，因此宏观煤岩类型以暗淡煤为主，显微煤岩组分以惰质组占优势，镜惰比小于 1，氢含量较低，成煤植物以木本植物为主。而在潮湿草本沼泽相，宏观煤岩类型为光亮煤和半亮煤，显微煤岩组分以镜质组为主，镜惰比大于 1，氢含量较高，成煤植物以草本植物为主。

(二)泥炭沼泽类型与煤质的关系

三道岭矿区 4#煤层和大南湖二矿 25#煤层的硫分、灰分含量较低，以特低灰-低灰、特低硫-低硫煤为主。三道岭矿区和大南湖矿区主要泥炭沼泽环境为干燥森林沼泽环境，整体灰分偏低的原因在于，矿区内地下水动力条件较弱，水体营养程度整体较低，地下水对沼泽水无法进行补给，碎屑物质来源不足，导致灰分含量相对较低。灰分较高煤分层主要集中在潮湿草本沼泽相中，该泥炭沼泽环境水位较低，接受地下水补给较多，外来矿物质被带入，因此灰分含量较高。

三道岭矿区 4#煤层和大南湖矿区 25#煤层均为三角洲沉积环境，在淡水成煤环境中，硫的聚集主要发生在早期成岩阶段，硫的含量低且以有机硫为主。此外在煤层内部，当沉积环境发生变化，如当潮湿草本沼泽环境下还原作用占主导地位时，凝胶化程度增强，介质条件有利于硫酸盐还原菌等微生物的繁殖，硫分含量相对升高，因此潮湿草本沼泽环境下的硫分含量相对干燥森林沼泽环境下的硫分含量较高。

三、赋煤区主采煤层泥炭沼泽类型与煤岩煤质的关系

下侏罗统主采煤层的泥炭沼泽类型主要为潮湿森林沼泽、潮湿草本沼泽和干燥森林沼泽(图 3.4.13 和图 3.4.14)。潮湿森林沼泽主要分布在赋煤区北部的和什托洛盖矿区、西

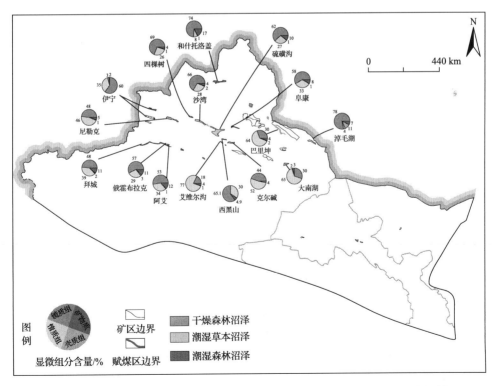

图 3.4.13　西北赋煤区国家规划矿区早侏罗世主采煤层泥炭沼泽对煤岩的控制

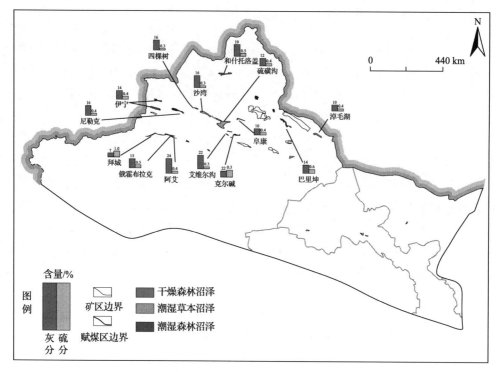

图 3.4.14   西北赋煤区国家规划矿区早侏罗世主采煤层泥炭沼泽对煤质的控制

部的伊宁矿区，准噶尔盆地南缘的四棵树矿区和阜康矿区、东部的西黑山矿区，塔里木盆地的阿艾矿区和俄霍布拉克矿区，形成的煤中显微煤岩组分以镜质组为主，含量为52.6%～74.27%，平均值为 62.23%，活性组分(镜质组+壳质组)普遍高于 60%。干燥森林沼泽主要分布于准噶尔盆地南缘的尼勒克矿区、艾维尔沟矿区和准噶尔盆地东部的巴里坤矿区、吐哈盆地内的大南湖矿区和克尔碱矿区，以及塔里木盆地内的拜城矿区，形成的煤中显微组分以惰质组为主，含量为 39%～77%，平均值为 57.17%。准噶尔盆地南缘的硫磺沟矿区和玛纳斯矿区及吐哈盆地的淖毛湖矿区以潮湿草本沼泽为主，形成的煤以镜质组为主，H/C 原子比在 0.7 以上，该泥炭沼泽环境下易形成液化用煤。受沉积环境影响，该区均以特低灰煤-低灰、特低硫-低硫煤为主。

中侏罗世主采煤层的泥炭沼泽类型以干燥森林沼泽和潮湿草本沼泽为主，潮湿森林沼泽次之(图 3.4.15 和图 3.4.16)。潮湿草本沼泽主要分布于吐哈盆地的艾丁湖矿区和三塘湖矿区及克尔碱矿区、准噶尔盆地南缘的玛纳斯矿区以及赋煤区东南部的红沙岗矿区，成煤植物类型以草本植物为主，形成的煤中氢含量较高，H/C 原子比普遍在 0.7 以上，镜质组含量高于惰质组，灰分含量较低，为低灰煤，该环境下易形成液化用煤。潮湿草本沼泽相环境下水位较低，接受地下水补给较多，外来矿物质被带入，因此，灰分含量相比森林沼泽环境下较高。潮湿森林沼泽分布于准噶尔盆地南缘的四棵树矿区、沙湾矿

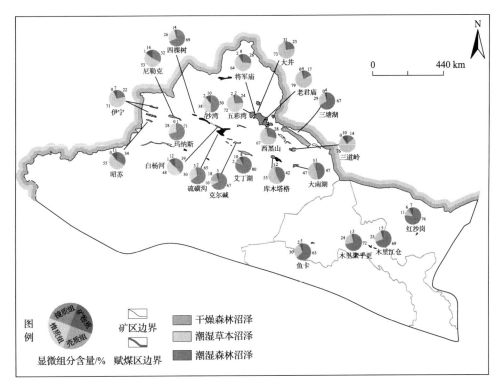

图 3.4.15　西北赋煤区国家规划矿区中侏罗世主采煤层泥炭沼泽对煤岩的控制

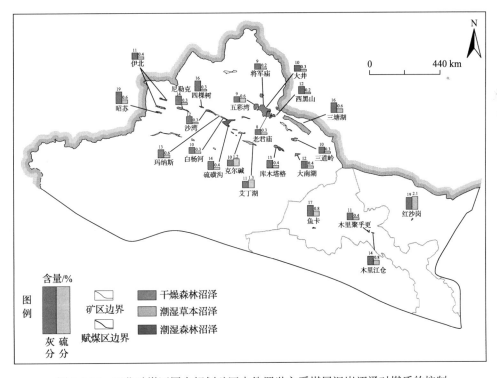

图 3.4.16　西北赋煤区国家规划矿区中侏罗世主采煤层泥炭沼泽对煤质的控制

区、硫磺沟矿区，成煤植物类型以木本植物为主，形成的煤中氢含量较低，灰分含量较低，为低灰煤，硫分含量也较低，为特低硫煤，镜质组含量为主，因此，该环境下易形成气化用煤。其余矿区均为干燥森林沼泽环境，惰质组含量明显高于镜质组含量，成煤植物类型以木本植物为主，形成的煤中氢含量较低。森林沼泽环境下，水位较高，主要靠大气降水来进行补给，因此碎屑物质来源不足，导致灰分含量相对较低。

第五节　华南赋煤区泥炭沼泽类型与煤岩煤质的关系

华南赋煤区内有早石炭世、早二叠世、晚二叠世、晚三叠世、早侏罗世、晚侏罗世及古近纪、新近纪等含煤地层，其中以晚二叠世为主。由于未对华南赋煤区主采煤层进行分层采样，无法从点上分析主采煤层的煤相，本节根据搜集数据简单介绍晚二叠世煤形成时的泥炭沼泽环境与煤岩的关系。

华南赋煤区上二叠统龙潭组主采煤层的泥炭沼泽环境以潮湿森林沼泽类型占绝对优势（图3.5.1和图3.5.2），成煤植物以木本植物为主，覆水性相对较好，凝胶化作用较强，显微煤岩组分中以镜质组含量为主。灰分含量主要受物源供给的控制，硫分含量受海水的影响，灰分和硫分含量自西北向东南渐趋降低。

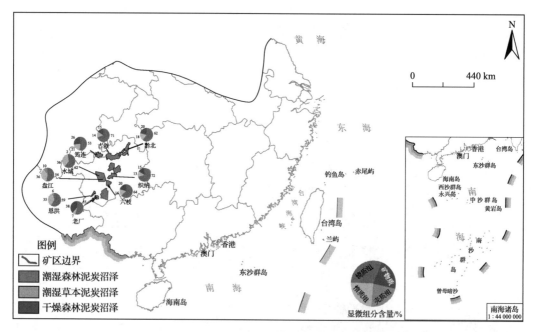

图3.5.1　华南赋煤区国家规划矿区晚二叠世泥炭沼泽对煤岩的控制

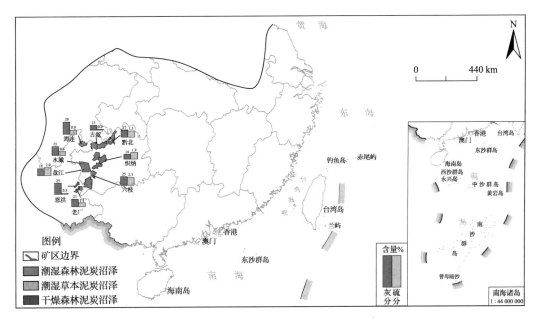

图 3.5.2 华南赋煤区国家规划矿区晚二叠世泥炭沼泽对煤质的控制

第四章

构造-热演化的控制作用研究

在煤炭资源的清洁利用过程中，煤类起着决定性作用，不同煤类其用途不同。构造-热演化控制着煤的煤化程度，影响煤类和煤级。随着构造-热演化(煤变质作用)的进行，煤化程度增高，煤的物化性质发生一系列变化，碳含量增高，氢氧含量降低。本章总结了各赋煤区的构造格局及构造热演化历程，结合赋煤区煤类分布特征，分析了深成变质作用、区域岩浆热变质作用、接触变质作用及热水热液变质作用等多种变质作用对煤类的控制作用，为后续清洁利用煤成因类型划分奠定基础。不同地质条件下，一个煤田的煤普遍受深成变质作用之外，多会经受一种或一种以上其他类型的煤变质作用；也可以不止一次地经受同一类型的变质作用，这就构成了煤的多热源叠加变质作用，导致中国煤变质(煤类)在时空分布上差异性。

第一节 东北赋煤区

一、赋煤区构造格局

东北赋煤区位于古亚洲洋和环太平洋两大构造域叠合部位，被西伯利亚板块、华北板块和太平洋板块三大板块包围，其大地构造位置处天山-兴蒙造山系的东部，南侧以赤峰-开源深大断裂与华北板块相接，北侧通过蒙古-鄂霍茨克构造带与西伯利亚板块相接，东临西太平洋边缘海及弧-沟褶皱带(图4.1.1)。多数研究者认为，东北地区是多个地块(微板块)拼合形成的复合板块(程裕淇，1994；李锦轶，1998；张兴洲等，2006；汪新文，2007；刘永江等，2010)。

额尔古纳、锡林浩特、松辽、兴凯等微板块于晚二叠世聚敛拼合，形成统一的东北板块(刘永江等，2010)。在晚二叠世末，东北板块与华北板块碰撞拼合，形成了东北与邻区的大地构造格局(谢鸣谦，2000；李锦轶等，2006；刘永江等，2010)。

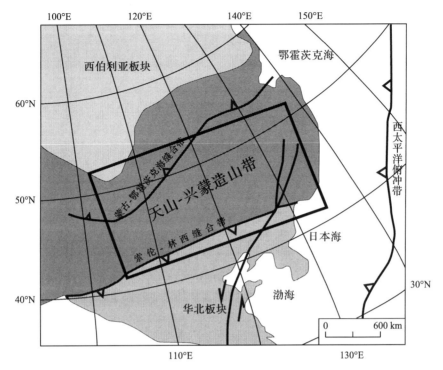

图 4.1.1　东北赋煤区大地构造位置图(据李锦轶等，2006，有修改)

二、构造-热演化历程

(一)构造演化史

东北板块由众多不同小地块拼贴而成,分别于二叠纪与华北板块拼接,于晚侏罗世—早白垩世与西伯利亚板块拼接。东北赋煤区成煤作用主要发生在晚侏罗世—早白垩世和古近纪,中生代之前的构造演化对成煤盆地基底的形成有着重要的控制作用,而中、新生代的构造演化决定了盆地样式、分布及煤系赋存特征(曹代勇等,2018)。在区域构造演化的框架内,东北赋煤构造区煤田构造演化历程总结归纳如图 4.1.2 所示。

(二)构造热事件

东北赋煤区的岩浆活动较为强烈,但是主要发生在赋煤区主要成煤期(白垩世)之前,没有对煤变质作用产生影响。新生代的岩浆活动对赋煤区东部三江-穆棱盆地的煤变质过程起到了促进作用。

中生代的岩浆活动虽然对东北赋煤区的煤变质演化未产生影响,但是成煤前的岩浆活动对聚煤基底的构建产生了重要影响。例如,松辽及周缘中生代沉积盆地的重要特征是地层中普遍发育火山岩沉积层,形成了“火山岩”源和“正常剥蚀”源两种地层沉积源区。就二者沉积的时间顺序来看,火山岩一般是一个沉积旋回的开始,如松辽盆地火石岭组、海拉尔盆地的兴安岭群火山岩,皆发育于正常沉积层之前。松辽盆地断陷分析表明,在每

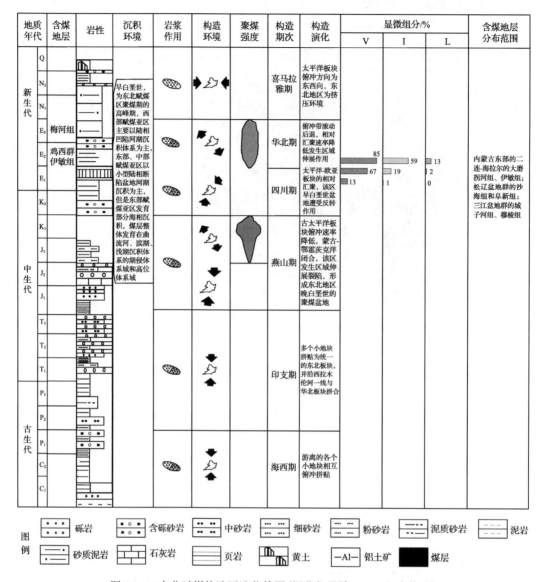

图 4.1.2　东北赋煤构造区演化简图(据曹代勇等，2018，有修改)

一组地层发育中，也都是先火山后盆地的发育特征(谯汉生等，2002)。同时断陷盆地周缘的岩浆岩作为成煤过程中的重要物源区，对东北赋煤区的煤质产生了重要影响。

1. 前中生代岩浆活动

东北地区前寒武纪花岗岩仅分布于佳木斯等少数地区；加里东期是中亚造山带生长时期，有超镁铁岩和基性岩构成内蒙古和黑龙江福林-育宝山岩带、伊春-延寿岩带，沿内蒙古温都尔庙向东至辽宁北部、乌拉山一带分布的是一套岛弧火山岩。海西期是华北板块与东北板块拼合时期，岩浆活动相对强烈，早、中期海相火山岩分布于内蒙古贺根山及黑龙江等地(图 4.1.3)。

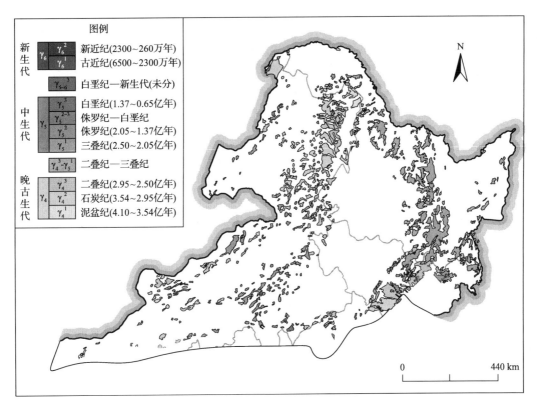

图 4.1.3　东北赋煤区岩浆岩分布图(据程裕淇，1994，有修改)

2. 中生代岩浆活动

东北地区中生代岩浆侵入和喷发活动频繁而强烈，其岩石类型复杂多样，是中国东部环太平洋火山岩带的重要组成部分(图 4.1.3)。中生代火山岩广泛分布于中生代断陷盆地的地层中，东北的中生代火山岩总体表现为时间上的多期性、阶段性和空间上的分带性。

根据黑龙江、吉林、辽宁和内蒙古等省(区)的地质志资料，将东北地区的中生代岩浆活动分为印支期和燕山期两个阶段(谯汉生等，2002)。印支期是北方大陆与南方大陆拼合形成中国大陆时期，晚三叠世陆相为主的火山岩(流纹岩和英安岩)主要分布于吉林—黑龙江东部一带(李兆鼐，2003)，该时期对东北赋煤区的煤变质作用没有影响。燕山期东北地区岩浆活动强烈而广泛，侵入活动与火山活动相伴随，并遍及全区。

按照地理分布与火山岩的岩石特征，区域性火山岩可分为东、中、西三个带，其东带为松辽盆地以东的火山岩带；中带为松辽盆地火山岩带；西带为大兴安岭火山岩带。在东北地区火山岩的发育时间上，西带、中带火山岩组合形成时间上相近，与东带相差较大。西带、中带火山岩发育时间为早侏罗世—早白垩世早期，到早白垩晚期逐渐减弱，仅于松辽盆地东部发育一些碱性流纹岩。东带火山岩发育时间是由晚三叠世的印支期开始，到晚白垩世结束，与中带和西带相比，火山活动的时间长，且结束的时间也晚(谯汉生等，2002)。

3. 新生代岩浆活动

东北赋煤区新生代的岩浆活动主要以裂隙式-中心式喷溢活动为特征。火山活动的高潮在中新世和第四纪(刘嘉麒,1988)。新生代火山岩以基性玄武岩为主,主要分布于区域深大断裂带及其附近地区;新近纪玄武岩分布于敦-密断裂、依-舒断裂和牡丹江断裂;第四纪玄武岩分布于黑龙江五大连池地区横格状断裂交汇处(谯汉生等,2002)。该时期的岩浆活动对赋煤区的煤变质作用过程产生了重要的影响。

三、煤类分布特征

东北赋煤区早白垩世煤主要分布在海拉尔盆地群、二连盆地群和三江-穆棱盆地群中,以褐煤为主,长焰煤次之,其次为焦煤和气煤(图4.1.4)。海拉尔盆地群、二连盆地群煤以褐煤为主。三江-穆棱盆地群煤以中-低变质烟煤、气煤-焦煤为主(韩德馨,1996)。

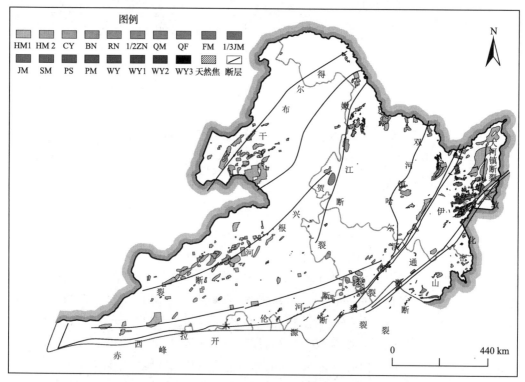

图 4.1.4　东北赋煤区深大断裂及煤类分布图

HM-褐煤;CY-长焰煤;BN-不黏煤;RN-弱黏煤;1/2ZN-1/2中黏煤;QM-气煤;QF-气肥煤;

FM-肥煤;1/3JM-1/3焦煤;JM-焦煤;SM-瘦煤;PS-贫煤;WY-无烟煤;

WY1-无烟煤一号;WY2-无烟煤二号;WY3-无烟煤三号

早白垩世煤类分布可划分出东部三江-穆棱盆地气煤-焦煤带、西部二连-海拉尔盆地群褐煤带、中部松辽盆地长焰煤(褐煤)带,体现了东北赋煤区煤类分布的总体特征(图4.1.4),由东向西,煤的变质程度逐渐降低。

东部三江-穆棱盆地气煤、焦煤带，以气煤-焦煤为主，还含有低中高变质的其他煤类，煤类齐全。例如，黑龙江东部鹤岗、双鸭山、鸡西等矿区的煤变质程度高，其中，城子河组煤主要为气煤、肥煤和焦煤，局部岩浆热影响的区域为贫煤或无烟煤；穆棱组以气煤为主。

中部松辽盆地长焰煤(褐煤)带，以长焰煤为主，如营城-羊草沟煤田的沙河子组煤层以长焰煤为主。营城组(羊草沟和刘房子一带)煤层，以高阶褐煤(褐煤二号)为主，位于吉林延边朝鲜族自治州，包括虎林兴凯湖煤田、老黑山煤田、安图和龙煤田、延吉煤田、珲春煤田、凉水煤田、春花煤田等。珲春煤产地的东部和深部及赋煤带西部延吉、和龙安图等盆地的早白垩世煤为长焰煤。

西部二连-海拉尔盆地群褐煤带，以褐煤为主，极少数煤田出现长焰煤，海拉尔赋煤带煤类均以褐煤为主，局部深部有长焰煤。另外伊敏煤田北部五牧场矿区因受火成岩体热变质影响，出现多煤类现象，有贫煤、贫瘦煤、瘦煤、焦煤、1/3焦煤、气煤等。海拉尔盆地群内，自北向南为扎赉诺尔、拉布达林-鹤门、巴彦山、大雁、五九、呼和诺尔等矿区的大磨拐河组和伊敏组煤均属褐煤。二连盆地群内的乌尼特、马尼特、白彦花、赛罕塔拉、扎格斯台-西大仓、巴彦宝力格-红格尔、赛汗高毕、查干诺儿、达来等矿区以褐煤为主，个别地区有长焰煤。

四、构造-热演化对煤类的控制作用分析

东北赋煤区煤变质作用相对简单，二连-海拉尔盆地群和松辽盆地的煤变质普遍只受深成变质作用控制，符合希尔特定律。三江-穆棱盆地在受深成变质作用的基础上，部分地区叠加了区域岩浆热变质作用和接触变质作用的影响，变质程度相对较高。

(一)深成变质作用

二连-海拉尔盆地群，在发育初期，在拉张应力作用下，沿断裂有强烈的火山活动，煤系之下存在厚层火山岩系。聚煤作用发生在断陷湖盆环境下，煤形成后以区域抬升剥蚀为主，煤系顶界不全，最大保存厚度约1400m(杨起等，1996)。受大兴安岭隆起的影响，新生界分布不均，厚度变化不大，且自东北向西南有增厚趋势，二连盆地含古近系和新近系煤层，西南部仅存100~500m厚的沉积，全区第四系不过数十米。

中部松辽盆地的中、晚侏罗世—早白垩世煤系产生于火山碎屑岩系之间，属于火山喷发间歇期的沉积，松辽盆地经过断陷-拗陷转化，发育大型沉积盆地。随着盆地发展，裂陷早期形成的煤系得以沉降埋深；裂陷阶段沉积厚度达到1300~2000m，拗陷扩张期登娄库组之上白垩系盖层厚达5000m，中央拗陷区最大埋深在6000m以上。晚白垩世中期以后，以抬升为主的波动沉降运动使湖盆萎缩，周边煤系出露，但是整体仍然处于深层覆盖之下。

三江-穆棱盆地群，晚侏罗世火山碎屑沉积填充于狭窄的断陷盆地，其上煤系发育，厚逾千米的下白垩统桦山群作为煤系的直接盖层，继晚白垩世到始新世的抬升剥蚀后，仍然有数百米的新生界沉积。

晚侏罗世—早白垩世，正是东部洋壳快速扩张期，在地壳减薄和张应力作用机制下，聚煤期前后沉积主要限于一定的空间断陷内，煤系埋深随后受到拗陷扩张期沉降差异的控制，西部抬升早，几乎缺失拗陷期沉积，东部煤系于拗陷期形成，盖层的发育历时短暂，唯有中部的松辽地区盆地持续时间长，充填作用显著、煤系达到较大埋藏深度。在该构造沉降背景下，东北赋煤区早白垩世煤层以浅变质的年轻褐煤占绝对优势。

(二)区域岩浆热变质作用

东北赋煤区的区域岩浆热变质作用主要集中于东部三江-穆棱盆地。在正常地温的基础上，岩浆热的叠加是造成三江-穆棱盆地煤变质程度局部增高的主要原因。通过东北赋煤区深大断裂和煤类分布的叠加图(图 4.1.4)发现，煤类分布复杂的三江-穆棱盆地处于伊通断裂、密山断裂和大河镇断裂三条断裂之间，受该断裂的构造导通作用，深部的岩浆(热)对煤层产生影响，造成该区煤变质程度局部增高，煤类复杂，在该地区可以发现成煤期后岩浆活动的痕迹，岩体分布众多。

东北赋煤区西部二连盆地内伊敏矿区属早白垩世大型矿区，矿区北部五牧场普查区，出现较多的煤类，呈环状分带，有贫煤、瘦煤、焦煤、1/3 焦煤、弱黏煤、不黏煤、长焰煤、褐煤等，其变质主要与南边有燕山晚期辉绿岩侵入体赋存有关。岩浆的侵入是造成赋煤区煤类差异的主要因素。

(三)接触变质作用

同区域岩浆变质作用相似，深部岩浆以断裂为通道，侵入到煤系地层，直接同煤层接触，吞蚀了煤层，对煤的变质程度影响较大，使得煤的变质程度加深。由侵入体向外，形成了由深变质到浅变质的煤变质圈或变质环。例如，赋煤区东部的鹤岗矿区(图 4.1.5)

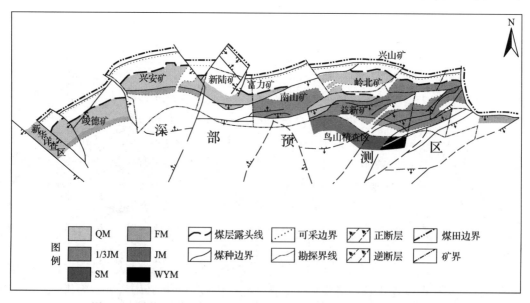

图 4.1.5 东北赋煤区鹤岗矿区断裂控制下的接触变质作用对煤层控制

煤层普遍为气煤变质阶段，但鸟山勘查区煤层达到焦煤-无烟煤变质阶段，分布范围较小，煤化程度高。因此，推测是由于断裂的导通作用，岩浆侵入形成了局部异常热场，导致了煤变质的异常，与该矿区张性正断层发育丰富，有利于岩浆的侵入这一地质情况相吻合。

第二节　华北赋煤区

一、赋煤区构造格局

华北克拉通是我国最大、最老的克拉通,经历了 38 亿年的悠久演化,经多块体拼贴、联合和裂解，形成了现今的构造格局(李三忠等，2010)。华北处于古亚洲洋、特提斯洋和太平洋三大构造域相互作用中心位置(图 4.2.1)，被不同构造特征的块体所包围。块体相互作用和运动，在华北周围形成了一系列的造山带。

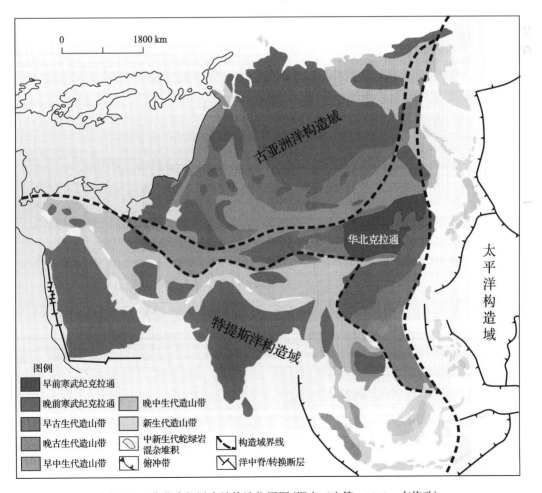

图 4.2.1　华北克拉通大地构造位置图(据李三忠等，2010，有修改)

三叠纪印支运动使华北克拉通与杨子克拉通焊接，碰撞形成了其南侧和东侧的秦岭-大别-苏鲁造山带及东部边界大型走滑断裂带——郯庐断裂带；古生代至中生代，天山-内蒙古-大兴安岭造山带相关的俯冲增生和碰撞后构造作用形成了其北侧的阴山-燕山造山带；古生代大洋岛弧的俯冲增生和柴达木、阿拉善块体的碰撞导致了其西侧祁连造山带的形成（陈凌等，2010）。

二、构造-热演化历程

（一）构造演化史

华北地区在太古宙—古元古代结晶基底形成后，经历了天山期、印支期、燕山期、四川期、华北期和喜马拉雅期六个阶段的演化进程（图4.2.2），形成了现今的构造格局（曹代勇等，2018）。

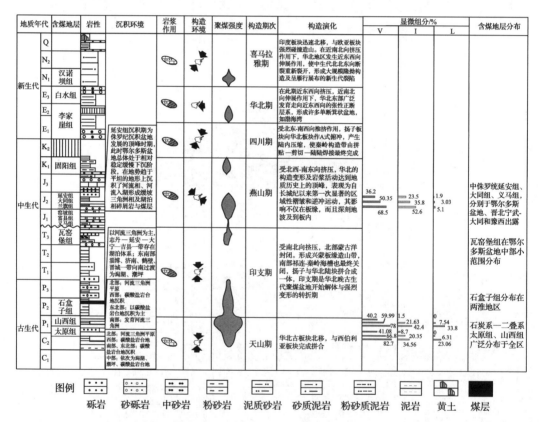

图 4.2.2　华北赋煤构造区构造演化简图（据曹代勇等，2018，有修改）

经历了阜平、吕梁和晋宁三个构造旋回，华北古大陆板块以陆核垂向增厚和侧向增生方式形成最早的陆壳克拉通。吕梁运动使华北古大陆板块褶皱基底全面固结，隆起成陆，形成华北古大陆板块的主体陆壳（杨森楠和杨巍然，1985）。

天山期，中晚奥陶世，南北大陆边缘相继转化为主动大陆边缘，洋壳相对俯冲产生挤压力导致华北古板块全面降升，为晚古生代广泛而连续的聚煤作用提供了稳定的盆地基底(马文璞，1992)。经历了长期隆起剥蚀之后，晚石炭世，华北克拉通下降，接受了石炭纪—二叠纪海陆交互相含煤沉积。海西运动末期，海水由北向南逐渐退出，华北盆地整体转变为陆相盆地，聚煤作用结束(任纪舜等，1990，1999；马醒华和杨振宇，1993；任收麦和黄宝春，2002)。

印支期，印支运动使中国南北古大陆拼贴，形成统一的中国板块主体，印支运动对华北克拉通的影响在南北边缘明显、内部较弱，东强西弱。印支运动导致华北东部抬升，含煤盆地的东界于晚三叠世向太行山以西退缩(于福生等，2002)，鄂尔多斯盆地内部受影响微弱，发育了晚三叠世含煤岩系沉积。

燕山期，中国东部岩浆活动频繁、构造变形复杂、挤压与拉伸多次交替。板内构造变形使华北东部原始近水平状、基本连续的煤层变形和变位，现今构造形态基本面貌形成于该期(任纪舜等，1990)。而西部的鄂尔多斯盆地表现非常稳定，发育了中生代继承性沉积盆地——鄂尔多斯盆地，形成一套主力煤系——早侏罗统陆相含煤岩系。

四川期，受北东-南西向挤推作用，扬子板块向华北板块作 A 式俯冲，产生陆内压缩，使秦岭构造带由拼贴-剪切到陆陆焊接最终完成。

华北期，该时期华北板块主要受到近东西向挤压，近南北向伸展作用，在华北东部广泛发育近东西走向的张性正断层系，形成许多单断箕状盆地，如渤海湾盆地。

喜马拉雅期，中国华北和华南两大陆块已成为统一的欧亚板块的一部分，太平洋和菲律宾板块向西俯冲亚洲大陆，印度板块与欧亚板块碰撞所表征的印度洋-太平洋动力学体系成为中国大陆构造演化的主控因素。中国东北地区受到在近南北向挤压、近东西向拉张的应力作用。

(二)构造热事件

华北地区岩浆活动十分频繁，分布广泛，遍布全区。鉴于华北赋煤区主要赋存晚古生代和中生代煤层，对该赋煤区煤层的变质作用产生作用的岩浆活动主要是晚古生代之后。下面重点对华北赋煤区晚古生代之后的岩浆活动进行叙述。

1. 古生代岩浆岩

加里东期侵入岩的分布主要受深大断裂带控制，超基性岩、基性岩产于深大断裂带中，两侧分布中性岩和酸性岩。

海西期岩浆活动主要分布于赋煤区南北板块边缘。板块南部陆缘活动带的豫西南地区，侵入岩岩体呈近东西方向展布，以花岗岩类为主。板块北部陆缘活动带内，火山活动较为强烈，以中心、裂隙式喷发为特点，为一套钙碱性火山岩。

2. 中生代岩浆岩

印支期岩浆活动以侵入为主，侵入岩分布于华北的燕山地区、胶辽、吉南等地。

燕山期是华北赋煤区岩浆活动的鼎盛时期，岩浆喷发-侵入十分频繁，具有多期次、多阶段特征（图 4.2.3）。岩浆活动自早侏罗世开始，至晚侏罗世达到高潮，到晚白垩世渐入尾声。燕山期侵入岩分布广泛，各地几乎都有出露，特别是燕山、胶东、秦岭、大别山等地分布相当广泛。该时期的岩浆活动对华北赋煤区的煤变质作用产生了重要影响，是煤层变质程度差异巨大的主要原因。岩浆岩的侵入形成了若干个地温异常区，其中，燕辽地温异常场及晋冀豫地温异常场最为重要，该地温异常是造成赋煤区北、中、南三条东西方向高变质煤带的主要地质背景（杨起等，1996）。

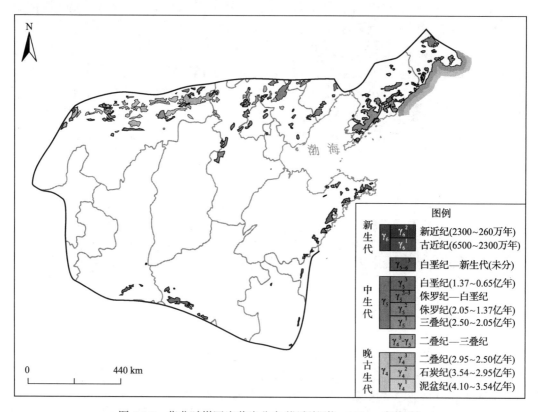

图 4.2.3　华北赋煤区岩浆岩分布（据程裕淇，1994，有修改）

3. 新生代岩浆岩

新生代岩浆活动仍十分强烈，主要表现为中性和基性岩浆喷溢和喷发，广泛发育以玄武岩类为主的火山岩系，分布在河北、山西北部及内蒙古、辽西以及南缘豫西等地，是太平洋西岸中、新生代岩浆带的重要组成部分（曹代勇等，2018）。

古近纪火山岩主要分布于北东或北北东向的裂谷及一些规模不等的裂陷盆地内。新近纪火山岩主要出露于新生代早期形成的裂谷和裂陷盆地的周缘和一些断裂带上。第四纪火山岩分布格局与新近纪火山岩相似，但火山活动强度减弱（刘若新，1992）。

新生代岩浆岩对赋煤区煤变质的影响较燕山期的岩浆活动相对较弱，但是仍然起到相当大的作用，例如在豫西韩梁矿区，新生代岩浆呈岩床侵入煤层，喷发岩掩盖了部分煤系地层，并产生接触变质作用(尚冠雄，1995)。

三、煤类分布特征

华北赋煤区石炭系—二叠系(太原组和山西组)与中侏罗统(延安组)煤类差异较大，下面将分别叙述两个时代的煤类分布特征。

(一)石炭系—二叠系太原组、山西组

华北赋煤区晚古生代石炭纪—二叠纪煤变质程度普遍较高，绝大部分已达中等变质程度及以上，主要煤类多为气煤-无烟煤(图 4.2.4)。贫煤-无烟煤主要分布在两个带上，即豫西-皖北高变质带和山西阳泉-陕西韩城高变质带(唐跃刚等，2013)。中变质煤主要分布在四个带上，即冀鲁豫中变质带、平顶山-淮南中变质带、鄂尔多斯盆地东缘中变质带和鄂尔多斯盆地西北缘中变质带。低变质带仅分布在平朔和准格尔矿区。

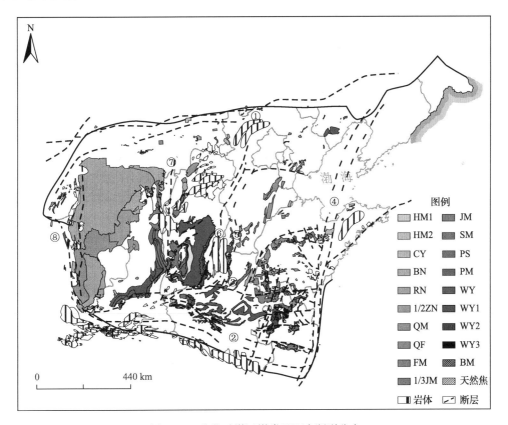

图 4.2.4 华北赋煤区煤类及深大断裂分布

①华北赋煤区北缘断裂带；②华北赋煤区南缘断裂带；③济源-焦作-商丘-宿北断裂；④郯庐断裂带；⑤太行山东麓断裂带；⑥紫荆关-晋获断裂带；⑦离石断裂；⑧鄂尔多斯西缘逆冲断裂带

赋煤区北部的北京、辽宁地区的煤变质程度较高，一般以气肥煤、焦煤、贫瘦煤和无烟煤为主。

赋煤区西部的鄂尔多斯盆地煤类分布复杂，盆地东缘准格尔、府谷、吴堡、河保偏、离柳、乡宁、韩城矿区的煤类依次为长焰煤、气煤、气肥煤、焦煤、贫煤与无烟煤，从北向南煤变质程度增加。而盆地西缘的横城、韦州、石炭井、乌海、乌达矿区，煤的变质情况比较复杂，主要分布有无烟煤、贫煤、瘦煤、焦煤，规律不明显。

赋煤区中部，吕梁山以东—太行山西地区的煤类，总体趋势是南部围绕晋东南、豫西、豫东、太行山东麓南段为中心的高变质无烟煤，向四周逐渐过渡为瘦煤—焦煤—肥煤。北部大同—宁武、太行山东麓中段及北京、唐山，以中变质程度的气煤、气肥煤为主，少量肥煤。

太行山东麓，煤类分布较为广泛。邢台矿区北部煤类以气煤为主；北部的泊头、青县、阜城，南部的隆尧县隆东、尧山、柏鹤集等在石炭系—二叠系至三叠系沉积后，煤层的深成变质作用持续时间长，从而使煤的变质程度增高到焦煤、贫煤阶段。邯郸、邢台矿区，以武安—沙河为中心的无烟煤区，向南、向北两侧递减为高煤级烟煤—低煤级烟煤，煤变质程度依次排列为贫煤带—瘦煤带—焦煤带—肥煤带—气煤带。

赋煤区东部鲁西南地区煤类以长焰煤、气煤为主。滕南、济宁及巨野矿区进入侏罗纪以后，在燕山期叠加了岩浆热变质作用，使煤变质作用类型产生了改变，变质作用程度加深，达到肥煤阶段。

赋煤区南缘石炭纪—二叠纪煤类以气煤为主。荥巩、偃龙、焦作、济源克井等地经受区域岩浆热变质作用，形成了高变质带；安阳鹤壁、永夏、平顶山韩梁、确山、临汝、宜洛、陕渑等地均存在接触变质作用，主要为燕山期岩浆活动，煤类基本上以无烟煤为主，部分地区存在天然焦。

(二) 中侏罗统延安组

华北赋煤区中侏罗世煤层(主要为延安组)主要赋存于鄂尔多斯盆地内，普遍为低变质烟煤，绝大部分煤层仅受到深成变质作用控制，煤类主要为长焰煤、不黏煤、弱黏煤和气煤。由岩浆热液变质作用的控制，汝箕沟矿区中生代侏罗纪煤为无烟煤。

四、构造-热演化对煤类的控制作用分析

华北赋煤区煤的变质作用复杂，其中，深成变质作用普遍存在，同时受到两组北北东向和北西西向的深大断裂控制，叠加了区域岩浆热变质作用，部分地区更是受到了接触变质作用和热液叠加变质作用控制，煤类分布十分复杂，但也有一定的规律可循。

(一) 深成变质作用

华北赋煤区，晚古生界(包括石炭纪—二叠纪)煤系普遍发育，地层分布广泛连续，厚度变化不大，绝大部分地区总厚在 700～1600m 范围内变动。

二叠系—三叠系分布对晚古生代煤系埋藏过程具有影响，如河南济源、山西侯马一带三叠系厚度为3580～3692m，向四周厚度减少（图4.2.5），如果按照正常的深成变质作用，煤类分布应该是环带状分布，由外及里变质程度逐渐增加，但事实并非如此。按照正常的地温条件，晚古生代煤大多数不超过中变质烟煤阶段，如准格尔矿区以长焰煤为主；中生代煤一般处在低变质烟煤阶段，如东胜煤田以不黏煤为主；而新生代煤则基本未达到变质阶段。

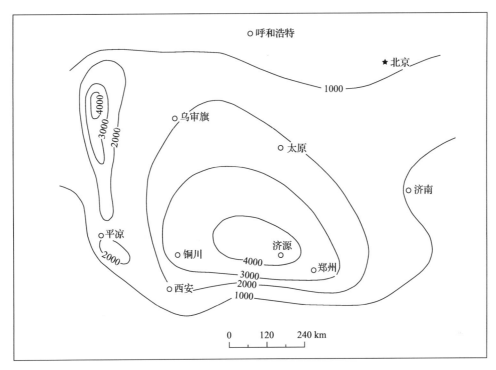

图 4.2.5　华北地区二叠系—三叠系原始等厚图（杨起等，1996）（单位：m）

(二)区域岩浆热变质作用

石炭纪—二叠纪煤除经受煤深成变质作用外，还普遍经受了不同程度的异常热叠加变质作用。区内的深大断裂极为发育，主要有北北东向和北西西向两组，将地壳切割成大小不一的断块（图 4.2.4）。深部地球物理探测资料显示，该区有多条断裂切穿莫霍面，造成了上地幔物质沿断裂上涌，表现为后印支阶段强烈的岩浆活动（杨起等，1996）。其中，华北南缘断裂带是造成豫西-皖北高变质带的重要因素，在该断裂带附近有众多岩体分布。紫荆关-晋获断裂带和太行山东麓断裂带是山西阳泉-陕西韩城高变质带形成的关键控制因素。

具体来讲，河北北部，广泛出露燕山期花岗岩岩基或杂岩体以及小型闪长岩岩株，并见大量岩浆岩；辽宁的北票、本溪等煤田（或矿区），均见燕山期和喜马拉雅期岩浆活动；内蒙古西部的包头煤田，岩浆活动显著，大量燕山期花岗岩岩浆侵入到二叠纪及侏罗纪煤系中；秦岭东-大别山地区，有燕山期强烈的岩浆侵入；鲁西地区，有燕山期的岩浆侵入；宁夏贺兰山煤田汝箕沟-二道岭矿区和香山煤田新井矿区，深部有隐伏岩体存在。

上述岩浆活动地段多与深大断裂有关，如河北北部燕山期岩浆活动，与密云-喜峰口、青龙-滦县及邢台-安阳等深大断裂有关；辽宁阜新、抚顺等地燕山期岩浆活动，与北东向展布的北票-凌源、阜新-山海关、开原-营口、抚顺-瓦房店以及木溪-岫岩等断裂带有关；北京京西煤田，强烈的燕山期岩浆活动与怀柔-涞水深断裂带有关；山东黄河北、济东、淄博、坊子、莱芜、滕州、官桥、陶枣以及临沂等煤田（或矿区），中生代、新生代岩浆岩大体沿广饶、齐河、文祖、益都（青州）、郗部-葛沟、莱芜和峰山等断裂展布。

太行山西缘，燕山期由于北纬 38°带岩浆岩侵入，煤类达到了以肥煤、焦煤、瘦煤为主的中煤级和高煤级烟煤，河东煤田离石、柳林、吴堡一线，沁水煤田孤堰山、清徐、阳泉存在区域岩浆热变质作用。

太行山东麓，普遍接受深成变质作用，部分地区受区域岩浆热变质作用和接触变质作用，煤类分布较为广泛。煤层形成以后，普遍接受三叠系的沉积而发生深成变质，持续到侏罗纪末才彻底终止，邢台矿区、临城-元氏煤田、蓟玉、车轴山-开平煤田，基本上为该期深成变质作用的结果，未受到岩浆热的影响，煤类以气煤为主，区内较为典型的深成变质作用见于平原含煤区，如北部的泊头、青县、阜城，南部的隆尧县隆东、尧山、柏鹤集等在石炭系—二叠系—三叠系沉积后，在中生代燕山运动成为凹陷盆地，接受侏罗系乃至白垩系的沉积，使煤系上覆地层叠加增厚，煤层的深成变质作用持续时间长，从而使煤的变质程度增高到焦煤、贫煤阶段。由于燕山期、喜马拉雅期岩浆活动，岩浆大规模侵入，尤其是邯郸、邢台矿区，以武安—沙河为中心的无烟煤区，向南、向北两侧递减为高煤级烟煤—低煤级烟煤，煤变质程度依次排列为贫煤带—瘦煤带—焦煤带—肥煤带—气煤带（图 4.2.4）。

由于燕山期、喜马拉雅期岩浆活动，岩浆大规模侵入，尤其是邯郸、邢台矿区，以武安—沙河为中心的无烟煤区，向南、向北两侧递减为高煤级烟煤—低煤级烟煤，煤变质程度依次排列为贫煤带—瘦煤带—焦煤带—肥煤带—气煤带（图 4.2.4）。

鲁西及鲁中，煤变质作用类型仍以深成变质作用为主，一些地区叠加岩浆热变质作用。其中，兖州矿区、滕北矿区形成的煤为深成变质作用所致，煤类以长焰煤、气煤为主。而滕南、济宁及巨野矿区进入侏罗纪以后，在燕山期叠加了岩浆热，使煤变质作用类型产生了改变，变质作用程度加深，达到肥煤阶段。

华北赋煤区南缘石炭纪—二叠纪煤在普遍经受了深成变质作用后，受燕山期岩浆活动影响，叠加了区域岩浆热变质作用，形成了高变质带。

（三）接触变质作用

岩浆侵入煤层底板或煤层附近地层，形成岩浆侵入体（隐伏岩体），虽然岩浆不直接穿插煤层造成破坏，但是岩体侵入带来的高温，使得煤的变质程度进一步增高。在临县紫金山附近，燕山期岩体侵入煤系地层，河东煤田紫金山附近可能有接触变质作用发生，围绕岩体可能会有天然焦分布。另外，在西山煤田的狐偃山以及霍西煤田的塔尔山、二峰山附近，也有可能存在接触变质煤。鲁西南地区受岩浆热影响，韩台煤田和临沂煤田附近存在天然焦(图4.2.6)。

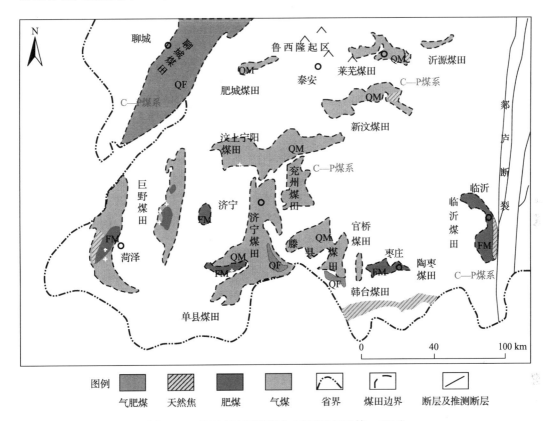

图4.2.6 鲁西南地区煤类分布图(于得明等，2015)

(四)热水热液变质作用

据钟宁宁和曹代勇(1994)研究认为，华北地区南部晚古生代煤的煤变质作用受到热液影响，并分析建立了豫西地区断裂的热水循环系统(图4.2.7)。煤变质过程中，断层的格局是控制变质带范围的重要原因。在区域性张应力作用下，华北地区南部豫西地区以正断层为主，进而构成了开放性的地热循环系统，深部热量通过水热液将深部热能带到浅部，形成热场，为该区的煤变质作用提供热量。

该变质作用类型在华北赋煤区鄂尔多斯盆地西缘的韦州矿区也有存在。韦州矿区煤类从气煤到无烟煤皆有分布，且变质程度由东向西逐渐加深，煤层中方解石脉及碳酸盐胶结较为常见，为该区热水变质作用的存在提供了有力证据。推测鄂尔多斯盆地西缘逆冲断裂带为气水热液提供导通通道。

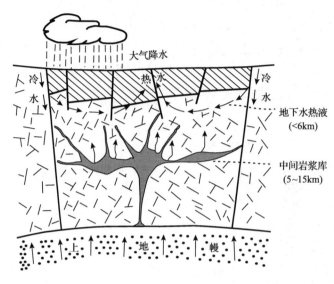

图4.2.7 豫西地区热液变质作用地质模式图(钟宁宁和曹代勇,1994)

五、鄂尔多斯盆地构造-热演化对煤类的控制

(一)盆地构造热演化历程

1. 盆地埋藏史

鄂尔多斯盆地晚古生代含煤地层沉积之后,盆地整体表现出稳定升降的特点,但盆地内部构造活动存在较大的差异性,不同地区盆地的沉降埋藏史差异很明显。鄂尔多斯盆地的埋藏史分为五大演化阶段(曹代勇和魏迎春,2019),其中快速沉降阶段发生在中—晚三叠世,在早白垩世晚期地层达到最大埋深后,又经历了快速抬升的演化过程。鄂尔多斯盆地石炭纪—二叠纪含煤地层沉积形成后经历了多期构造运动,发生多期次的构造抬升和沉降,但盆地总体以沉降为主,因此对含煤岩系保存、煤层的热演化十分有利。

2. 盆地构造热事件

构造热事件最直接和最有效的证据便是盆地古地温表现出异常和地下深部物质上涌。前人通过镜质体反射率、包裹体测温、磷灰石裂变径迹等多种古地温研究方法,恢复了盆地热演化史,提出盆地古地温总体高于现今地温,属于中温型盆地(表4.2.1),其中,中生代晚期(晚侏罗世—早白垩世)地温梯度最高,高达3.3~4.52℃/100m,因此,断定中生代晚期盆地发生过强烈的构造热事件(任战利等,1994;赵孟为和Behr,1996)。

燕山运动时期是鄂尔多斯盆地火山活动最强烈的时期,盆地周缘分布的火成岩是记录该时期火山活动最有利、最直接的证据。受深部岩石圈热活动增强的影响,鄂尔多斯盆地中生代晚期早白垩世140~100Ma发生了一次重要的构造热事件,持续时间为10~

40Ma(任战利，1995；任战利和赵重远，2001)。

表 4.2.1 鄂尔多斯盆地不同构造单元古地温梯度表(任战利等，1994)

构造单元	代表井号	古地温梯度/(℃/100m)
西缘褶皱逆冲带	图东 1、苦深 1、环 14、色 1	4.09
东缘挠曲带	蒲 1、ZK301	4
天环向斜	布 1、天 1、李 1、天深 1	3.68
陕北单斜东部	牛 1、陕参 1、铺 2、榆 3	4.02
陕北单斜南部	庆 1、剖 36、剖 8	4.06
渭北断隆	永参 1、新耀 1	＞5

盆地东缘临县、兴县交界处出露的碱性杂岩体——紫金山岩体，是盆地东缘燕山期构造热事件发生的代表。受断裂发育控制，紫金山地区位于构造应力薄弱带，岩浆热力作用上侵，形成了二长岩、霓辉正长岩和霞石正长岩体，其同位素年龄为 154~91Ma，主要为 138~125Ma，相当于早白垩世(汤达祯等，1992；杨兴科等，2006)，与华北地区早白垩世普遍发生的重要构造转换、岩石圈减薄和深部岩浆底侵及其热力作用事件具有一致性。盆地西缘中段炭山地区辉绿岩、南段的陇县十余处花岗斑岩或安山玄武岩和北部的汝箕沟鼓楼台玄武岩是盆地西缘火山活动的记录(王锋等，2005)。

(二)鄂尔多斯盆地煤类特征

1. 石炭系—二叠系太原组、山西组

鄂尔多斯盆地石炭纪—二叠纪煤层，在盆地东缘，从准格尔煤田、河东煤田到渭北煤田，煤的镜质体反射率从 0.65%增大到 1.95%(曹代勇和魏迎春，2019)，煤类相应地从长焰煤到贫煤均有分布，且从北到南煤级逐渐提高，北部煤层形成后沉降幅度小，煤化作用强度低；盆地南部煤层形成后沉降幅度大，煤化作用强度高。也就是说，在晚古生代煤层沉积后，盆地东缘经历了一场南强北弱的差异沉降，从北往南，变质作用逐渐增强，该过程奠定了其煤化作用的基本特征。北部煤类为长焰煤、气煤，中部以焦煤为主，南部瘦煤、贫煤、无烟煤均有分布(图 4.2.8)。

2. 侏罗系延安组

鄂尔多斯盆地内延安组煤属低变质烟煤。在盆地的北部的东胜、陕北煤田，煤层埋深从东北向西南逐渐增加，煤的镜质体反射率也呈现相似的变化。盆地西南部的宁东、陇东煤田，煤层由西而东埋深加大，盆地南部的黄陇煤田，煤层由南而北埋深加大，煤的镜质体反射率亦随之呈增高之势。汝箕沟矿区中生代侏罗纪各煤层的煤，由于岩浆热液变质作用的控制，其煤化程度都已达到无烟煤阶段(图 4.2.9)。

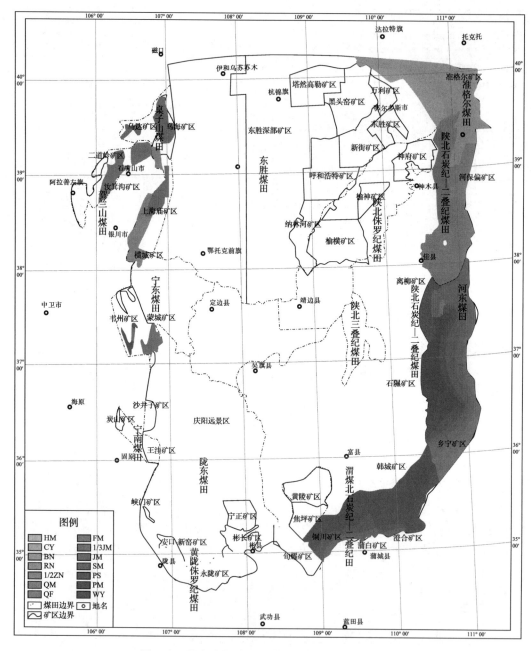

图 4.2.8 鄂尔多斯盆地石炭纪—二叠纪煤类分布图

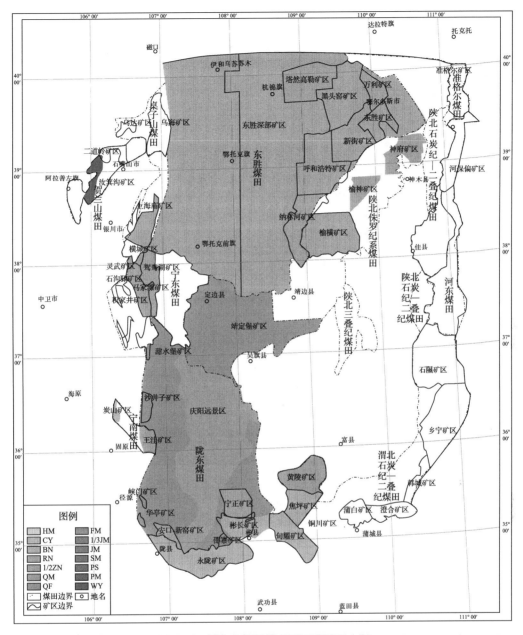

图 4.2.9　鄂尔多斯盆地侏罗纪煤类分布图

(三)鄂尔多斯盆地构造热演化对煤类的控制

1. 石炭系—二叠系太原组、山西组

(1)盆地西缘：①北部贺兰山、乌海煤田，煤类从肥煤到无烟煤均有分布，煤变质程度的高低主要受汝箕沟附近的隐伏岩体的控制；②中部横城煤类为气煤、肥煤，剖面从上到下变质作用有增高的趋势，为深成变质作用；③南部最为异常的是位于宁东煤田南

部的韦州矿区，煤类分布见有气煤、肥煤、焦煤、瘦煤、贫煤及无烟煤等。韦州向斜西翼北部煤层中方解石脉以及碳酸盐胶结较为常见，为该区热液变质作用的存在提供了有力证据。

(2)盆地东缘：从北向南变质程度逐渐加深，北部的准格尔矿区只达到了长焰煤变质阶段，而向南河东煤田是我国焦煤重要产地，南部的渭北石炭纪—二叠纪煤田变质程度达到了高变质烟煤-无烟煤阶段。该变化规律可能受到印支期古秦岭洋俯冲华北克拉通消减的影响，板块的俯冲形成了高温低压带，促进了煤化作用的进行(何建坤，1996；彭纪超和胡社荣，2015)(图 4.2.10)，进而使鄂尔多斯盆地东缘南北煤变质程度差异巨大，且渐变规律明显。

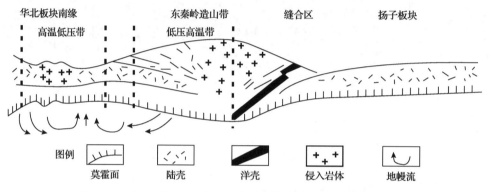

图 4.2.10 华北板块南缘碰撞热流示意图(彭纪超和胡社荣，2015)

2. 侏罗系延安组

鄂尔多斯盆地内延安组煤，成煤时代较晚，变质程度较低，属低变质烟煤。盆地内煤的变质程度整体呈现南高北低的趋势，可能是由于南北差异沉降造成。汝箕沟矿区中生代侏罗纪各煤层的煤，受岩浆热液变质作用的控制，其煤化程度都已达到无烟煤阶段(图 4.2.8)。

3. 实例研究

根据变质作用理论(杨起等，1996)，中国煤层的变质作用可以划分为三个阶段：深成变质作用阶段、叠加变质作用阶段和煤变质格局奠定阶段。

深成变质作用受控于煤层经受的地温与持续时间，煤层经受的地温取决于其最大沉降深度及古地温梯度；持续时间体现于成煤时代及最大煤化温度下的有效煤化作用时间。

本书采用时间-温度指数法(TTI)对煤化作用进程对煤类的控制作用进行研究：①重建地层的沉降埋藏史。②参考前人研究(任战利等，1994)，选择一个合适的古地温梯度。③根据 TTI 计算式[式(4.2.1)]，计算 TTI 值：

$$TTI = \sum r^n \Delta t \tag{4.2.1}$$

式中，$r=2$；n 为时间温度指数(取决于温度)，不同温度段的 n 值参考表 4.2.2；Δt 为地层经历的某一温度的受热时间，Ma。④TTI 值对应的 R_o 的关系表(表 4.2.3)，得到该古地温梯度条件下的 R_o 值。⑤与实测 R_o 值进行对比，是否与实际赋存的煤炭资源相一致，不一致说明煤层在煤化作用过程中经受了叠加热源的变质作用。

表 4.2.2 TTI 法中不同温度段的 n 值(Waples, 1980)

温度段/℃	n 值	温度段/℃	n 值
30~40	−7	100~110	0
40~50	−6	110~120	1
50~60	−5	120~130	2
60~70	−4	130~140	3
70~80	−3	140~150	4
80~90	−2	150~160	5
90~100	−1		

表 4.2.3 TTI 与镜质体反射率关系表(Waples, 1980)

R_o/%	TTI	R_o/%	TTI
0.30	<1	1.36	180
0.40	<1	1.39	200
0.50	3	1.46	260
0.55	7	1.50	300
0.60	10	1.62	370
0.65	15	1.75	500
0.70	20	1.87	650
0.77	30	2.00	900
0.85	40	2.25	1600
0.93	56	2.50	2700
1.00	75	2.75	4000
1.07	92	3.00	6000
1.15	110	3.25	9000
1.19	120	3.50	12000
1.22	130	4.00	23000
1.26	140	4.50	42000
1.30	160	5.00	85000

利用该方法，研究了鄂尔多斯盆地西缘的红墩子矿区(石炭纪—二叠纪)和马家滩矿区(侏罗纪)煤化作用进程对煤类的控制作用。

1)红墩子矿区

红墩子矿区沉降史研究表明，该区晚石炭世到中二叠世缓慢沉降，发育了太原组、山西组含煤岩系，晚二叠世到晚三叠世大幅快速沉降。由于燕山运动，该区在早侏罗世隆升剥蚀，缺失早侏罗世沉积，中侏罗世为新一轮沉降期，晚侏罗世至早白垩世继续沉降。晚白垩世，燕山运动使全区大幅隆升并遭受剥蚀，该区受剥蚀程度高，前白垩系、侏罗系，甚至三叠系被剥蚀。进入新生代，喜马拉雅运动使该区持续隆升剥蚀，直到渐新世开始缓慢沉降(图 4.2.11)。

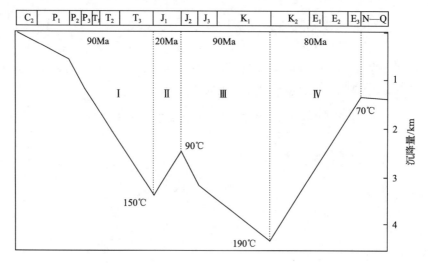

图 4.2.11　红墩子矿区沉降史曲线图

（1）深成变质作用阶段。

该矿区所处位置的地温梯度为 4.09℃/100m（表 4.2.1），最大沉降量为 4500m（图 4.2.11），地表温度设为 10℃，利用沉积构造埋藏史曲线（图 4.2.11），计算在第 I 阶段 TTI 总值为 9.7，查 TTI 值与反射率的对应表，$R_{o,max}$ 为 0.60%，因此在第 I 阶段中，煤的变质程度只能达到长焰煤阶段，到第 n 阶段，TTI 总值为 56，对应的反射率为 0.93%，达到气煤-肥煤阶段，与该矿区赋存的煤类相当。

（2）叠加变质作用。

在正常古地温条件下，煤变质程度即可以达到现今变质程度，同时背景资料显示该区未发现异常热源叠加作用存在。

（3）变质格局奠定。

矿区的煤化作用受正常地温梯度控制，未受其他热源叠加，遵循希尔特定律，在较深的埋深条件下，经过较长的煤化作用时间，煤类达到了肥煤阶段，且黏结性较好，是良好的配焦用煤，同时后期构造改造较弱，岩层受到顺层挤压作用而形成褶皱，以褶皱控煤为主，断裂发育较少，构造简单。可以作为焦化用煤原料煤供应基地。

2）马家滩矿区

根据马家滩矿区双马井、金凤、金家渠、冯记沟井田等综合柱状，结合宁东煤田区域地层进行地史模拟（图 4.2.12）。

马家滩矿区沉降史研究表明，该区晚三叠世快速大幅沉降，由于燕山运动，早侏罗世隆升剥蚀，中侏罗世稳定沉积了重要的延安组含煤岩系及直罗组，晚侏罗世至早白垩世继续沉降。晚白垩世，燕山运动使全区大幅隆升并遭受剥蚀，前白垩系被剥蚀。进入新生代，喜马拉雅运动使该区持续隆升剥蚀，直到新近纪开始缓慢沉降（图 4.2.12）。

（1）深成变质作用阶段。

该矿区所处位置地温梯度为 4.09℃/100m（表 4.2.1），设地表温度 10℃，构造沉降史

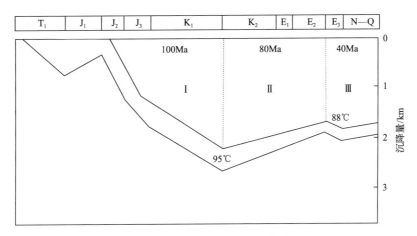

图 4.2.12 马家滩矿区沉降史曲线图

曲线(图 4.2.12)，根据 TTI，经计算在第 I 阶段的 TTI 总值为 6.7。查 TTI 值与镜质体反射率的对应表，$R_{o,max}$ 为 0.55%，因此在第 I 阶段，煤的变质程度只能达到长焰煤阶段。到第 n 阶段，TTI 总值为 12，对应的镜质体反射率为 0.6%，达到不黏煤阶段，与现今该矿区赋存的煤类相当，从而说明未经受过异常热流的影响。根据勘查资料本矿区附件也未发现构造岩浆活动的痕迹。

(2)叠加变质阶段。

在正常古地温条件下，煤变质程度即可以达到现今变质程度，该区未发现异常热源叠加作用。同时，根据勘查资料，该矿区附件也未发现构造岩浆活动的痕迹。

(3)变质格局奠定。

马家滩矿区的煤化作用受正常地温梯度控制，未受其他热源叠加，遵循希尔特定律，在相对较短的煤化作用时间作用下，形成低变质烟煤(不黏煤和长焰煤)，同时后期构造改造强度较弱，岩层受到顺层挤压作用而形成褶皱，以褶皱控煤为主，断裂发育较少，构造简单，可以作为大型的煤化工厂(气化、液化)原料煤供应基地。

第三节　西北赋煤区

一、赋煤区构造格局

西北赋煤区发育多组"时代不同、多期活动明显"的深大断裂。赋煤区最显著的大地构造特征是小地块、多期开合、多期拼合、造山带后期活动强烈，造成了该区盆地形成演化及后期改造的复杂性。

西北赋煤区大地构造格局块带相间、带内有块、块间有带的基本特征较明显，其主要原因是除塔里木板块规模较大外，其他块体规模较小；造山带与盆地相间，中、新生代活动特别是新生代以来印度板块与欧亚板块的碰撞与隆升作用活跃，盆山作用显著，沿造山带周缘往往发育新生代前陆盆地（图 4.3.1）（王素华和钱祥麟，1999；何治亮等，2015）。

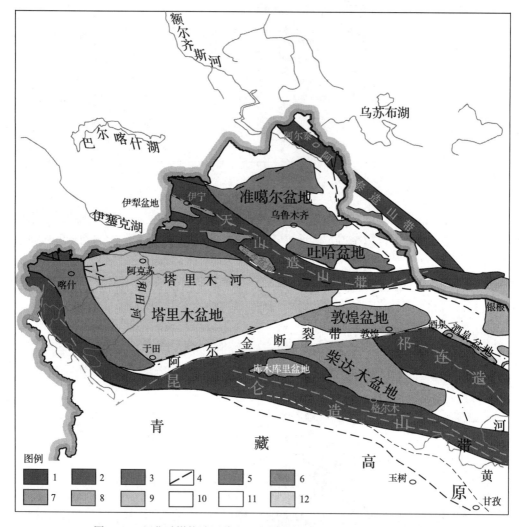

图 4.3.1　西北赋煤构造区盆山展布图（据王桂梁等，2007，有修改）

1. 碰撞造山带；2. 伸展造山带；3. 俯冲造山带；4. 主要断层；5. 克拉通盆地；6. 前陆盆地；7. 挤压拗陷盆地；
8. 断陷盆地；9. 弧后断陷盆地；10. 断陷-拗陷盆地；11. 走滑断陷盆地；12. 前陆-断陷盆地

二、构造-热演化历程

（一）构造演化史

西北赋煤区成煤盆地的发育是众多地块（板块）和造山带演化及其相互作用的结果，存在地块裂离—聚合和海相盆地构造演化，以及地块拼合后的陆内盆地构造演化两大阶段（图 4.3.2）。

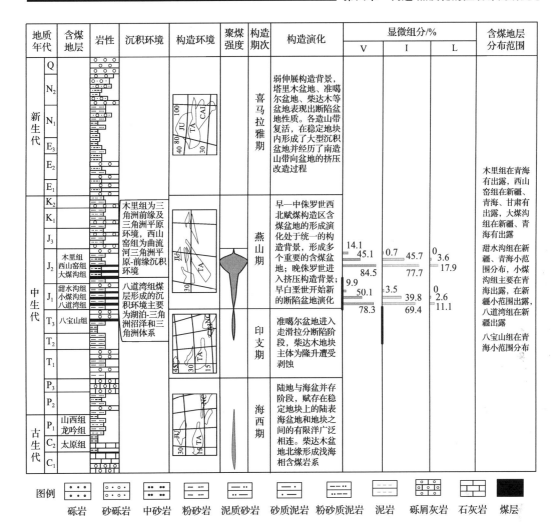

图 4.3.2　西北赋煤构造区煤田构造演化历程简图(据曹代勇等，2018，有修改)

JU. 准噶尔地块；TA. 塔里木地块；CAI. 柴达木地块；NC. 华北地块

1. 地块裂离—聚合和海相盆地构造演化阶段

该阶段赋存在稳定地块上的陆表海盆地和地块之间的有限洋广泛相连形成非汇水盆地，经历了中、新元古代—早古生代和晚古生代两大旋回演化过程。震旦纪—早奥陶世桑耳是西北地块裂离断陷盆地和克拉通内拗陷盆地形成演化阶段。

2. 陆内盆地构造演化阶段

从晚二叠世到第四纪，是西北赋煤区陆内盆地演化阶段，准噶尔—吐哈、塔里木、北山—阿拉善—祁连和柴达木四个构造区在各阶段的盆地类型和演化特征及其对盆地形成的地质贡献各具特色。

其中从侏罗纪开始，西北区域盆地的形成演化处于统一的构造背景，经历了多阶段多盆地类型的演化。早—中侏罗世是断陷盆地普遍发育阶段，也是含煤地层的重要形成期，形成了准噶尔、吐哈、三塘湖等重要的成煤盆地；塔里木周缘山前形成了一系列断陷盆地；阿尔金断裂带以东地区众多的中小断陷盆地在该时期普遍发育。晚侏罗世的挤压构造背景结束了该时期盆地旋回演化。

在区域构造演化的框架内，西北赋煤构造区煤田构造演化历程总结归纳如图 4.3.2 所示。

(二)构造热事件

西北赋煤区各时期火山活动的规模、强度以及火山岩特征均有明显的差别(图 4.3.3)。西北赋煤构造区域内火山活动频繁，岩浆岩分布广泛，其中主要以早古生代最为强烈，不过该时期的地层全为海相沉积，而西北赋煤区主要成煤时代为早—中侏罗世，因此该时期构造活动对煤变质作用无贡献。

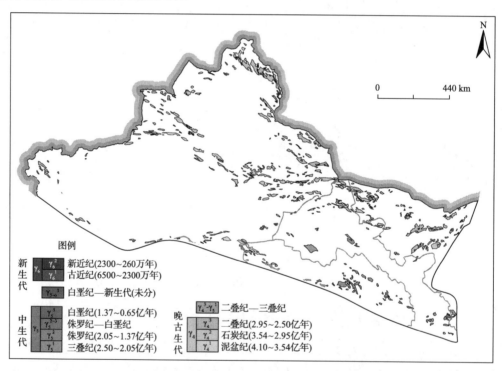

图 4.3.3 西北赋煤区岩浆岩分布图(据程裕淇，1994，有修改)

中生代中期到古近纪，岩浆活动相对微弱，皆为陆相喷发，中生代火山岩在巴颜喀拉山、东昆仑东缘比较发育，祁连山、北山地区发育较少，主要有四期间歇性喷发，早—中三叠世为海相喷发，晚三叠世为海相和陆相喷发，而早—中侏罗世和早白垩世为陆相喷发，以晚三叠世火山活动最为强烈。

新生代火山岩集中分布于青海省的西南部，可可西里山与唐古拉山西段，唐古拉山东部。中新世熔岩被、熔岩穹盖覆于海相三叠系、侏罗系和古新统和新近系之上；第四纪以来火山活动处于间歇期。

从总体来看，区内的岩浆活动以加里东期—印支期为主，多沿板块或地体的构造缝合带分布，具多期、多次活动特点，穿时性强。对区内晚古生代以来的含煤地层一般无直接影响。新生代的岩浆活动也主要集中于赋煤区的南部，对北部(新疆)煤层影响极小。

三、煤类分布特征

西北赋煤区早—中侏罗世的煤类齐全，褐煤、长焰煤、不黏煤、弱黏煤、气煤、肥煤、焦煤、瘦煤、贫煤、无烟煤十大煤类均有不同程度地分布(图4.3.4)。但是整体以低变质的长焰煤和不黏煤为主，其他煤类只在部分地区有分布，分布范围较小。

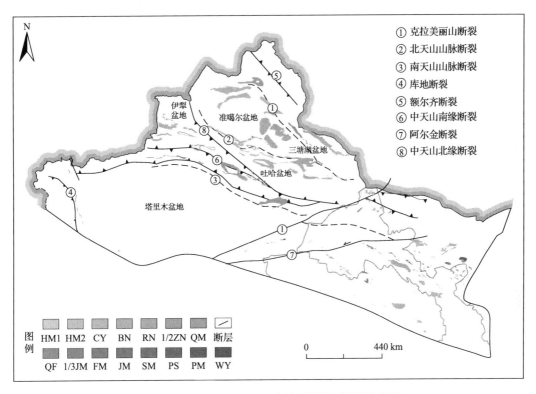

图 4.3.4　西北赋煤区早—中侏罗世煤层煤类分布图

准噶尔盆地东缘以不黏煤为主，准噶尔盆地南缘和北缘以长焰煤为主，北部赋存部分气煤。

吐哈盆地和三塘湖盆地以不黏煤为主，其中较为特殊的淖毛湖和巴里坤矿区分别达到长焰煤和气煤变质阶段。

伊犁盆地煤类单一，以长焰煤和不黏煤为主，尼勒克矿区东部存在部分气煤。

塔里木盆地北缘，西部的拜城矿区存在变质程度达到焦煤阶段，向东变质程度降低，至阿艾矿区，杨霞矿区为气煤，向东过渡为长焰煤。

祁连和柴北缘盆地也以不黏煤和长焰煤为主，部分矿区出现了异常变质点，达到中高变质阶段。

四、构造-热演化对煤类的控制作用分析

西北赋煤区煤变质作用相对较为简单，以仅受深成变质作用控制形成的低变质烟煤占绝对优势，中高变质的煤主要赋存于活动地区的腹地，而低变质阶段的煤集中在构造稳定区。该赋煤区除了普遍受深成变质作用控制外，影响煤变质的变质作用类型主要有区域岩浆变质作用、热水热液变质作用和动力变质作用。

(一)深成变质作用

西北赋煤区大陆的形成经过多旋回的构造演化，多数中生代聚煤盆地的基底都是经过了多期构造运动后，形成了较稳定且巨厚的沉积岩系基底，地幔热流的上涌量有限，决定了区内地温梯度普遍偏小，同时稳定坚固的基底也决定煤系地层和煤层构造变形轻微；此外，成煤期后岩浆热作用较少，海西期后境内大规模岩浆活动已基本结束，区域变质作用也早于石炭纪结束，所以从区域上讲，西北赋煤区侏罗纪煤层变质作用很少受岩浆热和区域变质作用的影响，只在局部区域(天山、阿尔金山、昆仑山、祁连山等地)有影响，在侏罗纪之后发生了岩浆侵入活动，但对煤系影响不大，因此深成变质作用是新疆侏罗纪煤层的主要变质类型。

该区的深成变质作用与中生代、新生代盆地的发育规模有关。天山南、北虽属不同构造域，但自中生代以来，构造演化特点已十分相似，以大型内陆拗陷为主要特征，区域地温场呈降温趋势，埋深变化对煤的深成变质影响特别显著。吐哈盆地、伊犁盆地侏罗系埋深仅与准噶尔盆地、塔里木盆地边部状况相似，煤系及其盖层总厚不超过4000m，深成变质的煤均处在低煤级烟煤阶段。在准噶尔盆地和塔里木盆地内部，白垩纪—古近纪、新近纪盆地鼎盛时期的沉积厚度都已超过6000m，随后的构造变动对盆地内部影响不大，煤级分布与现在埋深仍然保持对应关系，由浅至深出现从低变质烟煤到高变质烟煤的变化。尽管古近纪、新近纪地温梯度较低，但由埋深引起的变质作用可能得以继续进行，因为煤系在局部仍处在万米覆盖之下。祁连山到河西走廊的中生代煤盆地以山间盆地或山间谷地类型出现，规模一般较小，东自甘肃靖远，西至青海柴达木盆地北缘，未受其他变质作用类型叠加的煤一般仍处在低变质烟煤阶段(杨起等，1996)。

(二)区域岩浆热变质作用

西北赋煤构造区主要成煤时期是侏罗纪，而当时基本上没有岩浆活动，而其后的岩浆侵入活动多发生在天山、阿尔金山、昆仑山、祁连山等地，且由于经过多旋回的构造演化，多数中生代聚煤盆地的基底都是经过了多期构造运动，形成了较稳定巨厚的沉积岩系基底，地幔热流的上涌量有限，因此对煤系影响不大。另外到目前为止，除了乌恰托云煤田中有喜马拉雅期的岩株分布外，在其他赋煤带中及附近，并未发现有煤层形成后岩浆活动的痕迹，说明该区岩浆热变质作用对煤变质程度影响较小。

岩浆热变质作用仅在塔西南乌恰煤田托云矿区和东昆仑独峰煤田尕海矿区发现侏罗纪煤系地层有侵入岩体。托云矿区内岩浆岩对煤层、煤质无明显的影响；尕海矿区，中侏罗世煤系中煤层的煤质为弱黏煤，当煤层顶板出现浅成侵入岩-安山岩时煤层受到烘烤变质，局部地段出现无烟煤（曹代勇等，2018）。

盆地边缘深大断裂在活动期间沿断裂带上涌流体所带热能，不能低估其对周边煤层变质程度的影响。在哈萨克斯坦-准噶尔板块南界的木扎特-红柳河断裂带以北，沿该断裂带从西向东依次分布着煤种以炼焦用煤为主的尼勒克煤田东部塘坝矿区、克尔克矿区、吐哈煤田艾维尔沟煤产地、却勒塔格煤矿点和东部的野马泉煤矿点。其中艾维尔沟煤产地最靠近断裂带，煤的变质程度也最高，也是全疆炼焦用煤煤种最齐全的地区，煤种从气煤到瘦煤都有。野马泉煤矿点，不仅靠近康古尔-黄山断裂，而且煤系地层和煤层向东南方向逆冲于新近系之上，成为北疆地区中侏罗统西山窑组所含煤层变质程度唯一达到中阶烟煤的煤产地。究其成因，除了与人们普遍认为的与构造运动所产生的挤压应力有关外，还与该断裂带作为热流体的活动通道而形成的长期活动地温异常带有关。这是导致这一地带煤变质程度增加的原因。

（三）热水热液变质作用

热水变质作用在宏观上表现为上、下煤层之间存在反希尔特定律现象，以西北赋煤区热水煤田最为典型。热水煤田位于祁连山东段的大通河断陷槽地中，为山间盆地型陆相煤田。由于大通河复向斜南翼次级背斜扎隆山抬隆和北东向断裂活动，煤田被分割成四个矿区，南、北两条发生了不同的后期变化。煤田构造以断裂为主，有北西西、北北西和北东向三组。煤田北部两矿区，仅受深成变质作用，煤级低，保持在长焰煤阶段。南部两矿区紧邻深断裂，后期热液活动广泛且强烈，煤层强烈变质，出现了直到半无烟煤的各级别煤。煤层顶板粗砂岩中常见热液蚀变现象，蚀变矿物和岩脉包裹体测温，发现其温度多数在150～250℃，少数达300～400℃。

（四）动力变质作用

祁连山附近在活动地区，造山带腹地煤的变质程度要高于边缘地带。如北祁连褶皱带腹部煤的变质程度要高于走廊地区。因此，煤的变质带常与褶皱带延伸方向大体一致，呈北西-南东向展布。

准噶尔盆地、塔里木盆地赋煤构造亚区侏罗纪煤田中的煤层，其构造变形主要发生在燕山构造运动的晚期和喜马拉雅构造运动期，这一时期受西伯利亚板块南移和印度板块快速北移的影响，准噶尔、塔里木盆地边缘在强挤压应力作用下，表现为相向逆冲-推覆；昆仑和天山褶皱带则表现为背向逆冲-推覆，结果是盆地不断继续下降，山系不断上升隆起，垂直升降差异加剧，盆地始终处于强烈的挤压状态。在这一区域构造背景下，区内各赋煤带中的煤层构造变形表现出明显的差异，盆地边缘赋煤带中的煤层，受盆地周边推覆构造影响变形复杂，多以紧密的倒转向背斜、急倾斜的单斜构造为主，而盆地腹地以宽缓的向背斜为主。在构造变形剧烈的煤田、煤矿区和煤矿点中，煤的变质程度明显要高于与其相邻的构造简单的矿区，尤其是位于山前推覆构造带中的煤层变质程度更高。这充分反映了区内构造变形剧烈的煤层，其煤层的变质作用是在区域深成变质作用的基础上叠加了构造动力变质作用，其煤层变质程度也高于以单一深成变质作用为主的煤田和矿区。如准南煤田中东部的阜康矿区位于博格达山北麓推覆体的前缘，煤系地层沿走向呈向北突出的弧形，弧顶位于甘河子西，八道湾组的煤层在弧顶一带以肥煤为主、最高可达到焦煤，向两侧渐变为气肥煤和气煤，再向西到乌鲁木齐地区则以弱黏煤和1/2中黏煤为主。

经过近年来的研究证实，塔里木盆地北缘的库车山前拗陷北部的南天山山麓是一个以托木尔峰为中心，由多个推覆体构成的由北向南推覆的大型推覆体，侏罗纪煤层在不同煤田和地段位于不同推覆体的不同部位，所以表现的构造形态和变质程度在东西方向上也不尽相同。在库车阿艾矿区煤系地层位于推覆体的后沿托曳部位，构造以宽缓的向背斜为主，在煤系地层分布南界靠近推覆体的前沿，断层发育，区内以气肥煤为主，有少量的1/3焦煤和焦煤，从北向南变质程度有增高的趋势。向西到拜城矿区和温宿煤田，煤系地层位于推覆体前沿强挤压褶皱带中，在大部分地段褶曲北翼遭受强烈剥蚀而仅保留了南翼地层，所存留煤层呈近直立或倒转的单斜构造，煤种从焦煤变化到贫煤，这除了与该区煤系上覆地层厚度由东向西增厚和从侏罗纪到新近纪的连续沉积有关外，也与构造活动的复杂程度有着密不可分的关系。

通过上述可知，西北赋煤区侏罗纪煤层中，变质程度低于中阶烟煤的煤层，其变质作用类型属于单一的深成变质作用类型；变质程度从中阶烟煤到超高阶烟煤的煤层，变质类型是在深成变质作用的基础上叠加了动力变质作用，属于动力变质类型；高煤阶的无烟煤是属岩浆热变质类型。

第四节　华南赋煤区

一、赋煤区构造格局

华南赋煤区与华南板块的空间范围相当，华南板块处于太平洋和欧亚两大板块的结合部位，是特提斯构造域和太平洋构造域的转换区域，经历了多期强烈构造运动，现今构造格局呈现时空多样的结构构造组合，华南板块以杭州—九江—张家界—怀化—南宁为界分为两个主要部分，分别为扬子地块和华夏地块两大基本构造单元(曹代勇等，2018)。

二、构造-热演化历程

(一)构造演化史

华南板块主体部分在太古宙时期已为稳定陆块。扬子地块基底性质和组成非常复杂，构造活动的继承性表现明显，其突出特点为"一盖多底"(常印佛等，1996)，即地块由多个不同性质的基底块体拼合而成，之间被断裂分割。

新元古界板溪群和下震旦统已经明显表现为陆缘地带活动型火山-沉积组合，陆内则为浅海到半深水稳定型沉积，表明克拉通化基本完成。

古生代时期，西缘、北缘一直是隆起、拗陷相互交叠、此起彼伏的复杂构造环境。三叠纪期间，以松潘甘孜为中心发育的被动陆缘型深拗陷盆地，各地的主活动期不尽相同，早三叠世主要活动于西秦岭，中—晚三叠世在松潘—甘孜。

在区域构造演化的框架内，华南赋煤构造区煤田构造演化历程总结归纳如图 4.4.1 所示。

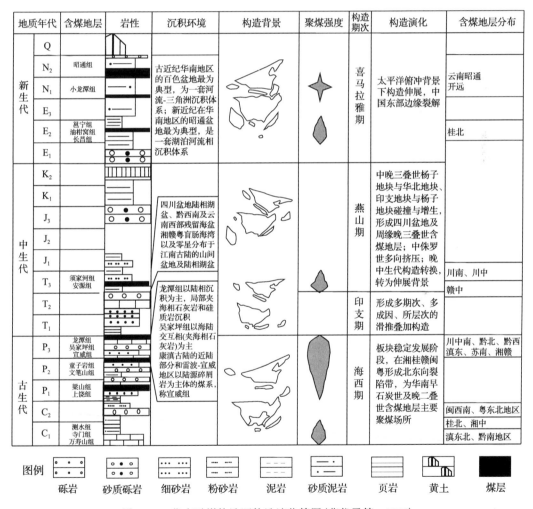

图 4.4.1 华南赋煤构造区构造演化简图(曹代勇等，2018)

(二)构造-热演化事件

华南地区岩浆活动十分频繁，分布广泛，岩类较为齐全，超基性岩到酸性岩均有出露(图 4.4.2)。其中对华南煤变质程度影响最大的是中生代的岩浆活动,燕山期大规模的岩浆侵入使华南的煤变质程度普遍升高。下面分别从前中生代和中生代之后两大阶段,对华南赋煤区的岩浆活动进行叙述。

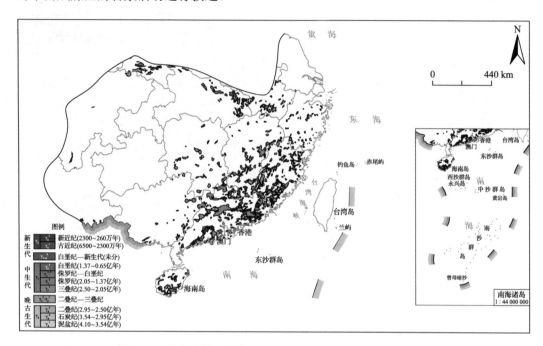

图 4.4.2　华南赋煤区岩浆岩分布图(据程裕淇,1994,有修改)

1. 前中生代岩浆岩

中、晚元古代时期,中国东部整体岩浆活动强烈,侵入岩主要为花岗岩和花岗闪长岩,主要分布在江南隆起,如许村、休宁、九岭等岩体。

早古生代岩浆活动集中分布在大陆边缘活动带内,华南加里东褶皱带的岩浆活动强烈,侵入岩主要以花岗岩类为主,分布起于江西上饶,南至广东东江以西的湘、赣、贵、粤地区(孙鼎和彭亚鸣,1985;王德滋,2004)。加里东早期混合花岗岩较集中分布于武夷山—云开地区、万洋山—诸广山地区、武功山地区和桂东北地区等,常呈大岩基产出。

2. 中生代岩浆岩

1)印支期岩浆岩

印支期岩浆活动以侵入为主,酸性侵入岩广泛分布于华南各省,尤以湘中—湘西北和桂东南十万大山地区最为集中。华南地区印支期侵入岩主要由花岗岩、花岗闪长岩组成,呈岩基、岩株状产出。一般与围岩接触界线清晰,热变质现象明显,外接触带常具强烈硅化、角岩化,局部混合岩化。岩石化学成分复杂,因地而异(张德全和孙桂英,1988)。

2)燕山期岩浆岩

燕山期是中国东部地区岩浆活动的极盛时期,喷发-侵入作用十分强烈,且具有多期次、多阶段活动特征。自早、中侏罗世开始至晚侏罗世达到峰期，早白垩世岩浆活动仍较强烈，到晚白垩世渐入尾声。燕山期侵入岩分布广泛，在东南沿海浙、赣、闽、粤一带最为发育。

华南地区燕山早期是岩浆侵入活动的鼎盛时期，尤以晚侏罗世岩浆侵入为最盛。侵入岩主要为黑云母花岗岩、二长花岗岩、花岗闪长岩等。此外，在赣东北、赣南等地零星分布超基性-基性侵入岩，主要由橄榄石、辉石岩、辉长岩、辉绿岩等组成，多呈岩脉、岩瘤状产出。在闽东沿海燕山早期尚有动力变质的混合花岗岩和片麻状花岗岩分布。

华南地区燕山晚期侵入岩仍以酸性岩类为主，且较集中分布在南平—玉林一带以东广大地区，岩体大部分呈岩株、岩墙状，少数呈岩基状产出。岩性主要为肉红色黑云母花岗岩，局部为灰白色花岗闪长岩、二长花岗岩、钾长花岗岩和花岗斑岩等。岩石化学成分特征与燕山早期花岗岩类相似。这一时期的超基性-基性侵入岩零星分布于江西、广西和东南沿海一带，主要由橄榄岩、辉长岩、辉绿岩等组成，呈岩瘤、岩脉(墙)状产出。

长江中下游地区火山活动主要在燕山晚期(早白垩世)，火山岩分布在受北北东或北西向断裂所控制的断陷盆地内。该区火山活动多属于裂隙-中心式喷发。其主要岩石组合为安山岩—粗安岩—安粗岩—粗面岩，偶尔出现响岩。但在溧水、溧阳、繁昌火山盆地内侧出现玄武岩—安山岩—英安岩—流纹岩(吴利仁，1984)。

3. 新生代岩浆岩

新生代火山岩按生成时代可划分为古近纪、新近纪和第四纪。古近纪火山岩主要分布于呈北东或北北东向展布的裂谷及一些规模不等的裂陷盆地中，以拉斑玄武岩及相应成分的火山碎屑为主。在广东三水盆地出现粗面岩、流纹岩和相应成分的碎屑岩。部分地区(如福建沿海、嘉山六合一带等)碱性玄武岩和拉斑玄武岩并存。而在闽浙地区的一些断裂带(如江山—绍兴、上虞—丽水等)则分布有碧玄岩—玻基橄辉岩—霞石玄武岩的熔岩及角砾岩。第四纪火山岩分布格局与新近纪火山岩相似，但一般火山活动强度减弱，以碱质-强碱质玄武岩为主，但在台湾北部则以安山岩为主(鄂莫岚和赵大升，1987)。

三、煤类分布特征

中国南方处在中国陆壳与印度板块、太平洋板块相互作用的前沿，因大地构造背景不同，煤变质过程差异显著。东南沿海，中生代、新生代岩浆岩几乎遍布全区，煤级主要为高变质的贫煤、无烟煤，岩浆热变质占据主导地位。

不同含煤地质时代煤的煤质、煤类差异较大(图 4.4.3)。早石炭世煤以无烟煤为主；湖南金竹山一带产无烟煤，云南明良产焦瘦煤和瘦煤是比较特殊的，早石炭世主要开采煤层为湘中测水组，其煤类分布的显著特点是大面积为单一煤类——无烟煤。

早、晚二叠世煤在华夏赋煤亚区以无烟煤占绝对优势，扬子赋煤亚区范围内滇东、黔西和川中则产炼焦煤，其他地区以无烟煤为主。

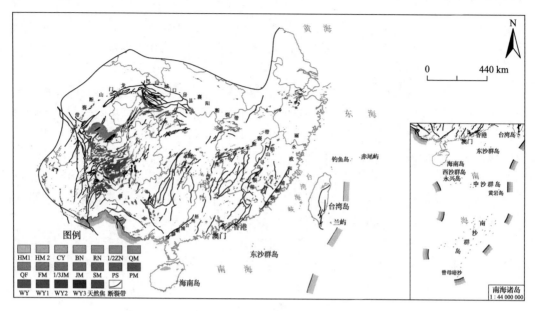

图 4.4.3　华南赋煤区煤类分布图

晚三叠世煤各种煤类均有，晚三叠含煤组段主要为须家河组，赋存于四川盆地内，煤类主要为低-中变质的气煤、肥煤、焦煤三大煤类，盆地北东和南西部分地区出现贫煤和无烟煤。

古近纪和新近纪煤多含油褐煤，仅在个别盆地(如景谷盆地、剑川双河盆地、马关盆地等)的变质程度达到长焰煤。

空间上，华夏地块(赋煤区东部)煤类以无烟煤占绝对主导，扬子地块(赋煤区西部)、云贵川地区存在部分高变质烟煤，具有由西向东变质程度逐渐增高趋势，云南东部的恩洪矿区是重要的焦煤产地，向西的六盘水煤田以瘦煤和贫煤为主，再向西则逐渐演化为以无烟煤为主。

四、构造-热演化对煤类的控制作用分析

较其他赋煤区，华南赋煤区煤变质作用最为复杂，煤类分布也最为广泛，总体以深成变质作用为主，但区域岩浆热变质作用普遍存在，部分地区存在接触变质作用。

(一)深成变质作用

华南赋煤区东部华夏地块，据杨起等(1996)对福建龙岩—永安地区煤变质过程的恢复，二叠系童子岩组煤系和三叠系文宾山组煤系最大埋深分别达到2700m和2300m，即使在较高的基本地热温度状态下，深成变质作用也只能产生中变质烟煤和低变质烟煤。

华南赋煤区西部扬子地块，构造沉降及深成变质作用与华北赋煤区相似，东部自印支晚期已出现狭长盆地分割发育，隆起单元不断扩大趋势。在湘中邵阳、涟源，二叠系

龙潭组及上覆下三叠统总厚度都不大于 2000m，在正常地温状态下，只能产生以气煤、气肥煤为主的煤。

(二)区域岩浆热变质作用

区域岩浆变质作用对华南赋煤区的影响最为显著，由前面分析可以知道，仅仅在深成变质作用下，华南赋煤区的煤类分布远远不会达到现今的变质阶段，其必然叠加了普遍的热异常。

华南赋煤区被一系列以北北东向及北东向为主体的深大断裂切割，莫霍面起伏较平缓，深部构造相对简单。但在东南地区的闽浙赣粤以及该区西缘康滇一带构造相对复杂。该区岩浆活动是中国最强烈的地区，特别是东南地区的闽浙赣粤湘等省，岩浆侵入期次多、规模大、面积广，尤以燕山期最甚。陈宗基(1983)认为，福建沿海是一个上地幔物质上涌区，在泉州-汕头断裂带上，岩浆活动始于晚三叠世，在晚侏罗世进入高潮，早白垩世减弱，以花岗岩、闪长岩和流纹岩岩浆喷发为特征；新生代以基性玄武岩岩浆喷溢或三辉橄榄岩岩浆侵入为特征，更新世有玄武岩岩浆沿断裂带南段喷溢。深部地球物理探测资料表明，泉州-汕头断裂切穿莫霍面，断裂面两侧莫霍面落差在 2km 以上，该断裂经历了自晚侏罗世以来的早期引张、大陆火山裂谷、左旋剪切挤压和后期的断块差异活动等演化过程。另外，在东南沿海还存在两条中生代晚期变质带，即福建沿海高温及中、低压变质带和粤东中、低温及中压变质带。上述特征决定了该区地温场温度较高，该区异常热叠加煤变质作用非常广泛，在东南地区的浙南、赣南、福建全境至粤东的广大地区，上二叠统龙潭组煤层除局部有少量烟煤和变质较浅的无烟煤外，几乎全为无烟煤区。燕山期岩浆活动的强度有自西向东增强的趋势，岩浆侵入对煤层的破坏亦有此规律。即使是地质时代较新的晚三叠世—早侏罗世煤，也有多处无烟煤分布。在更靠内地的湘赣一带，可见多处以岩体为中心的煤变质环带。

扬子地区的川黔滇桂一带亦出现由异常热叠加变质作用而形成的高变质煤区。这里可见多处燕山期基性浅层侵入体，并伴随有中、低温热液矿床的分布；在该地段内地壳厚度变化较大，在川中和滇西楚雄出现两个地幔隆起和两条莫霍面梯级带，一条是(四川)茂汶—康定—(云南)永胜梯级带，另一条是(贵州)安顺—(云南)普洱梯级带，这两条梯级带恰好是两条深大断裂所在位置。这些深大断裂因受印度板块与太平洋板块的影响，既有水平剪切运动，又有垂直升降运动，为深部热物质向浅部运移提供了很好的通道。据航磁、地震和钻井资料揭示，四川盆地存在多处隐伏岩体，珙县—筠连—古蔺、叙永二叠纪无烟煤带的出现，很可能与深部隐伏岩体有关。贵州六枝、水城、贵阳、桐梓、盘县等矿区二叠纪煤的煤级，存在自气煤至无烟煤的显著差异，主要是由于沿咸宁-水城断裂、乌当断裂、白马山断裂有多处隐伏岩体存在；云南二叠纪煤的变质阶段多以气煤、肥煤和焦煤为主，但由于受沿弥勒-师宗、元谋-绿汁江、程海-宾川等断裂带侵入的隐伏岩体影响，在老厂、圭山、一平浪、祥云等矿区出现煤变质作用增强的现象。正因为如此，在华南煤变质亚区的西缘，出现了近南北向展布的高变质煤带。

（三）岩浆接触变质作用

岩浆接触变质作用对华南赋煤区煤层的作用范围较小，但是造成的影响较大。华南赋煤区较为丰富的煤成石墨矿床和岩浆的侵入关系密切。例如，湖南鲁塘的石墨矿床的形成岩浆热起了重要作用。

（四）热水热液变质作用

断裂周围常常是热流体活动的重要场所，据代世峰等（2002）研究，西南地区煤中的有害元素的富集多数与后期岩浆热液活动有关，热液会通过物质交换使煤的成分发生变化，但最主要的作用是通过能量交换使煤级升高。

第五章

清洁用煤成因类型划分及时空分布

控制煤炭利用途径的影响因子主要包括煤类、煤岩和煤质特征(工艺性质是三者的综合反映)。本章进一步细化了清洁用煤类型,结合前人煤田地质和煤岩煤质的研究成果,总结了不同清洁用煤的空间(赋煤区带)、时间(赋存层位)赋存特征。按照清洁用煤主控因素,从沉积环境、泥炭沼泽类型及变质作用类型入手,采用沉积环境+泥炭沼泽类型+变质作用类型的划分及命名原则,提出了清洁用煤成因类型划分方案,划分了全国主要赋煤区主要成煤期的清洁用煤成因类型,并指出了不同清洁用煤成因类型下易形成何种类型的清洁用煤,为清洁煤炭资源的开发利用提供地质理论支撑。

第一节　清洁用煤赋存特征

一、清洁用煤类型划分

本书的清洁用煤是指可以满足液化、气化、焦化等非动力用煤转化工艺要求的煤,即液化用煤、气化用煤和焦化用煤。液化用煤是指对煤直接液化或直接加氢液化。液化用煤对煤质的主要要求是氢含量较高且煤阶较低(芳构化较低,有利于化学键的断裂)。气化用煤对煤岩煤质的要求较低,有众多气化工艺来满足不同等级的煤岩煤质,主要是要求灰分和硫分较低。焦化用煤则对煤类或煤阶要求较高,一般以焦煤、肥煤及瘦煤为主。根据清洁用煤对煤岩、煤质及煤类的要求,本书对清洁用煤类型进行了进一步的细化(图5.1.1)。

液化用煤的主要控制因素为:煤质(主要为灰分)、煤岩(活性组分镜质组+壳质组含量)、H/C原子比(主要受控于煤的成熟度,煤岩组分对其也有重要影响,一般低阶煤 H/C 原子比普遍较高)。按照煤岩、煤质及 H/C 原子比为划分因子,将液化用煤进行细化,进一步可以划分为九种小类(表5.1.1)。需要说明的是,富壳液化用煤主要是指我国特有的分布于我国华南赋煤区的树皮体残殖煤,其具有良好的液化性能(王绍清等,2018)。

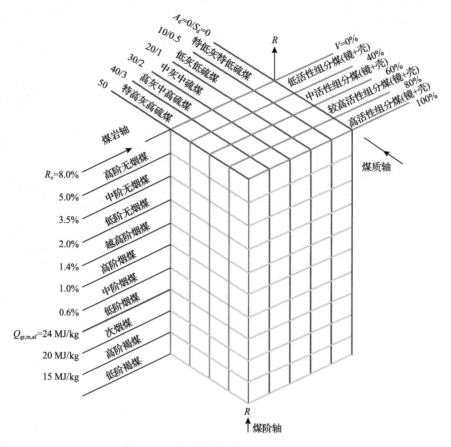

图 5.1.1 清洁用煤控制因素三维示意图

表 5.1.1 直接液化用煤细化方案

划分因子	灰分/%	H/C 原子比	壳质组+镜质组含量大于 70%		备注
			壳质组/%	镜质组/%	
特低灰-富氢-富镜	<10	>0.75	<20	>50	优质液化用煤
低灰-富氢-富镜	10~20	>0.75	<20	>50	良好液化用煤
中灰-富氢-富镜	20~30	>0.75	<20	>50	需洗选液化用煤
特低灰-较富氢-富镜	<10	>0.70	<20	>50	加氢液化用煤
低灰-较富氢-富镜	10~20	>0.70	<20	>50	加氢液化用煤
中灰-较富氢-富镜	20~30	>0.70	<20	>50	需洗选加氢液化用煤
特低灰-富氢-富壳	<10	>0.75	>20	<50	优质液化用煤
低灰-富氢-富壳	10~20	>0.75	>20	<50	良好液化用煤
中灰-富氢-富壳	20~30	>0.75	>20	<50	需洗选液化用煤

气化用煤的化工工艺发展较为多样,主要控制因素为:煤质(灰分和硫分)及煤的变质程度(具体表现为煤类)。以煤质、煤类为划分因子,将气化用煤进行细化,进一步可以划分为 18 种(表 5.1.2)。

表 5.1.2 气化用煤类型细化方案

划分因子	灰分/%	硫分/%	煤类(R_o/%)	备注
特低灰-特低硫-低变质	<10	<0.5	长焰煤、不黏煤(<0.6)	优质气化用煤
低灰-特低硫-低变质	10~20	<0.5	长焰煤、不黏煤(<0.6)	良好气化用煤
中灰-特低硫-低变质	20~30	<0.5	长焰煤、不黏煤(<0.6)	需洗选气化用煤
特低灰-低硫-低变质	<10	0.5~1.0	长焰煤、不黏煤(<0.6)	良好气化用煤
低灰-低硫-低变质	10~20	0.5~1.0	长焰煤、不黏煤(<0.6)	良好气化用煤
中灰-低硫-低变质	20~30	0.5~1.0	长焰煤、不黏煤(<0.6)	需洗选气化用煤
特低灰-中硫-低变质	<10	1.0~2.0	长焰煤、不黏煤(<0.6)	需洗选气化用煤
低灰-中硫-低变质	10~20	1.0~2.0	长焰煤、不黏煤(<0.6)	需洗选气化用煤
中灰-中硫-低变质	20~30	1.0~2.0	长焰煤、不黏煤(<0.6)	需洗选气化用煤
特低灰-特低硫-高变质	<10	<0.5	贫煤、无烟煤(>2.0)	优质气化用煤
低灰-特低硫-高变质	10~20	<0.5	贫煤、无烟煤(>2.0)	良好气化用煤
中灰-特低硫-高变质	20~30	<0.5	贫煤、无烟煤(>2.0)	需洗选气化用煤
特低灰-低硫-高变质	<10	0.5~1.0	贫煤、无烟煤(>2.0)	良好气化用煤
低灰-低硫-高变质	10~20	0.5~1.0	贫煤、无烟煤(>2.0)	良好气化用煤
中灰-低硫-高变质	20~30	0.5~1.0	贫煤、无烟煤(>2.0)	需洗选气化用煤
特低灰-中硫-高变质	<10	1.0~2.0	贫煤、无烟煤(>2.0)	需洗选气化用煤
低灰-中硫-高变质	10~20	1.0~2.0	贫煤、无烟煤(>2.0)	需洗选气化用煤
中灰-中硫-高变质	20~30	1.0~2.0	贫煤、无烟煤(>2.0)	需洗选气化用煤

焦化用煤主要控制因素为：煤质(灰分和硫分)和煤的变质程度(具体表现为煤类)。按照煤质、煤类为划分因子，将焦化用煤进行细化，进一步可以划分为 18 种(表 5.1.3)。

表 5.1.3 焦化用煤类型细化方案

划分因子	灰分/%	硫分/%	煤类(R_o/%)	备注
特低灰-特低硫-主焦	<10	<0.5	焦煤(1.4~1.6)	优质
低灰-特低硫-主焦	10~20	<0.5	焦煤(1.4~1.6)	良好
中灰-特低硫-主焦	20~30	<0.5	焦煤(1.4~1.6)	需洗选
特低灰-低硫-主焦	<10	0.5~1	焦煤(1.4~1.6)	良好
低灰-低硫-主焦	10~20	0.5~1	焦煤(1.4~1.6)	良好
中灰-低硫-主焦	10~20	0.5~1	焦煤(1.4~1.6)	需洗选
特低灰-中硫-主焦	<10	1~2	焦煤(1.4~1.6)	需洗选
低灰-中硫-主焦	10~20	1~2	焦煤(1.4~1.6)	需洗选

划分因子	灰分/%	硫分/%	煤类(R_o/%)	备注
中灰-中硫-主焦	10～20	1～2	焦煤(1.4～1.6)	需洗选
特低灰-特低硫-配焦	<10	<0.5	肥煤、瘦煤(1.1～1.4，1.6～1.7)	优质
低灰-特低硫-配焦	10～20	<0.5	肥煤、瘦煤(1.1～1.4，1.6～1.7)	良好
中灰-特低硫-配焦	20～30	<0.5	肥煤、瘦煤(1.1～1.4，1.6～1.7)	需洗选
特低灰-低硫-配焦	<10	0.5～1	肥煤、瘦煤(1.1～1.4，1.6～1.7)	良好
低灰-低硫-配焦	10～20	0.5～1	肥煤、瘦煤(1.1～1.4，1.6～1.7)	良好
中灰-低硫-配焦	10～20	0.5～1	肥煤、瘦煤(1.1～1.4，1.6～1.7)	需洗选
特低灰-中硫-配焦	<10	1～2	肥煤、瘦煤(1.1～1.4，1.6～1.7)	需洗选
低灰-中硫-配焦	10～20	1～2	肥煤、瘦煤(1.1～1.4，1.6～1.7)	需洗选
中灰-中硫-配焦	10～20	1～2	肥煤、瘦煤(1.1～1.4，1.6～1.7)	需洗选

二、东北赋煤区清洁用煤赋存特征

东北赋煤区直接液化用煤资源主要分布在内蒙古早白垩纪含煤盆地(二连-海拉尔盆地群)中。在二连盆地群中，低灰-富氢-富镜的液化用煤主要分布在白音乌拉矿区、胜利矿区、道特淖尔矿区、赛汉塔拉矿区、高力罕矿区、贺斯格乌拉矿区，中灰-富氢-富镜液化用煤主要分布在农乃庙矿区和白音华矿区，中灰-较富氢-富镜液化用煤主要分布在白彦花矿区、那仁宝力格矿区、巴彦宝力格矿区、五间房矿区、吉林郭勒矿区、霍林河矿区、准哈诺尔矿区。在海拉尔盆地群中，中灰-富氢-富镜液化用煤主要分布在五一牧场矿区，中灰-较富氢-富镜液化用煤主要分布在胡列也吐矿区、扎赉诺尔矿区、五九矿区、伊敏矿区。这些低变质褐煤具有氢含量高、挥发分高、镜质组含量高等特点，尤其是二连盆地内的诸多矿区均能够满足直接液化用煤的要求，由于灰分的限制而影响了直接液化用煤的质量。海拉尔-二连盆地群赋存了我国80%以上的褐煤量，直接液化工艺的发展对该地区煤炭工业的合理利用至关重要。

东北赋煤区气化用煤主要以流化床气化烟煤为主，其次是固定床和干煤粉气流床气化烟煤。东北赋煤区的气化用煤以低灰-特低硫/低硫低变质煤为主，主要分布在内蒙古自治区东部二连-海拉尔盆地群中，在二连盆地群中，主要分布在哈日高毕矿区、乌尼特矿区、巴彦胡硕矿区、巴其北矿区、查干淖尔矿区；在海拉尔盆地群中，主要分布在诺门罕矿区和查干淖尔矿区。

东北赋煤区焦化用煤主要分布在黑龙江省的鹤岗矿区、鸡西矿区、七台河矿区和双鸭山矿区，含煤地层均为上白垩统城子河组。鸡西矿区的煤以焦煤、1/3焦煤为主，全硫含量普遍较低，可以直接用于焦化。双鸭山矿区、鹤岗矿区的煤以气煤和1/3焦煤为主，可以作为重要的配焦用煤(图5.1.2)。

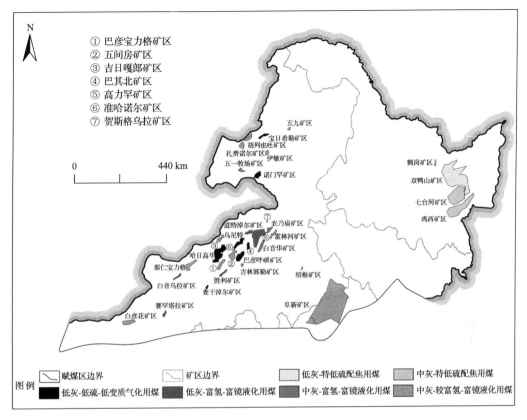

图 5.1.2　东北赋煤区国家规划矿区早白垩世清洁用煤类型分布图

三、华北赋煤区清洁用煤赋存特征

受成煤后期构造-热演化控制,华北赋煤区太原组、山西组变质程度普遍较高,因此,直接液化用煤资源较少,主要赋存于鄂尔多斯盆地中侏罗统延安组,太原组和山西组部分矿区零星赋存直接液化用煤资源。太原组液化用煤为中灰-富氢-富镜液化用煤,主要分布于鄂尔多斯盆地东北缘的河保偏矿区、府谷矿区及宁武煤田的朔南矿区(图 5.1.3)。山西组液化用煤为中灰-富氢-富镜液化用煤,主要分布于鄂尔多斯盆地东北缘的府谷矿区和宁武煤田的朔南矿区(图 5.1.4)。延安组液化用煤为低灰-富氢-富镜液化用煤,主要分布于鄂尔多斯盆地东胜矿区、陕北侏罗纪煤田的榆神矿区和榆横矿区(图 5.1.5)。

华北赋煤区的气化用煤资源主要赋存于中侏罗统延安组,山西组次之,太原组较少。太原组的气化用煤分为高变质气化用煤和低变质气化用煤。低变质气化用煤主要赋存于鄂尔多斯盆地西缘的红墩子矿区和鄂尔多斯盆地北部的准格尔矿区及大同矿区,红墩子矿区的气化用煤为低灰-中硫-低变质气化用煤,大同矿区和准格尔矿区的气化用煤为中灰-低硫-低变质气化用煤。高变质气化用煤主要分布于沁水盆地的潞安矿区、晋城矿区及阳泉矿区,潞安矿区的气化用煤为特低灰-中硫-高变质气化用煤,晋城矿区和阳泉矿区的气化用煤为低灰-中硫-高变质气化用煤(图 5.1.3)。山西组的气化用煤也分为高变质

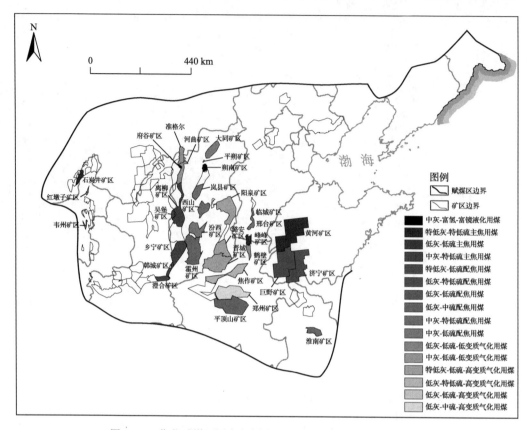

图 5.1.3　华北赋煤区国家规划矿区太原组清洁用煤类型分布图

气化用煤和低变质气化用煤。山西组的低变质气化用煤主要赋存于鄂尔多斯盆地东北部的准格尔矿区、河保偏矿区、府谷矿区及西缘的红墩子矿区。准格尔矿区、河保偏矿区及府谷矿区的气化用煤为中灰-低硫-低变质气化用煤，红墩子矿区的气化用煤为低灰-低硫-低变质气化用煤。山西组的高变质气化用煤主要分布于华北赋煤区东南部的鹤壁矿区和焦作矿区，以及中部沁水盆地的阳泉矿区和潞安矿区，鹤壁矿区和潞安矿区的气化用煤为低灰-低硫-高变质气化用煤，焦作矿区的气化用煤为特低灰-低硫-高变质气化用煤，晋城矿区和阳泉矿区的气化用煤为低灰-特低硫-高变质气化用煤(图 5.1.4)。延安组气化用煤主要为低变质气化用煤，主要分布于鄂尔多斯盆地，盆地中彬长矿区、旬耀矿区、鸳鸯湖矿区、马家滩矿区、万利矿区、塔然高勒矿区、沙井子矿区、积家井矿区、灵武矿区的气化用煤为低灰-低硫-低变质气化用煤，高头窑矿区、永陇矿区及新街矿区的气化用煤为低灰-特低硫-低变质气化用煤，黄陵矿区、神府矿区、甜水堡矿区的气化用煤为特低灰-特低硫-低变质气化用煤，华亭矿区、呼吉尔特矿区、宁正矿区及萌城矿区的气化用煤为特低灰-低硫-低变质气化用煤(图 5.1.5)。

　　华北赋煤区的焦化用煤主要赋存石炭纪—二叠纪煤层中，是我国焦化用煤的重要产地。太原组煤层黏结性较强，焦化用煤分为主焦用煤和配焦用煤。太原组主焦用煤赋存于鄂尔多斯盆地东南部的铜川矿区、韩城矿区，东部的离柳矿区和吴堡矿区，南部的

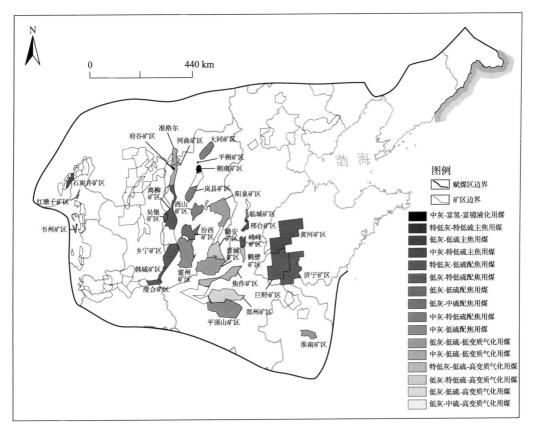

图 5.1.4　华北赋煤区国家规划矿区山西组清洁用煤类型分布图

蒲白矿区和澄合矿区，以及赋煤区中部的西山矿区和峰峰矿区。除峰峰矿区的主焦用煤为特低灰-中硫主焦用煤外，上述其余矿区的主焦用煤均为低灰-中硫主焦用煤。配焦用煤主要赋存于赋煤区中部和中东部的临城矿区、汾西矿区、邢台矿区、霍州矿区及鄂尔多斯盆地西缘的韦州矿区。除邢台矿区的配焦用煤为特低灰-中硫配焦用煤外，上述其余矿区的配焦用煤为低灰-中硫-配焦用煤(图 5.1.3)。山西组主焦用煤分布于鄂尔多斯盆地东部的澄合矿区、离柳矿区、乡宁矿区、韩城矿区、吴堡矿区、鄂尔多斯盆地西缘的石炭井矿区及赋煤区中部的峰峰矿区和黄河北矿区，其中，吴堡矿区和石炭井矿区为中灰-特低硫主焦用煤，黄河北矿区为特低灰-特低硫主焦用煤，其余矿区为低灰-低硫主焦用煤。山西组的配焦用煤分布于赋煤区中部和东部的平朔矿区、西山矿区、岚县矿区、大同矿区、汾西矿区、霍州矿区及鄂尔多斯盆地西缘的韦州矿区，赋煤区东部的济宁矿区、邢台矿区、临城矿区、巨野矿区，赋煤区南部的平顶山矿区和淮南矿区，其中，特低灰-中硫配焦用煤赋存于济宁矿区和巨野矿区，低灰-特低硫配焦用煤赋存于邢台矿区，低灰-低硫配焦用煤赋存于韦州矿区、临城矿区、汾西矿区，低灰中硫配焦用煤赋存于霍州矿区、淮南矿区及平顶山矿区，中灰-特低硫配焦用煤分布于平朔矿区、西山矿区、岚县矿区，中灰-低硫配焦用煤分布于大同矿区(图 5.1.4)。

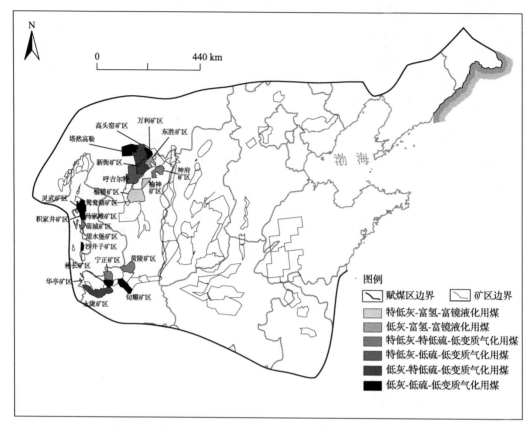

图 5.1.5　华北赋煤区国家规划矿区延安组清洁用煤类型分布图

四、西北赋煤区清洁用煤赋存特征

西北赋煤区早—中侏罗世液化用煤资源不丰富，主要分布在准南地区的硫磺沟矿区、玛纳斯矿区，吐哈盆地的艾丁湖矿区、三塘湖矿区、克尔碱矿区，其主要为低灰-富氢-富镜液化用煤(图 5.1.6、图 5.1.7)。

西北赋煤区气化用煤类型有特低灰-特低硫-低变质气化用煤、低灰-特低硫-低变质气化用煤、特低灰-低硫-低变质气化用煤和低灰-低硫-低变质气化用煤。早侏罗世气化用煤为低灰-特低硫-低变质气化用煤，主要分布在吐哈盆地淖毛湖矿区和大南湖矿区、准噶尔盆地北缘和什托洛盖矿区、准噶尔盆地南部四棵树矿区和阜康矿区、伊犁盆地伊宁矿区。中侏罗世低灰-特低硫-低变质气化用煤主要分布在准噶尔盆地南缘昌吉白杨河矿区、四棵树矿区、沙湾矿区、硫磺沟矿区、尼勒克矿区、准噶尔盆地东部的西黑山矿区、吐哈盆地内的库木塔格矿区和大南湖矿区、伊犁盆地内的伊宁矿区。中侏罗世的特低灰-特低硫-低变质气化用煤主要分布在准噶尔盆地东部的将军庙矿区、大井矿区、老君庙矿区及吐哈盆地三道岭矿区。中侏罗世的特低灰-低硫-低变质气化用煤主要分布在准噶尔盆地东部五彩湾矿区。中侏罗世的低灰-低硫-低变质气化用煤主要分布在赋煤区南部的鱼卡矿区、木里矿区及伊犁盆地南部的昭苏矿区(图 5.1.6、图 5.1.7)。

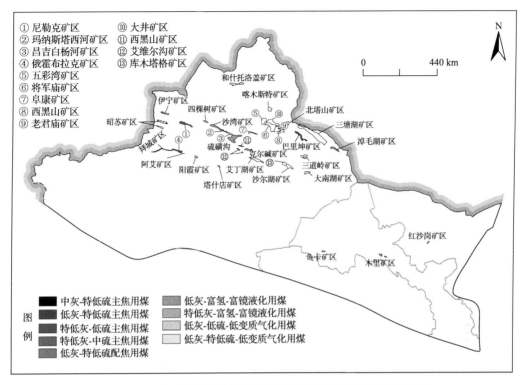

图 5.1.6　西北赋煤区国家规划矿区早侏罗世清洁用煤类型分布图

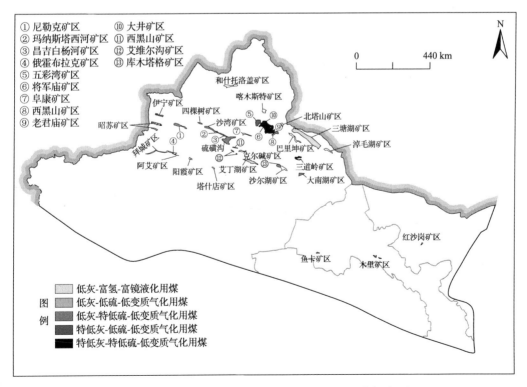

图 5.1.7　西北赋煤区国家规划矿区中侏罗世清洁用煤类型分布图

西北赋煤区焦化用煤主要来源于早侏罗世煤，主要分布在准噶尔盆地南缘尼勒克矿区和艾维尔沟矿区、准噶尔盆地东部巴里坤矿区，塔里木盆地拜城矿区、阿艾矿区及俄霍布拉克矿区。其中，尼勒克矿区和巴里坤矿区为低灰-特低硫配焦用煤，艾维尔沟矿区为中灰-特低硫配焦用煤，拜城矿区为特低灰-低硫主焦用煤，阿艾矿区为中灰-特低硫主焦用煤，俄霍布拉克矿区为低灰-特低硫主焦用煤(图5.1.6、图5.1.7)。

五、华南赋煤区清洁用煤赋存特征

华南赋煤区内发育多期含煤地层，其中以晚二叠世为主。本节介绍华南赋煤区晚二叠世不同清洁用煤的分布。

华南赋煤区晚二叠世清洁用煤类型主要为高变质气化用煤和主焦用煤。气化用煤分布在西部云南、贵州及四川三省区，包括贵州省普兴矿区、织纳矿区、黔北矿区、六枝黑塘矿区、盘江矿区，四川省古叙矿区和筠连矿区。由于云贵川地区龙潭组煤普遍具有高灰分、高硫分、低二氧化碳反应性、高灰熔融性等特征，主要适合干煤粉气流床气化。黔北矿区煤为低灰-中硫-高变质气化用煤，织纳矿区和古叙矿区为低灰-特低硫-高变质气化用煤，筠连矿区为中灰-低硫-高变质气化用煤，普兴矿区为特低灰-中硫-高变质气化用煤。

华南赋煤区主焦用煤主要分布在贵州六盘水煤田水城矿区和六枝黑塘矿区、盘江矿区和云南省恩洪矿区。该区煤以焦煤、瘦煤为主，尽管原煤灰分和全硫含量高，洗选后，灰分和硫分大幅度降低，可以达到焦化用煤指标。其中，盘江矿区和六枝黑塘矿区煤为低灰-低硫主焦用煤，恩洪矿区为低灰-特低硫主焦用煤，水城矿区为中灰-低硫主焦用煤(图5.1.8)。

第二节 清洁用煤控制因素的差异性

我国成煤作用时间(煤系)长、空间(赋煤区)广，四大赋煤区(滇藏赋煤区除外)在沉积环境、构造演化等方面的差异明显，致使各赋煤区煤岩煤质及煤变质的差异明显(邵龙义等，2017)，这是造成我国清洁用煤时空分布复杂的根本原因。

一、沉积环境差异

我国成煤作用时空广，成煤模式多样。华北石炭纪——二叠纪成煤多为障壁岛海岸及河流三角洲成煤模式，南方晚二叠世多为三角洲——潮坪——碳酸盐岩台地成煤模式，西北侏罗纪多为河湖三角洲成煤模式，东北白垩纪多为断陷湖盆成煤模式。不同沉积模式下煤岩煤质发育特征具有各自特点，对清洁用煤的利用途径有重要影响(表5.2.1)。

晚古生代，我国的石炭系——二叠系发育良好，分布广泛，沉积环境复杂。主要含煤地层分布于华北赋煤区、华南赋煤区、西北赋煤区及滇藏赋煤区，其中西北和滇藏赋煤区的含煤性差，多不可采。早石炭世主要聚煤作用发生于南方地区，形成了海陆过渡相的重要含煤地层测水组。而华北地区在该阶段则一直为隆升状态，处于夷平阶段，泥盆纪裸蕨植物丰富，为后期聚煤作用提供了物质基础。晚石炭世华北地区处于海侵阶段，

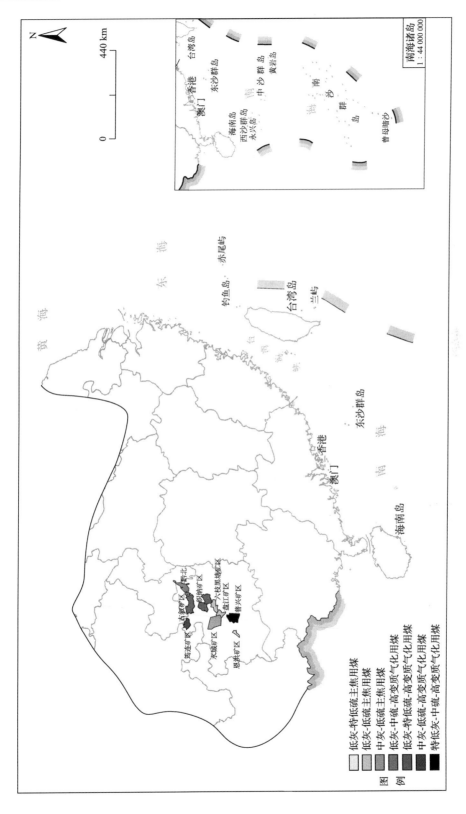

图5.1.8　华南赋煤区国家规划矿区上二叠统龙潭组清洁用煤类型全区分布图

表 5.2.1 四大赋煤区沉积环境差异对比

赋煤区	东北赋煤区	华北赋煤区	西北赋煤区	华南赋煤区
主要含煤地层	下白垩统	上石炭统—下二叠统、中侏罗统	早—中侏罗统	上二叠统
成煤组段	城子河组(沙河子组、大磨拐河组、沙海组)、穆棱组(营城组、伊敏组、阜新组)	太原组、山西组、延安组(大同组)	八道湾组、西山窑组	龙潭组、宣威组、长兴组
沉积环境	湖泊三角洲、河控三角洲、滨浅湖	太原组:北部,河流三角洲;南部,潟湖—潮坪—障壁岛。山西组:河流三角洲相。延安组:河流—湖泊三角洲	湖泊三角洲相、河控三角洲	康滇和华夏古陆之间沉积环境对称分布,三角洲—潮坪—碳酸盐岩台地相
煤岩煤质特征	以半亮煤为主,多为低中灰煤,低硫-低中硫煤;东部亚区受海水影响,硫分较高	太原组煤镜质组含量较高(60%~85%),山西组镜质组含量降低。延安组煤惰质组含量高(40%~90%)。太原组以中硫煤为主;山西组和延安组硫分较低	以半亮型-半暗型以及暗淡型煤为主,惰质组含量高,低灰低硫	以镜质组为主(60%~90%),灰分以中高灰为主,高灰煤次之。晚二叠世煤以中高硫煤和高硫煤为主
煤类特征	东部赋煤亚区以气煤为主,中部和西北赋煤亚区以褐煤为主	石炭纪—二叠纪煤层以中高变质程度烟煤为主,侏罗世煤层以长焰煤为主	以长焰煤和不黏煤占绝对优势	以中高变质烟煤和无烟煤为主

发育本溪组、太原组下段含煤地层,华南地区则进入了整体均匀沉降的阶段,海水逐渐扩展到了华南的大部分地区。晚石炭世末期,受柳江运动影响,海水从华南的很多地方退出,造成了晚石炭世和早二叠世之间的沉积阶段,并发育了梁山煤系。晚石炭世到早—中二叠世主要聚煤作用发生于北方地区,华北赋煤区处于海侵阶段,发育本溪组、太原组下段含煤地层。早二叠世早期,华北盆地海侵范围扩大,北部以河流三角洲沉积为主,向南逐渐过渡为潟湖-潮坪-障壁岛环境,障壁岛为隔绝海水和潟湖起了重要作用。早二叠世晚期,北方发生大规模的海退,华北地区开始转移为内陆开阔盆地,发育了山西组含煤地层。中二叠世大致保持了早二叠世的古地理基本格局和海侵方向,海侵海退交替发生,总体趋势为海退发展,此时华北盆地物源为北部阴山古陆和南部秦岭中条山古陆,东南部有海水分布,由于受海退影响,聚煤中心向南迁移,盆地东南部(豫东、徐州、两淮等地)为近海盆地,发育过渡相的河流三角洲沉积体系,其中三角洲平原及三角洲前缘含煤性较好,形成中二叠世聚煤赋煤带。同期,华南地区发生均匀沉降,海水侵入,聚煤作用微弱(韩德馨和杨起,1980;中国煤炭地质总局,2016)。晚二叠世,聚煤作用主要发生于南方地区,康滇和华夏古陆之间沉积环境对称分布,主要发育三角洲-潮坪-碳酸盐岩台地等沉积相。而在这一时期内,华北地区主要发生碎屑沉积,聚煤作用微弱。

中生代,聚煤时期主要为晚三叠世、早—中侏罗世和早白垩世。其中西北赋煤区主要发育早—中侏罗世含煤地层,以发育大型内陆含煤盆地及山间含煤盆地为特征。华北赋煤区主要发育晚三叠世(瓦窑堡组)和中侏罗世含煤地层(延安组),以发育大型内陆含煤盆地和山间含煤盆地为特征;东北地区主要发育早—中侏罗世、早白垩世含煤地层,其中早—中侏罗世除了黑龙江东部有海陆交互相沉积,其余地区皆为陆相沉积。东北赋煤区的西部区含煤岩系主要发育河流沉积体系和湖泊沉积体系,在稳定的湖泊淤浅的基础上发育厚层煤层。中部区的松辽盆地群的各含煤盆地主要沉积类型为扇三角洲相和河流相；东部区的三江-穆棱盆地群在聚煤期受海水影响，但是仍然以陆相泥炭沼泽环境为主(中国煤田地质总局，1996)。

新生代，含煤地层均为陆相沉积，可以分为东北含煤地层区和华南含煤地层区。其中古近纪东北地区以鸡西盆地最为典型，盆地东缘山地发育冲积扇，向西过渡为三角洲平原，盆地西南部发育滨浅湖沉积；华南地区以百色盆地最为典型，为一套河流-三角洲沉积体系，新近纪在华南地区以昭通盆地最为典型，为一套湖泊河流相沉积体系。

二、构造-热演化差异

不同的大地构造运动阶段以及各阶段构造演化的差异，决定了晚古生代、中生代、新生代三大聚煤阶段聚煤盆地类型和聚煤特征的差别(张双全等，2013)。实际上，聚煤盆地的形成、演化、分布就是地质构造发展演化的阶段性产物(图5.2.1)。

(1)海西期，中国境内由北向南存在古亚洲洋和古特提斯南、北分支以及由此分隔的西伯利亚-蒙古、塔里木-华北、华南、冈瓦纳四个聚煤域，属于板块发展阶段。该期聚煤盆地主要有克拉通、裂陷、主动和被动陆缘等盆地类型，分别以华北、桂湘赣、扬子西缘盆地为代表，其中以前二者更为重要。晚海西期，伴随古亚洲洋的封闭和西伯利亚-蒙古、塔里木-华北两大聚煤域的拼合，形成了规模宏大的中国北部大陆，使存在于古亚洲洋南、北两岸的与活动大陆边缘相关的陆缘盆地消失，而代之以山间盆地。华南聚煤盆地基底的差异和构造分异作用，可进一步划分为扬子克拉通、华南裂陷亚盆地。

(2)印支运动阶段，北方古板块与华南古板块全面对接，古特提斯洋的最终消失，中国大陆初步形成。除西南之外，中国大陆进入统一的板内活动阶段，陆内造山活动强烈，并占主导地位，与此同时，太平洋-库拉板块开始向欧亚大陆俯冲。晚三叠纪于上扬子、华北西部和塔里木盆地发生聚煤作用，晚古生代煤系遭受改造，华南于印支早期发生局部裂陷伸展滑覆，晚期逆冲推覆；华北煤盆地受周缘板块持续活动控制，发生褶皱断裂。

(3)燕山运动期，可分为早燕山阶段和晚燕山阶段。早燕山阶段，库拉-太平洋板块与欧亚板块的强烈作用形成东亚构造岩浆岩带，中国大陆解体，西北地区造山期后伸展。晚燕山阶段，亚洲大陆东部裂解，西北进入陆内造山体制。早—中侏罗世聚煤作用广泛发生于华北、西北和上扬子地区，鄂尔多斯和四川盆地继承性发育大型波状拗陷，西北赋煤构造区主要为伸展背景控制下的大型泛湖盆古构造格局。晚侏罗世—早白垩世，煤系分布较局限，只在东北-内蒙古东部发育小型断陷聚煤盆地群。燕山期构造运动对我国煤系的改造作用最严重。东部受太平洋地球动力学体系控制，煤系发生明显构造变形，变形强度由东向西递减；华南赋煤构造区以深层次拆离控制下的复杂叠加型滑脱构造广泛发育为特征；华北赋煤构造区受周缘活动带陆内造山控制，形成同心环带变形分区的结构；西北赋煤构造区成煤盆地于晚中生代开始构造正反转。

(4)喜马拉雅期，新特提斯洋的封闭形成中国统一大陆，奠定了现今中国大陆的基本面貌，该期以发育为数众多的小型断陷、拗陷和走滑拉分聚煤盆地为特点，主要分布于东北及西南一带。

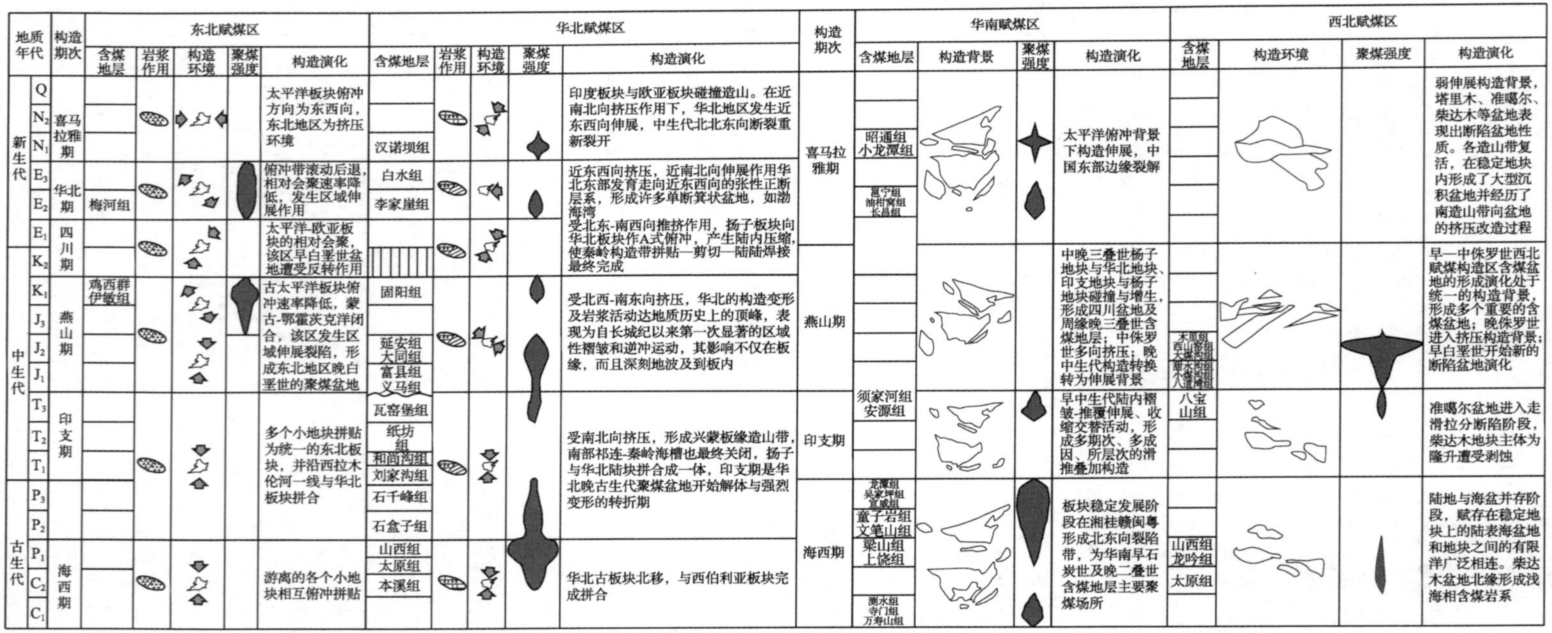

图 5.2.1 我国四大赋煤区构造热演化差异对比（据曹代勇等，2018，有修改）

我国不同煤系，不同赋煤区经历复杂多样的后期构造演化，造成我国煤类在时间和空间上分布的复杂性，对我国清洁用煤的利用产生了决定性的影响。晚古生代，华北赋煤区的煤类分布为两个贫煤-无烟煤带(豫西-皖北高变质带和山西阳泉-陕北韩城高变质带)和四个中变质带(冀鲁豫中变质带、平顶山-淮南中变质带、鄂尔多斯盆地东缘和西北缘中变质带)(中国煤炭地质总局，2016)。华南赋煤区受岩浆热叠加变质作用的影响，煤的变质程度较高。中生代，东北赋煤区早白垩世煤多为褐煤，三江-穆棱含煤区因受岩浆影响，出现变质程度较高的中变质烟煤。华北赋煤区，鄂尔多斯盆地东胜和神府煤田煤类以不黏煤、弱黏煤和长焰煤为主，黄陇侏罗纪煤田煤类主要为长焰煤、不黏煤、弱黏煤及少量气煤。宁夏煤类丰富，低变质烟煤占绝对优势，贺兰山煤田的汝箕沟矿区为无烟煤。陕北三叠纪煤田瓦窑堡组主要可采煤层以气煤为主。华南地区，四川盆地上三叠统煤类主要为肥煤、焦煤(中侏罗世煤为无烟煤，早白垩世煤为长焰煤-无烟煤，非主要)。四川境内晚三叠世炼焦用煤主要分布于攀枝花、广旺等地(杨起等，1996)。新生代，东北和华北赋煤区的古近纪和新近纪煤多为褐煤。

三、各因素控制的煤岩煤质煤类差异

为了对比分析受不同控制因素影响下的各赋煤区煤岩煤质差异，通过对各主要赋煤区煤岩煤质的统计，总结我国煤岩煤质煤类特征(图5.2.2、图5.2.3)，在此基础上，分析沉积环境、泥炭沼泽环境及构造-热演化等因素控制下煤岩、煤质及煤类的差异性。

东北赋煤区早白垩世鹤岗煤田成煤盆地为断陷盆地，主要泥炭沼泽环境为湖泊三角洲，该构造-沉积背景下形成的泥炭沼泽多为还原性较强的潮湿森林沼泽，致使形成煤的

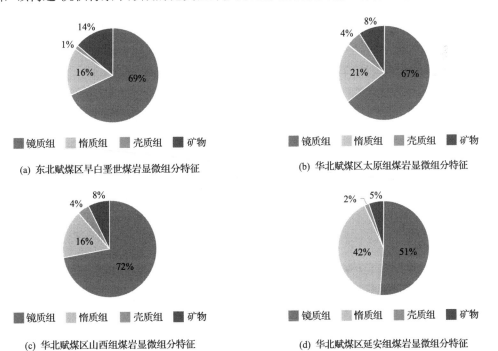

(a) 东北赋煤区早白垩世煤岩显微组分特征

(b) 华北赋煤区太原组煤岩显微组分特征

(c) 华北赋煤区山西组煤岩显微组分特征

(d) 华北赋煤区延安组煤岩显微组分特征

(e) 西北赋煤区早中侏罗世煤岩石显微组分特征   (f) 华南赋煤区晚二叠世煤岩显微组分特征

图 5.2.2　四大赋煤区各主要成煤组段煤岩特征

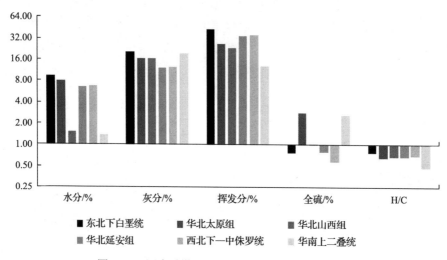

图 5.2.3　四大赋煤区各主要成煤组段煤质特征对比

煤岩煤质具有以下特征：显微煤岩组分以镜质组含量占绝对优势(80%以上)，特别是煤层的中下部，惰质组含量通常不足 5%，煤层上部惰质组含量相对有所增加，但是多在10%左右。煤中灰分含量相对较高，采样点的硫分含量较低，通常不足 1%，有机硫和黄铁矿硫含量相当。东部区在煤化作用过程中，煤层不仅受到深成变质作用的影响，还因断裂导通作用而叠加了岩浆热的影响，煤层多达到了气肥煤变质阶段，超过了仅仅受深成变质作用控制下的早白垩世褐煤变质作用阶段。

　　华北赋煤区石炭纪—二叠纪煤层成煤盆地为克拉通盆地，成煤区域主要为滨岸地带，太原组泥炭沼泽环境主要为潮控三角洲，山西组成煤环境主要为河控三角洲，该构造-沉积背景下形成的泥炭沼泽多为还原性较强的潮湿森林沼泽，显微煤岩组分中，镜质组含量高于惰质组，镜质组含量多为 50%～70%，惰质组含量多为 30%～40%，壳质组含量较少，多在 5%以下(除华北南部壳质组含量相对较高，可达到 10%左右)。华北赋煤区晚石炭世—早二叠世煤层多在深成变质作用的基础上叠加岩浆热影响，以叠加变质作用为主，变质程度多达到了中高变质阶段，沁水盆地、鄂尔多斯盆地南缘和豫北地区以无烟煤为主。中侏罗统延安组煤层除了个别地区(如鄂尔多斯盆地西缘汝箕沟矿区，受岩浆热叠加,形成无烟煤),绝大部分地区的煤层受深成变质作用的控制,处于长焰煤和不黏煤变质阶段。

西北赋煤区早—中侏罗世煤层成煤盆地主要为山间盆地,泥炭沼泽环境主要为湖泊三角洲,该构造-沉积背景下形成的泥炭沼泽多为弱还原性的潮湿-干燥森林沼泽,泥炭化过程中丝炭化作用较强,惰质组含量较高(50%以上),较弱的还原性反映泥炭沼泽水源补给匮乏,外来碎屑物质较少,煤中矿物成分含量低,灰分一般低于10%。西北赋煤区煤的变质作用类型相对简单,早—中侏罗世煤层绝大部分矿区受深成变质作用的控制,处于长焰煤和不黏煤变质阶段。

华南赋煤区上二叠统龙潭组煤层成煤盆地为克拉通盆地,泥炭沼泽环境主要为潮控三角洲,该构造-沉积环境背景下形成的泥炭沼泽多为潮湿森林沼泽,显微煤岩组分以镜质组为主,惰质组次之。部分矿区受海水的影响,煤中硫分含量相对较高。受燕山期岩浆活动影响(东部强于西部,南部强于北部),华南赋煤区煤的变质程度相对较高,绝大多数煤层达到了中高变质烟煤阶段。上二叠统龙潭组煤层多达到了无烟煤变质阶段。

第三节　清洁用煤成因类型划分及时空分布

一、清洁用煤成因类型划分

液化用煤对煤岩煤质的要求较为苛刻,最关键的因素是氢含量要较高,需要其原生成煤条件中凝胶化作用较强,显微煤岩组分中镜质组含量较高。同时,由于煤化作用过程是一个去氢、富碳的过程,因此,液化用煤为低变质程度的煤,一般只经历了深成变质作用,煤类为褐煤、长焰煤、不黏煤、弱黏煤等。

焦化用煤需要较好的黏结性和结焦性,一般硫含量低的中变质程度的烟煤较容易形成焦化用煤。

气化用煤的要求较为宽泛,不同的气化工艺可以适用不同的原料煤。变质程度较高的贫煤、无烟煤和变质程度较低的不适合直接液化的褐煤、长焰煤、不黏煤、弱黏煤、气煤等都可以用来气化。

由于沉积环境、泥炭沼泽类型和煤化作用影响煤的组成(三大显微煤岩组分、矿物含量、元素等)和结构,控制着煤的物理和化学性质,进而影响其利用方式。因此,采用沉积环境、泥炭沼泽类型和变质作用类型三因素划分清洁用煤的成因类型(图5.3.1)。

(一)沉积环境

不同成煤时代和成煤盆地的成煤环境和成煤模式不同。我国四大赋煤区主要成煤期的成煤环境主要有河流、滨浅湖、河控三角洲、湖泊三角洲、潮控三角洲、障壁海岸等。不同的成煤沉积环境控制着煤的煤岩、煤质特征。

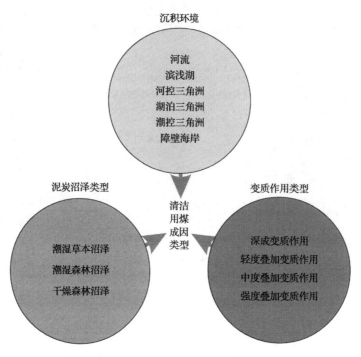

图 5.3.1 清洁用煤成因类型划分因素示意图

(二)泥炭沼泽类型

不同时代煤的泥炭沼泽类型主要有潮湿草本沼泽(低位沼泽)、潮湿森林沼泽和干燥森林沼泽。需要说明的是,沼泽发育初期,地下水补给充沛,沼泽处于富营养阶段,易生长芦苇等草本成煤植物;沼泽发育到中后期,水源补给减弱,成煤沼泽演化为高大的木本成煤沼泽,所以一般不存在干燥草本沼泽类型。

泥炭沼泽演化过程,木本植物由岸边向中心推进,水生草本植物则发育在水体较深的沼泽,凝胶化作用较强,且草本植物的氢含量较木本植物高,成煤物质中还会有富氢的低等水生生物的输入,众多因素综合作用下易形成富氢的煤层,更有利于液化(图 5.3.2)。

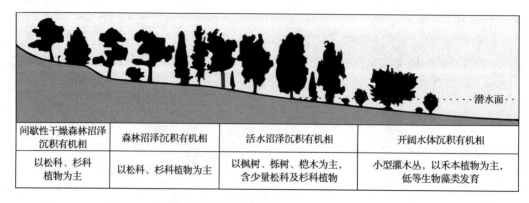

图 5.3.2 泥炭沼泽不同位置植物类型发育特征(焦养泉等, 2015)

（三）变质作用类型

煤深成变质作用具有普遍性，但在煤的后期演化过程中，常在此基础上叠加其他类型的变质作用，从而使其在深成变质作用过程中形成的煤级进一步提高。其中，区域岩浆热变质作用是主要的叠加热源。根据深成变质作用强弱程度、是否存在叠加热源及叠加热源是否强烈三个要素，将变质作用类型划分为两大类：深成变质作用和叠加变质作用，可进一步划分为四小类，即深成变质作用、轻度叠加变质作用、中度叠加变质作用和强烈叠加变质作用。杨起等（1996）对我国主要矿区的煤变质作用做了较为全面的研究，本书关于煤层的变质作用类型的确定，主要参考其研究成果。

在上述研究的基础上，按照清洁用煤主控因素，从沉积环境、泥炭沼泽类型及变质作用类型入手，采用沉积环境+泥炭沼泽类型+变质作用类型的划分及命名原则提出了清洁用煤成因类型划分方案，划分了清洁用煤成因类型，并指出了不同清洁用煤成因类型下易形成何种类型的清洁用煤（图 5.3.3）。

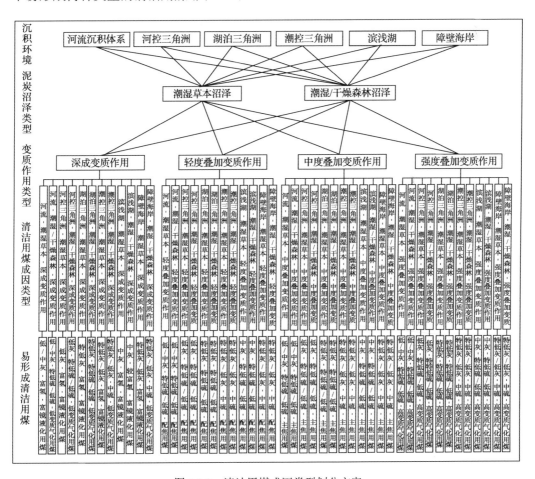

图 5.3.3　清洁用煤成因类型划分方案

二、清洁用煤成因类型分布

（一）东北赋煤区

依据清洁用煤成因类型划分方案，根据前述确定的东北赋煤区早白垩世沉积环境、泥炭沼泽类型和变质作用类型，对东北赋煤区早白垩世煤的 32 个国家规划矿区划分了清洁用煤成因类型（表 5.3.1，图 5.3.4），包含河控三角洲-潮湿森林沼泽-轻度叠加变质型、滨浅湖-潮湿森林沼泽-轻度叠加变质型、河控三角洲-潮湿草本沼泽-深成变质型、滨浅湖-潮湿草本沼泽-深成变质型、滨浅湖-潮湿森林沼泽-深成变质型、河控三角洲-潮湿森林沼泽-深成变质型六种成因类型。

表 5.3.1　东北赋煤区主要矿区早白垩世清洁用煤成因类型划分

矿区名称	清洁用煤成因类型	清洁用煤类型	
双鸭山	河控三角洲-潮湿森林沼泽-轻度叠加变质型	焦化用煤	低灰-特低硫配焦用煤
鹤岗			
七台河	滨浅湖-潮湿森林沼泽-轻度叠加变质型		中灰-特低硫配焦用煤
鸡西			
白音乌拉	河控三角洲-潮湿草本沼泽-深成变质型	液化用煤	低灰-富氢-富镜液化用煤
胜利			
道特淖尔			
赛汉塔拉			
高力罕			
贺斯格乌拉			
五一牧场	滨浅湖-潮湿草本沼泽-深成变质型		中灰-富氢-富镜液化用煤
农乃庙			
白音华			
五间房	滨浅湖-潮湿森林沼泽-深成变质型		中灰-较富氢-富镜液化用煤
阜新			
伊敏			
吉林郭勒			
胡列也吐			
扎赉诺尔			
绍根			
那仁宝力格			
巴彦宝力格			
准哈诺尔			
霍林河			
白彦花			

矿区名称	清洁用煤成因类型	清洁用煤类型	
哈日高毕			
宝日希勒			
乌尼特			
巴其北	河控三角洲-潮湿森林沼泽-深成变质型	气化用煤	低灰-低硫-低变质气化用煤
巴彦胡硕			
诺门罕			
查干淖尔			

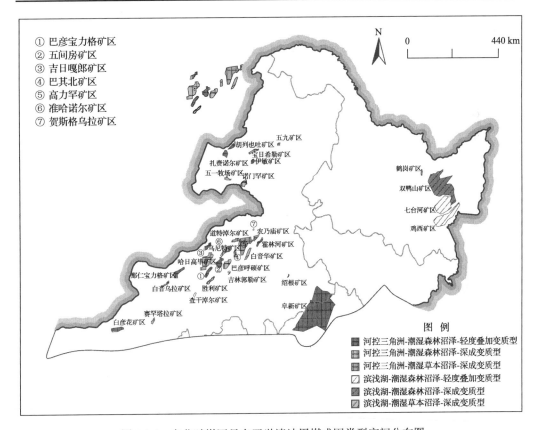

图 5.3.4 东北赋煤区早白垩世清洁用煤成因类型空间分布图

(1)河控三角洲-潮湿森林沼泽-轻度叠加变质型清洁用煤分布于赋煤区东部的双鸭山矿区和鹤岗矿区。成煤沉积环境为河控三角洲沉积体系,煤中灰分和硫分含量较低。主要成煤泥炭沼泽类型为潮湿森林沼泽,煤中镜质组含量较高。后期煤化作用以轻度叠加变质作用为主,煤类以肥煤、1/3 焦煤为主。该类型下易形成低灰-特低硫-配焦用煤。

(2)滨浅湖-潮湿森林沼泽-轻度叠加变质型清洁用煤分布于赋煤区东部的七台河

矿区和鸡西矿区。成煤沉积环境为滨浅湖沉积体系，煤中灰分含量中等，硫分含量较低。主要成煤泥炭沼泽类型为潮湿森林沼泽，煤中镜质组含量较高。后期煤化作用以轻度叠加变质作用为主，煤类以肥煤、1/3 焦煤为主。该类型下易形成中灰-特低硫-配焦用煤。

(3) 河控三角洲-潮湿草本沼泽-深成变质型清洁用煤分布于赋煤区西部的二连盆地群内，包括白音乌拉矿区、胜利矿区、道特淖尔矿区、赛汉塔拉矿区、高力罕矿区、贺斯格乌拉矿区。成煤沉积环境为河控三角洲沉积体系，靠近沉积中心，煤中灰分和硫分含量较低。主要成煤泥炭沼泽类型为潮湿草本沼泽，煤中氢含量高，镜质组含量较高。后期煤化作用以深成变质作用为主，煤类以褐煤、长焰煤和不黏煤为主。该类型下易形成低灰-富氢-富镜液化用煤。

(4) 滨浅湖-潮湿草本沼泽-深成变质型清洁用煤分布于赋煤区西部的二连盆地群内的农乃庙矿区和白音华矿区，以及赋煤区西部的海拉尔盆地群内的五一牧场矿区。成煤沉积环境为滨浅湖沉积，煤中灰分含量中等。主要成煤泥炭沼泽类型为潮湿草本沼泽，氢含量高，镜质组含量较高。后期煤化作用以深成变质作用为主，煤类以褐煤为主。该类型下易形成中灰-富氢-富镜液化用煤。

(5) 滨浅湖-潮湿森林沼泽-深成变质型清洁用煤分布于二连盆地群内的白彦花矿区、那仁宝力格矿区、巴彦宝力格矿区、五间房矿区、吉林郭勒矿区、霍林河矿区和准哈诺尔矿区，以及赋煤区西部的海拉尔盆地群内的胡列也吐矿区、扎赉诺尔矿区、五九矿区和伊敏矿区。成煤沉积环境为滨浅湖沉积体系，煤中灰分含量中等。主要成煤泥炭沼泽类型为潮湿森林沼泽，镜质组含量较高。后期煤化作用以深成变质作用为主，煤类以褐煤为主。该类型下易形成中灰-较富氢-富镜液化用煤。

(6) 河控三角洲-潮湿森林沼泽-深成变质型清洁用煤分布于二连盆地群内的哈日高毕矿区、乌尼特矿区、巴彦胡硕矿区、巴其北矿区和查干淖尔矿区，海拉尔盆地群内的诺门罕矿区和查干淖尔矿区。成煤沉积环境为河控三角洲沉积体系，靠近物源区，煤中灰分和硫分含量较高。主要成煤泥炭沼泽类型为潮湿森林沼泽，镜质组含量较高，后期煤化作用以轻度叠加变质作用为主，煤类以气煤和肥煤为主。该类型下易形成低灰-低硫-低变质气化用煤。

(二) 华北赋煤区

1. 太原组

依据清洁用煤成因类型划分方案，根据前述确定的华北赋煤区太原组沉积环境、泥炭沼泽类型和变质作用类型，对华北赋煤区太原组煤的 24 个规划矿区划分了清洁用煤成因类型 (表 5.3.2，图 5.3.5)，包含潮控三角洲-潮湿森林沼泽-中度叠加变质型、障壁海岸-潮湿森林沼泽-中度叠加变质型、障壁海岸-潮湿森林沼泽-轻度叠加变质型、潮控三角洲-潮湿草本沼泽-深成变质型、障壁海岸-潮湿森林沼泽-深成变质型、障壁海岸-潮湿森林沼泽-强度叠加变质型、河流-潮湿森林沼泽-深成变质型七种成因类型。

表 5.3.2 华北赋煤区国家规划矿区太原组清洁用煤成因类型划分

矿区名称	清洁用煤成因类型	清洁用煤类型	
铜川	潮控三角洲-潮湿森林沼泽-中度叠加变质型	焦化用煤	低灰-中硫主焦用煤
韩城			
蒲白			
澄合			
峰峰	障壁海岸-潮湿森林沼泽-中度叠加变质型		特低灰-中硫主焦用煤
离柳			低灰-中硫主焦用煤
吴堡			
西山			
邢台	障壁海岸-潮湿森林沼泽-轻度叠加变质型		特低灰-中硫配焦用煤
霍州			低灰-中硫配焦用煤
汾西			
临城			
济宁			
巨野			
韦州			
河保偏	潮控三角洲-潮湿草本沼泽-深成变质型	液化用煤	低灰-富氢-富镜液化用煤
朔南			
府谷			
红墩子	障壁海岸-潮湿森林沼泽-深成变质型	气化用煤	低灰-中硫-低变质气化用煤
潞安	障壁海岸-潮湿森林沼泽-强度叠加变质型		特低灰-中硫-高变质气化用煤
晋城			低灰-中硫-强变质气化用煤
阳泉			
大同	河流-潮湿森林沼泽-深成变质型		中灰-低硫-低变质气化用煤
准格尔			

(1)潮控三角洲-潮湿森林沼泽-中度叠加变质型清洁用煤较少,分布于鄂尔多斯盆地东南部的铜川矿区、韩城矿区、蒲白矿区及澄合矿区。成煤沉积环境为潮控三角洲沉积体系,灰分含量较低,硫分含量较高,泥炭沼泽类型为潮湿森林沼泽,煤中镜质组含量较高。后期煤化作用为中度叠加变质作用,煤类以焦煤为主。该类型下易形成低灰-中硫主焦用煤。

(2)障壁海岸-潮湿森林沼泽-中度叠加变质型清洁用煤分布于赋煤区中部的峰峰矿区、离柳矿区、吴堡矿区及西山矿区。成煤沉积环境为障壁岛海岸沉积环境,煤中灰分含量低,受海水影响硫分较高。泥炭沼泽类型为潮湿森林沼泽,煤中镜质组含量较高。后期煤化作用为中度叠加变质作用,煤类以焦煤、瘦煤、肥煤为主。该类型下易形成低灰-中硫-主焦用煤。

191

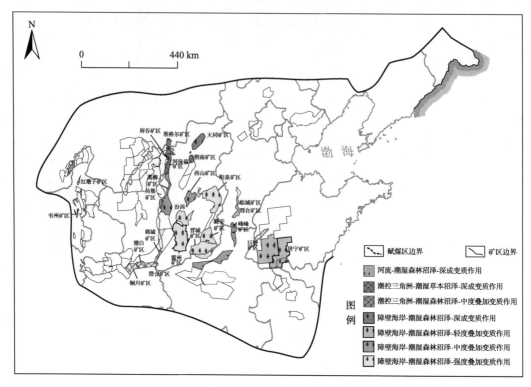

图 5.3.5　华北赋煤区国家规划矿区太原组清洁用煤成因类型空间分布图

（3）障壁海岸-潮湿森林沼泽-轻度叠加变质型清洁用煤主要分布于赋煤区中东部的邢台矿区、霍州矿区、汾西矿区、临城矿区、济宁矿区、巨野矿区及赋煤区北部的韦州矿区。成煤沉积环境为障壁岛海岸沉积环境，煤中灰分较低，受海水影响硫分较高。泥炭沼泽类型为潮湿森林沼泽，煤中镜质组含量较高。后期煤化作用为轻度叠加变质作用，煤类以焦煤、瘦煤、肥煤为主。该类型下，邢台矿区的清洁用煤类型为特低灰-中硫配焦用煤，其余矿区的清洁用煤类型为低灰-中硫配焦用煤。

（4）潮控三角洲-潮湿草本沼泽-深成变质型清洁用煤分布于鄂尔多斯盆地东北缘的河保偏矿区和府谷矿区及宁武煤田的朔南矿区。成煤沉积环境为潮控三角洲沉积体系，煤中灰分含量较低。泥炭沼泽类型为潮湿草本沼泽，煤中氢含量高，镜质组含量较高。后期煤化作用为深成变质作用，煤类以长焰煤和不黏煤为主。该类型下易形成低灰-富氢-富镜液化用煤。

（5）障壁海岸-潮湿森林沼泽-深成变质型清洁用煤分布于鄂尔多斯盆地西缘的红墩子矿区。成煤沉积环境为障壁岛海岸沉积环境，煤中灰分含量较低，硫分含量较高。泥炭沼泽类型为潮湿森林沼泽，煤的显微煤岩组分以镜质组为主。后期煤化作用为深成变质作用，煤类以气煤和肥煤为主。该类型下易形成低灰-中硫-低变质气化用煤。

（6）障壁海岸-潮湿森林沼泽-强度叠加变质型清洁用煤分布于沁水盆地的潞安矿区、晋城矿区及阳泉矿区。成煤沉积环境为障壁岛海岸沉积环境，煤中灰分含量较低，硫分含量较高。泥炭沼泽类型为潮湿森林沼泽，煤的显微煤岩组分以镜质组为主。后期煤化作用为强度叠加变质作用,煤类以高变质烟煤为主。该类型下易形成低灰-中硫-强变质气化用煤。

(7)河流-潮湿森林沼泽-深成变质型清洁用煤分布于赋煤区北部的大同矿区和准格尔矿区。成煤沉积环境为河流相沉积体系,煤中灰分含量较高,硫分含量较低。泥炭沼泽类型为潮湿森林沼泽,煤的显微煤岩组分以镜质组为主。后期煤化作用为深成变质作用,煤类以长焰煤和气煤为主。该类型下易形成中灰-低硫-低变质气化用煤。

2. 山西组

依据清洁用煤成因类型划分方案,根据前述确定的华北赋煤区山西组沉积环境、泥炭沼泽类型和变质作用类型,对华北赋煤区山西组煤的32个规划矿区划分了清洁用煤成因类型,包含13种清洁用煤成因类型(表5.3.3,图5.3.6)。

(1)河控三角洲-潮湿森林沼泽-中度叠加变质型清洁用煤分布于鄂尔多斯盆地东部的澄合矿区、离柳矿区、乡宁矿区、韩城矿区及赋煤区中部的峰峰矿区。河控三角洲沉积体系,煤中灰分和硫分含量较低。主要成煤泥炭沼泽类型为潮湿森林沼泽,镜质组含量较高。后期煤化作用以中度叠加变质作用为主,煤类以焦煤、贫煤及瘦煤为主,变质程度较高。该类型下易形成低灰-低硫-主焦用煤。

表 5.3.3　华北赋煤区国家规划矿区山西组清洁用煤成因类型划分

矿区名称	清洁用煤成因类型	清洁用煤类型	
澄合	河控三角洲-潮湿森林沼泽-中度叠加变质型		低灰-低硫主焦用煤
峰峰			
离柳			
乡宁			
韩城			
吴堡	河流-潮湿森林沼泽-中度叠加变质型	焦化用煤	低灰-低硫主焦用煤
石炭井			中灰-特低硫主焦用煤
黄河北	湖泊三角洲-潮湿森林沼泽-中度叠加变质型		特低灰-特低硫主焦用煤
平朔	河流-潮湿森林沼泽-轻度叠加变质型		中灰-特低硫配焦用煤
西山			
岚县			
大同			中灰-低硫配焦用煤
韦州	河控三角洲-潮湿森林沼泽-轻度叠加变质型		低灰-低硫配焦用煤
临城			
汾西			
霍州			低灰-中硫配焦用煤
邢台			低灰-特低硫配焦用煤

矿区名称	清洁用煤成因类型		清洁用煤类型
济宁	湖泊三角洲-潮湿森林沼泽-轻度叠加变质型		特低灰-低硫配焦用煤
巨野			
淮南	潮控三角洲-潮湿森林沼泽-轻度叠加变质型		低灰-中硫配焦用煤
平顶山			
朔南	河流-潮湿草本沼泽-深成变质型	液化用煤	中灰-富氢-富镜液化用煤
府谷			
鹤壁	湖泊三角洲-潮湿森林沼泽-强度叠加变质型		低灰-低硫-高变质气化用煤
焦作			特低灰-低硫-高变质气化用煤
晋城	河控三角洲-潮湿森林沼泽-强度叠加变质型		低灰-特低硫-高变质气化用煤
阳泉			
潞安		气化用煤	低灰-低硫-高变质气化用煤
准格尔	河流-潮湿森林沼泽-深成变质型		中灰-低硫-低变质气化用煤
河保偏			
红墩子	河控三角洲-干燥森林沼泽-深成变质型		低灰-低硫-低变质气化用煤
郑州	潮控三角洲-潮湿森林沼泽-强度叠加变质型		低灰-中硫-高变质气化用煤

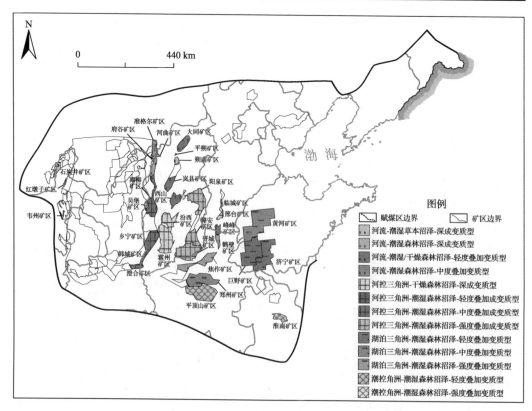

图 5.3.6　华北赋煤区国家规划矿区山西组清洁用煤成因类型空间分布图

(2) 河流-潮湿森林沼泽-中度叠加变质型清洁用煤分布于鄂尔多斯盆地西缘的石炭井矿区及东部的吴堡矿区。成煤沉积环境为河流相沉积体系，煤中灰分为低灰-中灰。受海水影响较小，煤中硫分含量较低，为特低硫-低硫。主要成煤泥炭沼泽类型为潮湿森林沼泽，镜质组含量较高。后期煤化作用以中度叠加变质作用为主，煤类以焦煤、瘦煤和肥煤为主，变质程度较高。该类型下易形成低灰-低硫主焦用煤（吴堡矿区）和中灰-特低硫-主焦用煤（石炭井矿区）。

(3) 湖泊三角洲-潮湿森林沼泽-中度叠加变质型清洁用煤分布于赋煤区中部的黄河北矿区。成煤沉积环境为湖泊三角洲沉积体系，煤中灰分和硫分含量低。主要成煤泥炭沼泽类型为潮湿森林沼泽，煤中镜质组含量较高。后期煤化作用以中度叠加变质作用为主，煤类以焦煤为主，变质程度较高。该类型下易形成特低灰-特低硫主焦用煤。

(4) 河流-潮湿/干燥森林沼泽-轻度叠加变质型清洁用煤分布于赋煤区中部的平朔矿区、西山矿区、岚县矿区及大同矿区。成煤沉积环境为河流相沉积体系，煤中灰分含量较高，硫分含量较低。主要成煤泥炭沼泽类型为潮湿森林沼泽，煤以镜质组为主，大同矿区泥炭沼泽类型为干燥森林沼泽，煤中镜质组含量较低。后期煤化作用以轻度叠加变质作用为主，煤类以焦煤、气煤和肥煤为主。该类型下易形成中灰-特低硫-配焦用煤和中灰-低硫配焦用煤（大同矿区）。

(5) 河控三角洲-潮湿森林沼泽-轻度叠加变质型清洁用煤分布于赋煤区中部和中东部的临城矿区、汾西矿区、邢台矿区、霍州矿区及鄂尔多斯盆地西缘的韦州矿区。成煤沉积环境为河控三角洲沉积体系，煤中灰分和硫分含量较低。主要成煤泥炭沼泽类型为潮湿森林沼泽，煤中显微煤岩组分以镜质组为主。后期煤化作用以轻度叠加变质作用为主，煤类以焦煤和瘦煤为主。该类型下易形成低灰-低硫配焦用煤、低灰-特低硫配焦用煤及低灰-中硫配焦用煤。

(6) 湖泊三角洲-潮湿森林沼泽-轻度叠加变质型清洁用煤分布于赋煤区东部的济宁矿区和巨野矿区。成煤沉积环境为湖泊三角洲沉积体系，煤中灰分含量较低；受海水影响较小，煤中硫分含量较低。主要成煤泥炭沼泽类型为潮湿森林沼泽，显微煤岩组分以镜质组为主。后期煤化作用以轻度叠加变质作用为主，煤类以 1/3 焦煤、气煤和气肥煤为主。该类型下易形成特低灰-低硫配焦用煤。

(7) 潮控三角洲-潮湿森林沼泽-轻度叠加变质型清洁用煤分布于赋煤区南部的平顶山矿区和淮南矿区。成煤沉积环境为潮控三角洲沉积体系，煤中灰分含量较高；受海水影响，煤中硫分含量较高。主要成煤泥炭沼泽类型为潮湿森林沼泽，煤中镜质组含量较高。后期煤化作用以轻度叠加变质作用为主，煤类以 1/3 焦煤和焦煤为主。该类型下易形成低灰-中硫配焦用煤。

(8) 河流-潮湿草本沼泽-深成变质型清洁用煤分布于赋煤区北部的朔南矿区和府谷矿区。成煤沉积环境为河流相沉积体系，煤中灰分含量较高。主要成煤泥炭沼泽类型为潮湿草本沼泽，煤中氢含量高，煤中显微煤岩组分以镜质组为主。后期煤化作用以深成变质作用为主，煤类以长焰煤和不黏煤为主。该类型下易形成中灰-富氢-富镜液化用煤。

(9)湖泊三角洲-潮湿森林沼泽-强度叠加变质型清洁用煤分布于赋煤区东南部的鹤壁矿区和焦作矿区。成煤沉积环境为湖泊三角洲沉积体系，煤中灰分和硫分含量较低。主要成煤泥炭沼泽类型为潮湿森林沼泽，显微煤岩组分以镜质组为主。后期煤化作用以强度叠加变质作用为主，煤类以无烟煤为主。该类型下易形成低灰-低硫-高变质气化用煤和特低灰-低硫-高变质气化用煤。

(10)河控三角洲-潮湿森林沼泽-强度叠加变质型清洁用煤分布于赋煤区中部沁水盆地的晋城矿区、阳泉矿区及潞安矿区。成煤沉积环境为河控三角洲沉积体系，煤中灰分和硫分含量较低。主要成煤泥炭沼泽类型为潮湿森林沼泽，显微煤岩组分以镜质组为主。后期煤化作用以强度叠加变质作用为主，煤类以贫煤和无烟煤为主。该类型下易形成低灰-低硫-高变质气化用煤和特低灰-低硫-高变质气化用煤。

(11)河流-潮湿森林沼泽-深成变质型清洁用煤分布于赋煤区北部的河保偏矿区和准格尔矿区。成煤沉积环境为河流相沉积体系，煤中灰分含量较高，硫分含量较低。主要成煤泥炭沼泽类型为潮湿森林沼泽，煤的显微煤岩组分以镜质组为主。后期煤化作用以深成变质作用为主，煤类以长焰煤和气煤为主。该类型下易形成中灰-低硫-低变质气化用煤。

(12)河控三角洲-干燥森林沼泽-深成变质型清洁用煤分布于鄂尔多斯盆地西缘的红墩子矿区。成煤沉积环境为河控三角洲沉积体系，煤中灰分和硫分含量较低。主要成煤泥炭沼泽类型为潮湿森林沼泽，显微煤岩组分以镜质组为主。后期煤化作用以深成变质作用为主，煤类以气煤为主。该类型下易形成低灰-低硫-低变质气化用煤。

(13)潮控三角洲-潮湿森林沼泽-强度叠加变质型清洁用煤分布于赋煤区南部的郑州矿区。成煤沉积环境为潮控三角洲沉积体系，煤中灰分含量较低；受海水影响，硫分含量较高。主要成煤泥炭沼泽类型为潮湿森林沼泽，显微煤岩组分以镜质组为主。后期煤化作用以强度叠加变质作用为主，煤类以贫瘦煤为主。该类型下易形成低灰-中硫-高变质气化用煤。

3. 延安组

依据清洁用煤成因类型划分方案，根据前述确定的华北赋煤区延安组沉积环境、泥炭沼泽类型和变质作用类型，对华北赋煤区延安组煤的22个规划矿区划分了清洁用煤成因类型，包括6种清洁用煤成因类型(表5.3.4，图5.3.7)。

表5.3.4　华北赋煤区国家规划矿区中侏罗统延安组清洁用煤成因类型划分

矿区名称	清洁用煤成因类型	清洁用煤类型	
东胜	河流-潮湿草本沼泽-深成变质型	液化用煤	低灰-富氢-富镜液化用煤
榆横	湖泊三角洲-潮湿草本沼泽-深成变质型		特低灰-富氢-富镜液化用煤
榆神			
彬长	河流-干燥森林沼泽-深成变质型	气化用煤	低灰-低硫-低变质气化用煤
旬耀			
鸳鸯湖			
马家滩			

续表

矿区名称	清洁用煤成因类型	清洁用煤类型	
积家井	河流-干燥森林沼泽-深成变质型		低灰-低硫-低变质气化用煤
灵武			
高头窑	河流-潮湿森林沼泽-深成变质型		低灰-特低硫-低变质气化用煤
永陇			
新街			
万利		气化用煤	低灰-低硫-低变质气化用煤
塔然高勒			
沙井子			
黄陵	湖泊三角洲-潮湿森林沼泽-深成变质型		特低灰-特低硫-低变质气化用煤
神府			
甜水堡			
华亭			特低灰-低硫-低变质气化用煤
呼吉尔特			
宁正	湖泊三角洲-干燥森林沼泽-深成变质型		特低灰-低硫-低变质气化用煤
萌城			

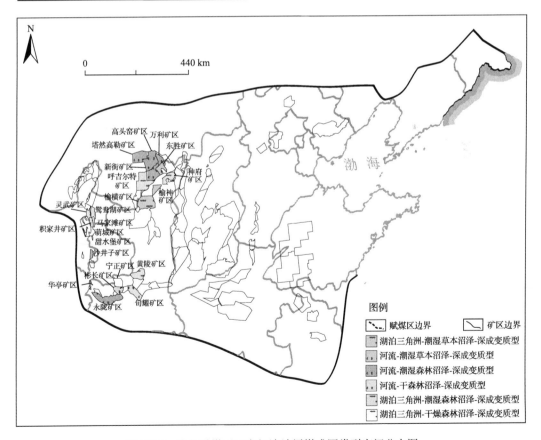

图 5.3.7　华北赋煤区延安组清洁用煤成因类型空间分布图

197

(1) 河流-潮湿草本沼泽-深成变质型清洁用煤分布在鄂尔多斯盆地东胜矿区。成煤沉积环境为河流相沉积体系，煤中灰分含量较低。泥炭沼泽环境为潮湿草本沼泽，成煤植物以草本植物为主，沼泽覆水相对稳定，易形成煤中氢含量高、富镜质组的煤层。煤变质作用类型以深成变质作用为主，煤变质程度较低，煤类以不黏煤为主。该类型下易形成低灰-富氢-富镜液化用煤。

(2) 湖泊三角洲-潮湿草本沼泽-深成变质型清洁用煤分布在陕北侏罗纪煤田的榆神矿区和榆横矿区。成煤沉积环境为湖泊三角洲沉积体系，煤中灰分含量低。泥炭沼泽环境为潮湿草本沼泽，成煤植物以草本植物为主，沼泽覆水相对稳定，易形成煤中氢含量高、富镜质组的煤层。煤变质作用类型为深成变质作用，煤变质程度较低，煤类以长焰煤为主。该类型下易形成特低灰-富氢-富镜液化用煤。

(3) 河流-干燥森林沼泽-深成变质型清洁用煤分布于华北赋煤区的鄂尔多斯盆地的彬长矿区、旬耀矿区、鸳鸯湖矿区、马家滩矿区、灵武矿区和积家井矿区，成煤沉积环境为河流相沉积体系，煤中灰分及硫分含量较低。泥炭沼泽类型为干燥森林沼泽，成煤植物以木本为主，易形成富含惰质组的煤层。煤层主要受深成变质作用，煤变质程度低，以不黏煤为主。该类型下易形成低灰-低硫-低变质气化用煤。

(4) 河流-潮湿森林沼泽-深成变质型清洁用煤分布在华北赋煤区北部东胜煤田的高头窑矿区、永陇矿区、万利矿区、塔然高勒矿区、新街矿区及陇东煤田的沙井子矿区。成煤沉积环境为河流相沉积体系，煤中灰分和硫分含量较低。泥炭沼泽类型为潮湿森林沼泽，煤中镜质组含量较高。煤层主要受深成变质作用，煤变质程度低，以长焰煤为主。该类型下易形成低灰-低硫-低变质气化用煤和低灰-特低硫-低变质气化用煤。

(5) 湖泊三角洲-潮湿森林沼泽-深成变质型清洁用煤分布于鄂尔多斯盆地南部的黄陵矿区和华亭矿区，北部的神府矿区和呼吉尔特矿区以及西缘的甜水堡矿区。成煤沉积环境为湖泊三角洲沉积体系，煤中灰分和硫分含量均较低。泥炭沼泽类型为潮湿森林沼泽，煤中氢含量较低，镜质组含量较高。煤层主要受深成变质作用，煤变质程度低，以长焰煤和不黏煤为主。该类型下易形成特低灰-低硫-低变质气化用煤和特低灰-特低硫-低变质气化用煤。

(6) 湖泊三角洲-干燥森林沼泽-深成变质型清洁用煤分布于宁东煤田的萌城矿区和陇东煤田的宁正矿区。成煤沉积环境为湖泊三角洲沉积体系，煤中灰分和硫分均较低。泥炭沼泽类型为干燥森林沼泽，煤中氢含量较低，惰质组含量较高。煤层主要受到深成变质作用，煤变质程度低，以长焰煤和不黏煤为主。该类型下易形成特低灰-低硫-低变质气化用煤。

(三) 西北赋煤区

依据清洁用煤成因类型划分方案，根据前述确定的西北赋煤区早—中侏罗世沉积环境、泥炭沼泽类型和变质作用类型，对西北赋煤区早—中侏罗世煤的 30 个规划矿区划分了清洁用煤成因类型。其中，早侏罗世煤划分为 7 种清洁用煤成因类型(表 5.3.5，图 5.3.8)，中侏罗世煤划分为 6 种清洁用煤成因类型（表 5.3.6，图 5.3.9）。

表 5.3.5 西北赋煤区国家规划矿区早侏罗世清洁用煤成因类型划分

矿区名称	清洁用煤成因类型		清洁用煤类型
硫磺沟	河控三角洲-潮湿草本沼泽-深成变质型	液化用煤	低灰-富氢-富镜液化用煤
玛纳斯			
淖毛湖	湖泊三角洲-潮湿草本沼泽-深成变质型	气化用煤	低灰-特低硫-低变质气化用煤
和什托洛盖	河流-潮湿森林沼泽-深成变质型		
四棵树	河控三角洲-干燥/潮湿森林沼泽-深成变质型		
阜康			
大南湖			
伊宁			
尼勒克	湖泊三角洲-干燥森林沼泽-轻度叠加变质型	焦化用煤	低灰-特低硫配焦用煤
巴里坤			
艾维尔沟			中灰-特低硫配焦用煤
拜城	湖泊三角洲-干燥森林沼泽-中度叠加变质型		特低灰-低硫主焦用煤
阿艾	河流-潮湿森林沼泽-中度叠加变质型		中灰-特低硫主焦用煤
俄霍布拉克			低灰-特低硫主焦用煤

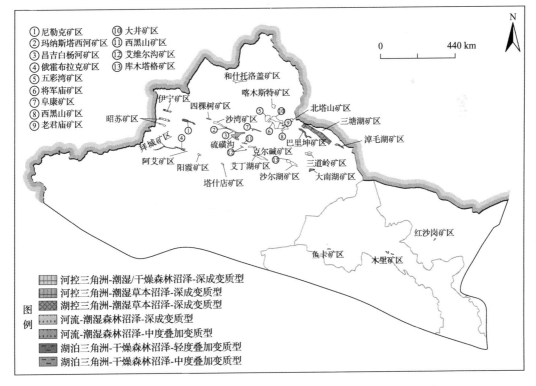

图 5.3.8 西北赋煤区国家规划矿区早侏罗世清洁用煤成因类型分布

表 5.3.6　西北赋煤区国家规划矿区中侏罗世清洁用煤成因类型划分

矿区名称	清洁用煤成因类型	清洁用煤类型	
艾丁湖	河控三角洲-潮湿草本沼泽-深成变质型	液化用煤	低灰-富氢-富镜液化用煤
三塘湖			
玛纳斯			
克尔碱			
红沙岗	河流-潮湿草本沼泽-深成变质作用		
四棵树	河控三角洲-潮湿森林沼泽-深成变质型	气化用煤	低灰-特低硫-低变质气化用煤
沙湾			
硫磺沟			
昌吉白杨河	河控三角洲-干燥森林沼泽-深成变质型		
西黑山			
伊宁			
库木塔格			
尼勒克			
大南湖			
老君庙			特低灰-特低硫-低变质气化用煤
五彩湾			特低灰-低硫-低变质气化用煤
昭苏			低灰-低硫-低变质气化用煤
将军庙	湖泊三角洲-干燥森林沼泽-深成变质型		特低灰-特低硫-低变质气化用煤
大井			
三道岭	河流-潮湿/干燥森林沼泽-深成变质型		低灰-低硫-低变质气化用煤
鱼卡			
木里			

1. 早侏罗世

早侏罗世主要成因类型有河控三角洲-潮湿草本沼泽-深成变质型、湖泊三角洲-潮湿草本沼泽-深成变质型、河流-潮湿森林沼泽-深成变质型、河控三角洲-潮湿/干燥森林沼泽-深成变质型、湖泊三角洲-干燥森林沼泽-轻度叠加变质型、湖泊三角洲-干燥森林沼泽-中度叠加变质型、河流-潮湿森林沼泽-中度叠加变质型。

(1)河控三角洲-潮湿草本沼泽-深成变质型清洁用煤分布于准噶尔盆地南缘的硫磺沟矿区和玛纳斯矿区。成煤沉积环境为河控三角洲沉积体系,煤中灰分和硫分含量较低。主要成煤泥炭沼泽类型为潮湿草本泥炭沼泽,煤中氢含量高,后期煤化作用以深成变质作用为主,煤类以长焰煤为主。该类型下易形成低灰-富氢-富镜液化用煤。

(2)湖泊三角洲-潮湿草本沼泽-深成变质型清洁用煤分布于吐哈盆地内的淖毛湖矿区。煤沉积环境为湖泊三角洲沉积体系,远离物源区,煤中灰分和硫分含量较低。主要成煤泥炭沼泽类型为潮湿草本泥炭沼泽,煤中氢含量高,后期煤化作用以深成变质作用为主,煤类以长焰煤为主。该类型下易形成低灰-特低硫-低变质气化用煤。

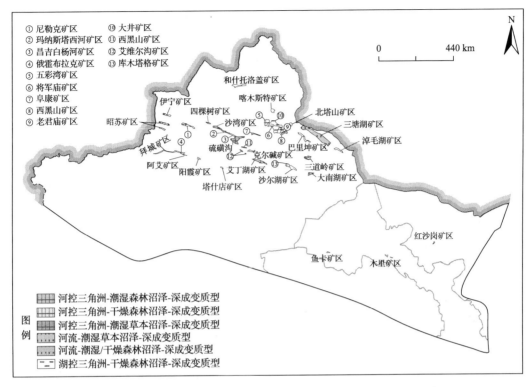

图 5.3.9　西北赋煤区国家规划矿区中侏罗世清洁用煤成因类型分布

　　(3)河流-潮湿森林沼泽-深成变质型清洁用煤分布于准噶尔盆地北缘的和什托洛盖矿区。成煤沉积环境为河流相沉积体系,煤中灰分和硫分含量较低。主要成煤泥炭沼泽类型为潮湿森林泥炭沼泽,煤中氢含量相对较低,镜质组含量较高。后期煤化作用以深成变质作用为主,煤类以长焰煤为主。该类型下易形成低灰-特低硫-低变质气化用煤。

　　(4)河控三角洲-干燥/潮湿森林沼泽-深成变质型清洁用煤分布于吐哈盆地内的大南湖矿区、伊犁盆地内的伊宁矿区、准噶尔盆地南缘的四棵树矿区和阜康矿区。成煤沉积环境为河控三角洲沉积体系,远离物源区,煤中灰分和硫分含量较低。主要成煤泥炭沼泽类型为潮湿森林泥炭沼泽和干燥森林泥炭沼泽,煤中氢含量相对较低,潮湿森林沼泽形成的煤中镜质组含量较高,干燥森林沼泽形成的煤中惰质组含量较高。后期煤化作用以深成变质作用为主,煤类以长焰煤为主。该类型下易形成低灰-特低硫-低变质气化用煤。

　　(5)湖泊三角洲-干燥森林沼泽-轻度叠加变质型清洁用煤分布于准噶尔盆地南缘的尼勒克矿区、艾维尔沟矿区和准噶尔盆地东部的巴里坤矿区。成煤沉积环境为湖泊三角洲沉积体系,远离物源区,煤中灰分和硫分含量较低。主要成煤泥炭沼泽类型为干燥森林泥炭沼泽,煤中氢含量相对较低,惰质组含量较高。后期煤化作用以轻度叠加变质作用为主,尼勒克矿区和巴里坤矿区煤类以气煤和气肥煤为主,艾维尔沟矿区煤类以不黏煤和弱黏煤为主,该类型下易形成低灰-特低硫配焦用煤。

　　(6)湖泊三角洲-干燥森林沼泽-中度叠加变质型清洁用煤分布于塔里木盆地内的拜

城矿区。成煤沉积环境为湖泊三角洲沉积体系，远离物源区，煤中灰分含量特低，硫分含量较低。主要成煤泥炭沼泽类型为干燥森林泥炭沼泽，煤中氢含量相对较低，惰质组含量较高。后期煤化作用以中度叠加变质作用为主，煤类以焦煤和瘦煤为主。该类型下易形成特低灰-低硫配焦用煤。

(7)河流-潮湿森林沼泽-中度叠加变质型清洁用煤分布于塔里木盆地的阿艾矿区和俄霍布拉克矿区。成煤沉积环境为湖泊相沉积体系。煤中灰分较低，以低灰煤和中灰煤为主，煤中硫分含量较低。主要成煤泥炭沼泽类型为潮湿森林泥炭沼泽，煤中氢含量相对较低，镜质组含量较高。后期煤化作用以中度叠加变质作用为主，煤类以弱黏煤、气肥煤和 1/3 焦煤为主。该类型下易形成中灰-特低硫-主焦用煤(阿艾矿区)和低灰-特低硫主焦用煤(俄霍布拉克矿区)。

2. 中侏罗世

中侏罗世煤主要成因类型有河控三角洲-潮湿草本沼泽-深成变质型、河控三角洲-潮湿森林沼泽-深成变质型、河控三角洲-干燥森林沼泽-深成变质型、河流-潮湿草本沼泽-深成变质型、河流-干燥森林沼泽-深成变质型、河流-潮湿森林沼泽-深成变质型、湖泊三角洲-干燥森林沼泽-深成变质型。

(1)河控三角洲-潮湿草本沼泽-深成变质型清洁用煤主要分布在吐哈盆地内的艾丁湖矿区和三塘湖矿区及克尔碱矿区、准噶尔盆地南缘的玛纳斯矿区。成煤沉积环境为河控三角洲成煤体系，煤中灰分和硫分含量较低。主要成煤泥炭沼泽类型为潮湿草本泥炭沼泽，煤中氢含量高，镜质组含量高。后期煤化作用以深成变质作用为主，煤类以长焰煤、不黏煤和弱黏煤为主。该类型下易形成低灰-富氢-富镜液化用煤。

(2)河控三角洲-潮湿森林沼泽-深成变质型清洁用煤主要分布在准噶尔盆地南缘的四棵树矿区、沙湾矿区、硫磺沟矿区。成煤沉积环境为河控三角洲沉积体系，煤中灰分含量较低，硫分含量特低。成煤泥炭沼泽类型为潮湿森林沼泽，煤中氢含量相对较低，镜质组含量较高。后期煤化作用以深成变质作用为主，煤类以长焰煤为主。该类型下易形成低灰-特低硫-低变质气化用煤。

(3)河控三角洲-干燥森林沼泽-深成变质型清洁用煤主要分布在准噶尔盆地东部的西黑山矿区、老君庙矿区及五彩湾矿区，伊犁盆地内的伊宁矿区和昭苏矿区，吐哈盆地内的库木塔格矿区、大南湖矿区，准噶尔盆地南缘的尼勒克矿区和昌吉白杨河矿区。成煤沉积环境为河控三角洲沉积体系，煤中灰分含量较低，硫分含量特低。成煤泥炭沼泽类型为干燥森林沼泽，煤中氢含量相对较低，惰质组含量较高。后期煤化作用以深成变质作用为主，煤类以长焰煤为主。该类型下易形成低灰-特低硫-低变质气化用煤、特低灰-特低硫-低变质气化用煤、特低灰-低硫-低变质气化用煤、低灰-低硫-低变质气化用煤。

(4)河流-潮湿草本沼泽-深成变质型清洁用煤分布在西北赋煤区东南部的红沙岗矿区。成煤沉积环境为河流相沉积体系，煤中灰分较低。成煤泥炭沼泽类型为潮湿草本沼泽，煤中氢含量高，镜质组含量高。后期煤化作用以深成变质作用为主，煤类以长焰煤为主。该类型下易形成低灰-富氢-富镜液化用煤。

(5)河流-潮湿/干燥森林沼泽-深成变质型清洁用煤分布在赋煤区南部的三道岭矿区、鱼卡矿区和木里矿区，成煤沉积环境为河流相沉积体系，煤中灰分较低，硫分特低。成煤泥炭沼泽类型为森林沼泽。后期煤化作用以深成变质作用为主，煤类以长焰煤、不黏煤为主。该类型下易形成低灰-低硫-低变质气化用煤和特低灰-特低硫-低变质气化用煤。

(6)湖泊三角洲-干燥森林沼泽-深成变质型清洁用煤分布在准噶尔盆地东部的将军庙矿区和大井矿区。成煤沉积环境为湖泊三角洲沉积体系，煤中灰分含量较低，硫分含量特低。成煤泥炭沼泽类型为潮湿森林沼泽，煤中氢含量较低，镜质组含量较高。后期煤化作用以深成变质作用为主，煤类以长焰煤为主。该类型下易形成低灰-低硫-低变质气化用煤。

(四)华南赋煤区

依据清洁用煤成因类型划分方案，根据前述确定的华南赋煤区晚二叠世沉积环境、泥炭沼泽类型和变质作用类型，对华南赋煤区晚二叠世煤的 9 个规划矿区划分了清洁用煤成因类型，包含 6 种清洁用煤成因类型(表 5.3.7，图 5.3.10)。

(1)潮控三角洲-潮湿森林沼泽-强度叠加变质型清洁用煤主要分布在黔北矿区。成煤沉积环境为潮控三角洲沉积体系，煤中灰分含量较低，以低灰煤为主；受海水影响，煤中硫分含量较高，以中硫煤为主。主要成煤泥炭沼泽类型为潮湿森林沼泽，显微煤岩组分中镜质组含量较高。后期煤化作用以强度叠加变质作用为主，煤类以无烟煤为主。该类型下易形成低灰-中硫-高变质气化用煤。

(2)河控三角洲-潮湿森林沼泽-强度叠加变质型清洁用煤分布在织纳矿区。成煤沉积环境为河控三角洲沉积体系，煤中灰分含量较低，以低灰煤为主；煤中硫分含量较低，以特低硫煤为主。主要成煤泥炭沼泽类型为潮湿森林沼泽，显微煤岩组分中镜质组含量较高。后期煤化作用以强度叠加变质作用为主，煤类以无烟煤为主。该类型下易形成低灰-特低硫-高变质气化用煤。

(3)河流-潮湿森林沼泽-强度叠加变质型清洁用煤分布在古叙矿区和筠连矿区。成煤沉积环境为河流沉积体系，古叙矿区煤中灰分含量较低，为低灰煤；筠连矿区更为靠近陆源，煤中灰分含量较高，为中灰煤，硫分含量较低，为特低硫煤和低硫煤。主要成煤泥炭沼泽类型为潮湿森林沼泽，显微煤岩组分中镜质组含量较高。后期煤化作用以强度叠加变质作用为主，煤类以无烟煤为主。该类型下易形成低灰-特低硫-高变质气化用煤(古叙矿区)和中灰-低硫-高变质气化用煤(筠连矿区)。

(4)障壁海岸-潮湿森林沼泽-强度叠加变质型清洁用煤分布在普兴矿区。成煤沉积环境为障壁岛海岸沉积体系，煤中灰分含量较低，以特低灰煤为主；受海水影响，煤中硫分含量较高，以中硫煤为主。主要成煤泥炭沼泽类型为潮湿森林沼泽，显微煤岩组分中镜质组含量较高。后期煤化作用以强度叠加变质作用为主，煤类以无烟煤为主。该类型下易形成特低灰-中硫-高变质气化用煤。

(5)河流-潮湿森林沼泽-中度叠加变质型清洁用煤分布在水城矿区和恩洪矿区。成煤沉积环境为河流沉积体系，水城矿区煤以中灰煤为主，煤中硫分较低，为低硫煤；恩洪矿区煤以低灰煤为主，煤中硫分含量低，为特低硫煤。主要成煤泥炭沼泽类型为潮湿森林沼泽，显微煤岩组分中镜质组含量较高。后期煤化作用以中度叠加变质作用为主，煤类以焦煤为主。该类型下易形成中灰-低硫主焦用煤（水城矿区）和低灰-特低硫主焦用煤（恩洪矿区）。

（6）河控三角洲-潮湿森林沼泽-中度叠加变质型清洁用煤分布在盘江矿区和六枝黑塘矿区。成煤沉积环境为河控三角洲沉积体系，煤中灰分含量较低，为低灰煤；煤中硫分含量较低，为低硫煤。主要成煤泥炭沼泽类型为潮湿森林沼泽，显微煤岩组分中镜质组含量较高。后期煤化作用以中度叠加变质作用为主，煤类以焦煤为主。该类型下易形成低灰-低硫主焦用煤。

表 5.3.7　华南赋煤区上二叠统龙潭组清洁用煤成因类型划分

矿区名称	成因类型		清洁用煤类型
黔北	潮控三角洲-潮湿森林沼泽-强度叠加变质型	气化用煤	低灰-中硫-高变质气化用煤
织纳	河控三角洲-潮湿森林沼泽-强度叠加变质型		低灰-特低硫-高变质气化用煤
古叙	河流-潮湿森林沼泽-强度叠加变质型		低灰-特低硫-高变质气化用煤
筠连	河流-潮湿森林沼泽-强度叠加变质型		中灰-低硫-高变质气化用煤
普兴	障壁海岸-潮湿森林沼泽-强度叠加变质型		特低灰-中硫-高变质气化用煤
水城	河流-潮湿森林沼泽-中度叠加变质型	焦化用煤	中灰-低硫主焦用煤
恩洪			低灰-特低硫主焦用煤
盘江	河控三角洲-潮湿森林沼泽-中度叠加变质型		低灰-低硫主焦用煤
六枝黑塘			

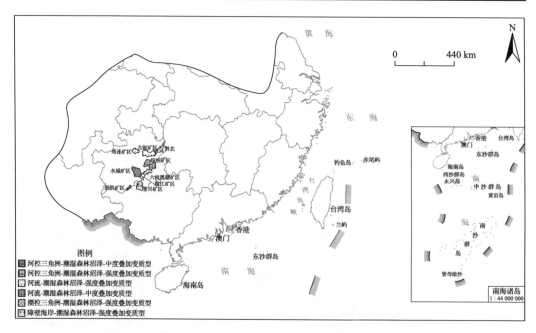

图 5.3.10　华南赋煤区上二叠统龙潭组清洁用煤成因类型空间分布

参考文献

曹代勇, 赵峰华. 2003. 重视我国优质煤炭资源特性的研究[J]. 中国矿业, 2(10): 21-23.

曹代勇, 魏迎春. 2019. 鄂尔多斯盆地煤系矿产赋存规律与资源评价[M]. 北京: 科学出版社.

曹代勇, 宁树正, 郭爱军, 等. 2018. 中国煤田构造格局与构造控煤作用[M]. 北京: 科学出版社.

曹文杰, 魏迎春, 贾煦, 等. 2018. 宁东煤田灵武矿区煤岩煤质特征研究[C]//中央高校基本科研业务费项目研究成果论文集. 北京: 煤炭工业出版社.

曹志德. 2006. 贵州织纳煤田以那架勘探区煤中硫与煤相分析[J]. 中国煤田地质, (1): 18-20, 27.

曹志德. 2009. 黔北煤田花秋勘探区 9、16 号煤煤相特征与煤中硫[J]. 中国煤炭地质, 21(5): 4-9, 13.

常印佛, 董树文, 黄德志. 1996. 论中—下扬子"一盖多底"格局与演化[J]. 华东地质, 17(1): 1-15.

陈凌, 危自根, 程骋. 2010. 从华北克拉通中、西部结构的区域差异性探讨克拉通破坏[J]. 地学前缘, 17(1): 212-228.

陈鹏. 2007. 中国煤炭性质、分类和利用[M]. 北京: 化学工业出版社.

陈宗基. 1983. 关于中国板块动力学及其在国民经济中的一些应用[J]. 大自然探索, 3(1): 12-19.

程伟, 杨瑞东, 崔玉朝, 等. 2013. 贵州毕节地区晚二叠世煤质特征及其成煤环境意义[J]. 地质学报, 87(11): 1763-1776.

程裕淇. 1994. 中国区域地质概论[M]. 北京: 地质出版社.

程昭斌, 申江, 张明春, 等. 1993. 邯邢煤田陶庄矿区山西组煤层厚度及煤质特征与沉积环境的关系[J]. 焦作矿业学院学报, (3): 7-12.

代世峰, 任德贻, 彭苏萍, 等. 1998a. 内蒙古乌达矿区煤的显微特征与沉积环境关系的研究[J]. 沉积学报, 16(3): 141-146.

代世峰, 任德贻, 唐跃刚, 等. 1998b. 乌达矿区主采煤层泥炭沼泽演化及其特征[J]. 煤炭学报, 23(1): 9-13.

代世峰, 任德贻, 唐跃刚, 等. 2002. 低温热液流体对煤中伴生元素的再分配及赋存状态的影响——以贵州织金上二叠统煤系为例[J]. 地质学报, (4): 565-565.

代世峰, 任德贻, 李生盛, 等. 2007. 内蒙古准格尔黑岱沟主采煤层的煤相演替特征[J]. 中国科学, 37(S1): 119-126.

董大啸. 2017. 华北地台本溪组—山西组层序古地理及煤层变化规律[D]. 北京: 中国矿业大学(北京)博士学位论文.

鄂莫岚, 赵大升. 1987. 中国东部新生代玄武岩及深源岩石包体[M]. 北京: 科学出版社.

龚绍礼. 1989. 河南禹县煤矿区煤质特征与泥炭沼泽环境的关系[J]. 沉积学报, 7(3): 83-89.

郭彪. 2015. 海拉尔盆地早白垩世层序地层格架内聚煤模式研究[D]. 北京: 中国矿业大学(北京)博士学位论文.

韩德馨. 1996. 中国煤岩学[M]. 北京: 中国矿业大学(北京)出版社.

韩德馨, 杨起. 1980. 中国煤田地质学(下册)[M]. 北京: 煤炭工业出版社.

何建坤. 1996. 东秦岭北缘煤的变质作用与板块构造的关系[J]. 地质论评, (1): 7-13.

何选明. 2010. 煤化学[M]. 北京: 冶金工业出版社.

何治亮, 高山林, 郑孟林. 2015. 中国西北地区沉积盆地发育的区域构造格局与演化[J]. 地学前缘, 22(3): 227-240.

黄文辉, 敖卫华, 翁成敏, 等. 2010. 鄂尔多斯盆地侏罗纪煤的煤岩特征及成因分析[J]. 现代地质, 24(6): 1186-1197.

黄昔荣, 许桂生. 1999. 灵武煤田延安组煤的煤岩煤质特征及地质解释[J]. 中国煤田地质, 11(2): 15-22.

基莫菲耶夫. 1955. 煤的成因类型与沉积环境的关系问题, 煤的成因类型与煤岩研究[M]. 谢家荣等, 译. 北京: 煤炭工业出版社.

姜尧发. 1994. 浅析 GI 和 TPI 与泥炭沼泽类型的关系[J]. 中国煤田地质, 6(4): 36-38.

焦养泉, 吴立群, 荣辉, 等. 2015. 聚煤盆地沉积学[M]. 北京: 中国地质大学(北京)出版社.

晋香兰. 2010. 上湾井田 2-2 煤层煤岩煤质特征与沉积环境探讨[J]. 陕西煤炭, (3): 4-7.

晋香兰, 张泓. 2014. 鄂尔多斯盆地侏罗系成煤系统[J]. 煤炭学报, 39(S1): 191-197.

景山, 王成善, 柳永清, 等. 2009. 辽西建昌盆地早白垩世义县组沉积环境分析及盆地演化初探[J]. 沉积学报, 27(4): 583-591.

雷加锦, 任德贻, 韩德馨, 等. 1995. 不同沉积环境成因煤显微组分的有机硫分布[J]. 煤田地质与勘探, 23(5): 14-19.

李河名, 费淑英. 1996. 中国煤的煤岩变质特征及变质规律[M]. 北京: 地质出版社.

李锦轶. 1998. 中国东北及邻区若干地质构造问题的新认识. 地质论评[J]. 地质评论, 44(4): 339-347.

李锦轶, 何国琦, 徐新, 等. 2006. 新疆北部及邻区地壳构造格架及其形成过程的初步探讨[J]. 地质学报, 80(1): 148-168.

李晶, 庄新国, 周继兵, 等. 2012. 新疆准东煤田西山窑组巨厚煤层煤相特征及水进水退含煤旋回判别[J]. 吉林大学学报(地球科学版), 42(S2): 104-114.

李三忠, 索艳慧, 戴黎明, 等. 2010. 渤海湾盆地形成与华北克拉通破坏[J]. 地学前缘, 17(4): 64-89.

李思田. 1988. 断陷盆地分析与煤聚积规律[M]. 北京: 地质出版社.

李小彦, 晋香兰, 李贵红. 2005. 西部煤炭资源开发中"优质煤"概念与利用问题的思考[J]. 中国煤田地质, 17(3): 5-8.

李小彦, 崔永君, 郑玉柱, 等. 2008. 陕甘宁盆地侏罗纪优质煤资源分类与评价[M]. 北京: 地质出版社.

李增学, 李江涛, 韩美莲, 等. 2006. 鄂尔多斯盆地中生界聚煤规律及对多能源共存富集的贡献[J]. 山东科技大学学报(自然科学版), 25(2): 1-5.

李兆鼐. 2003. 中国东部中、新生代火成岩及其深部过程[M]. 北京: 地质出版社.

刘大锰, 杨起, 汤达祯. 1999. 鄂尔多斯盆地煤的灰分和硫、磷、氯含量研究[J]. 地学前缘, 6(S1): 53-59.

刘嘉麒. 1988. 中国东北地区新生代火山幕[J]. 岩石学报, 2(1): 1-10.

刘若新. 1992. 中国新生代火山岩年代学与地球化学[M]. 北京: 地震出版社.

刘永江, 张兴洲, 金巍. 2010. 东北地区晚古生代区域构造演化[J]. 中国地质, 37(4): 943-951.

刘志飞, 魏迎春, 贾煦, 等. 2018. 马家滩矿区延安组层序-古地理对煤岩煤质的控制[J]. 煤田地质与勘探, 46(3): 28-33.

鲁静, 邵龙义, 杨敏芳, 等. 2014. 陆相盆地沼泽体系煤相演化、层序地层与古环境[J]. 煤炭学报, 39(12): 2473-2481.

鲁静, 杨敏芳, 邵龙义, 等. 2016. 陆相盆地古气候变化与环境演化、聚煤作用[J]. 煤炭学报, 41(7): 1788-1797.

吕大炜, 李增学, 刘海燕, 等. 2009. 华北晚古生代海平面变化及其层序地层响应[J]. 中国地质, 36(5): 1079-1086.

马文璞. 1992. 区域构造解析[M]. 北京: 地质出版社.

马醒华, 杨振宇. 1993. 中国三大地块的碰撞拼合与古欧亚大陆的重建[J]. 地球物理学报, 36(4): 476-488.

毛节华, 许惠龙. 1999. 中国煤炭资源预测与评价[M]. 北京: 科学出版社.

潘松圻, 庄新国, 王小明, 等. 2013. 准东煤田西山窑组层序地层对煤相演化规律的控制[J]. 煤田地质与勘探, 41(6): 1-6.

彭纪超, 胡社荣. 2015. 华北板块南部高变质煤条带成因机制[J]. 科技导报, 33(10): 87-92.

钱大都, 魏斌贤, 李钰, 等. 1996. 中国煤炭资源总论[M]. 北京: 地质出版社.

谯汉生, 方朝亮, 牛嘉玉, 等. 2002. 渤海湾盆地深层石油地质[M]. 北京: 石油工业出版社.

热姆丘日尼柯夫, 等. 1963. 煤系、煤层和煤的研究方法[M]. 李濂清, 译. 北京: 科学出版社.

任德贻, 雷加锦, 唐跃刚. 1993. 煤显微组分中有机硫的微区分析和分布特征[J]. 煤田地质与勘探, 21(1): 27-30.

任德贻, 赵峰华, 张军营. 1999. 煤中有害微量元素富集的成因类型初探[J]. 地学前缘, 6(S1): 17-22.

任德贻, 赵峰华, 代世峰, 等. 2006. 煤的微量元素地球化学[M]. 北京: 科学出版社.

任纪舜, 陈廷愚, 牛宝贵, 等. 1990. 中国东部构造岩浆演化及成矿规律五: 中国东部及邻区大陆岩石圈的构造演化与成矿[M]. 北京: 科学出版社.

任纪舜, 牛宝贵, 刘志刚. 1999. 软碰撞、叠覆造山和多旋回缝合作用[J]. 地学前缘, 6(3): 85-93.

任收麦, 黄宝春. 2002. 晚古生代以来古亚洲洋构造域主要块体运动学特征初探[J]. 地球物理学进展, 17(1): 113-120.

任战利. 1995. 利用磷灰石裂变径迹法研究鄂尔多斯盆地地热史[J]. 地球物理学报, (03): 339-349.

任战利, 赵重远. 2001. 中生代晚期中国北方沉积盆地地热梯度恢复及对比[J]. 石油勘探与开发, 28(6): 1-4.

任战利, 赵重远, 张军, 等. 1994. 鄂尔多斯盆地古地温研究[J]. 沉积学报, (1): 56-65.

尚冠雄. 1995. 华北晚古生代聚煤盆地造盆构造述略[J]. 中国煤田地质, 7(2): 1-6, 17.

邵凯. 2013. 中国东北地区早白垩世层序地层与聚煤规律研究[D]. 北京: 中国矿业大学(北京)博士学位论文.

邵凯, 邵龙义, 曲延林, 等. 2013. 东北地区早白垩世含煤岩系层序地层研究[J]. 煤炭学报, 38(S2): 423-433.

邵龙义, 高迪, 罗忠, 等. 2009. 新疆吐哈盆地中、下侏罗统含煤岩系层序地层及古地理[J]. 古地理学报, 11(2): 215-224.

邵龙义, 鲁静, 张超, 等. 2013a. 中国含煤岩系沉积环境与聚煤规律研究[R]. 北京: 中国矿业大学(北京).

邵龙义, 高彩霞, 张超, 等. 2013b. 西南地区晚二叠世层序—古地理及聚煤特征[J]. 沉积学报, 31(5): 856-866.

邵龙义, 董大啸, 李明培, 等. 2014a. 华北石炭—二叠纪层序-古地理及聚煤规律[J]. 煤炭学报, 39(8), 1725-1734.

邵龙义, 李英娇, 靳凤仙, 等. 2014b. 华南地区晚三叠世含煤岩系层序—古地理[J]. 古地理学报, 16(5), 613-630.

邵龙义, 王学天, 鲁静, 等. 2017. 再论中国含煤岩系沉积学研究进展及发展趋势[J]. 沉积学报, 35(5): 1016-1031.

孙鼎, 彭亚鸣. 1985. 火成岩石学[M]. 北京: 地质出版社.

汤达祯, 杨起, 潘治贵. 1992. 河东煤田地史-热史模拟与煤变质演化[J]. 现代地质, 6(3): 328-337.

汤达祯, 杨起, 周春光, 等. 2000. 华北晚古生代成煤沼泽微环境与煤中硫的成因关系研究[J]. 中国科学: 地球科学, 30(6): 584-591.

唐书恒, 秦勇, 姜尧发, 等. 2006. 中国洁净煤地质研究[M]. 北京: 地质出版社.

唐跃刚, 任德贻, 刘钦甫. 1996. 四川晚二叠世煤中硫与泥炭沼泽环境的关系[J]. 沉积学报, 14(4): 161-167.

唐跃刚, 王绍清, 杨淑婷, 等. 2013. 中国煤质分布规律[R]. 北京: 中国矿业大学(北京).

唐跃刚, 贺鑫, 程爱国, 等. 2015. 中国煤中硫含量分布特征及其沉积控制[J]. 煤炭学报, 40(9): 1977-1988.

汪新文. 2007. 中国东北地区中-新生代盆地构造演化与油气关系[M]. 北京: 地质出版社.

汪彦, 彭军, 赵冉. 2012. 准噶尔盆地西北缘辫状河沉积模式探讨——以七区下侏罗统八道湾组辫状河沉积为例[J]. 沉积学报, 30(2): 264-273.

汪洋, 刘志臣, 李隆富. 2017. 黔北煤田二叠系煤层含硫特征与沉积环境研究[J]. 煤炭科学技术, 45(2): 185-190.

王德滋. 2004. 华南花岗岩研究的回顾与展望[J]. 高校地质学报, 10(3): 305-314.

王东东. 2012. 鄂尔多斯盆地中侏罗世延安组层序—古地理与聚煤规律[D]. 北京: 中国矿业大学(北京)博士学位论文.

王东东, 邵龙义, 李智学, 等. 2012. 陕北地区中侏罗世延安期古地理特征[J]. 古地理学报, 14(4): 451-460.

王锋, 刘池阳, 杨兴科, 等. 2005. 贺兰山汝箕沟玄武岩地质地球化学特征及其构造环境意义[J]. 大庆石油地质与开发, 24(4): 25-28.

王桂梁, 琚宜文, 郑孟林, 等. 2007. 中国北部能源盆地构造[M]. 徐州: 中国矿业大学出版社.

王绍清, 唐跃刚, Schobet H H. 2018. 树皮煤的性质及转化[M]. 北京: 科学出版社.

王双明. 2017. 鄂尔多斯盆地叠合演化及构造对成煤作用的控制[J]. 地学前缘, 24(2): 54-63.

王素华, 钱祥麟. 1999. 中亚与中国西北盆地构造演化及含油气性[J]. 石油与天然气地质, 20(4): 321-325.

王铁晖, 巩恩普, 陈晓红, 等. 2018. 辽西义县盆地下白垩统义县组大康堡层纹泥地球化学特征及其古气候意义[J]. 地球科学与环境学报, 40(1): 49-60.

王佟, 田野, 邵龙义, 等. 2013. 新疆准噶尔盆地早—中侏罗世层序-古地理及聚煤特征[J]. 煤炭学报, 38(1): 114-121.

魏迎春, 贾煦, 刘志飞, 等. 2018. 鸳鸯湖矿区延安组煤岩煤质特征及泥炭沼泽环境研究[J]. 煤炭科学技术, 46(7): 196-204.

吴俊. 1992. 中国南方龙潭煤系煤岩石学特征及成烃性研究[J]. 中国科学, 1(1): 86-93, 113.

吴利仁. 1984. 华东及邻区中、新生代火山岩[M]. 北京: 科学出版社.

吴学益, 尚精华, 张开平. 2007. 金山金矿构造控矿特征及其模拟实验[J]. 矿物学报, 27(2): 143-152.

谢鸣谦. 2000. 拼贴板块构造及其驱动机理: 中国东北及邻区的大地构造演化[M]. 北京: 科学出版社.

谢涛, 张光超, 乔军伟. 2012. 陕北及黄陇侏罗纪煤田煤中硫分、灰分成因探讨[J]. 中国煤炭地质, 24(6): 11-14, 29.

许福美, 黄文辉, 吴传始, 等. 2010. 福建龙永煤田顶峰山井田童子岩组沉积环境及其演化[J]. 地质科学, 45(1): 324-332.

杨起. 1999. 中国煤的叠加变质作用[J]. 地学前缘, 6(S1): 1-8.

杨起, 韩德馨. 1979. 中国煤田地质学(上册)[M]. 北京: 煤炭工业出版社.

杨起, 吴冲龙, 汤达祯, 等. 1996. 中国煤变质作用[M]. 北京: 煤炭工业出版社.

杨森楠, 杨巍然. 1985. 中国区域大地构造学[M]. 北京: 地质出版社.

杨兴科, 杨永恒, 季丽丹, 等. 2006. 鄂尔多斯盆地东部热力作用的期次和特点[J]. 地质学报, 80(5): 705-711.

杨兆彪, 秦勇, 陈世悦, 等. 2013. 多煤层储层能量垂向分布特征及控制机理[J]. 地质学报, 87(1): 139-144.

于得明, 刘海燕, 王东东, 等. 2015. 鲁西南地区煤类分布及煤变质作用类型分析[J]. 中国煤炭地质, 27(10): 6-9.

于福生, 王春英, 杜国民. 2002. 北祁连山东段新元古代火山岩的年代学证据[J]. 中国地质, 29(4): 360-363.

袁三畏. 1999. 中国煤质评论[M]. 北京: 煤炭工业出版社.

张德全, 孙桂英. 1988. 中国东部花岗岩[M]. 武汉: 中国地质大学出版社.

张鹏飞, 彭苏萍, 邵龙义, 等. 1993. 含煤岩系沉积环境分析[M]. 北京: 煤炭工业出版社.

张鹏飞, 金奎励, 吴涛, 等. 1997. 吐哈盆地含煤沉积与煤成油[M]. 北京: 煤炭工业出版社.

张群, 陈沐秋, 高文生. 1994. 河东煤田离柳矿区煤相研究[J]. 煤田地质与勘探, 22(1): 5-9.

张双全, 姜尧发, 秦志宏, 等. 2013. 成煤过程多样性与煤质变化规律[M]. 徐州: 中国矿业大学出版社.

张韬. 1995. 中国主要聚煤期沉积环境与聚煤规律[M]. 北京: 地质出版社.

张兴洲, 杨宝俊, 吴福元, 等. 2006. 中国兴蒙—吉黑地区岩石圈结构基本特征[J]. 中国地质, 33(4): 816-823.

张有生, 李素琴. 1994. 山东省唐口矿区三煤煤相分析[J]. 中国矿业大学学报, 23(4): 70-76.

赵孟为, Behr H J. 1996. 鄂尔多斯盆地三叠系镜质体反射率与地热史[J]. 石油学报, 17(2): 15-23.

赵师庆, 王飞宇, 董名山. 1994. 论"沉煤环境—成煤类型—煤质特征"概略成因模型 I——环境与煤相[J]. 沉积学报, 12(1): 32-39.

郑远川, 顾连兴, 汤晓茜, 等. 2009. 天然矿石中硫化物的同构造再活化实验研究[J]. 地质学报, 83(1): 31-42.

中国煤炭地质总局. 2016. 中国煤炭资源赋存规律与资源评价[M]. 北京: 科学出版社.

中国煤田地质总局. 1996. 鄂尔多斯盆地聚煤规律及煤炭资源评价[M]. 北京: 煤炭工业出版社.

钟宁宁, 曹代勇. 1994. 华北地区南部晚古生代煤的变质成因——地下水热液对煤变质作用影响的进一步探讨[J]. 地质学报, 68(4): 348-357.

Ao W H, Huang W H, Weng C M, et al. 2012. Coal petrology and genesis of Jurassic coal in the Ordos Basin, China[J]. Geoscience Frontiers, 3(1): 85-95.

Calder J H, Gibling M R, Mukhopadhyay P K. 1991. Peat formation in a Westphalian B piedmont setting, Cumberland Basin, Nova Scotia: Implications for the maceral-based interpretation of rheotrophic and raised paleomires[J]. Bulletin de la Societe Geologique de France, 162(2): 283-298.

Christanis K. 2004. Coal facies studies in Greece[J]. International Journal of Coal Geology, 58: 99-106.

Crosdale P J. 2004. Coal facies studies in Australia[J]. International Journal of Coal Geology, 58(1): 125-130.

Dai S F, Bechtel A, Eble Cortland F, et al. 2020. Recognition of peat depositional environments in coal: A review[J]. International Journal of Coal Geology, 219: 103383.

Diessel C F K. 1982. An appraisal of coal facies based on macerals characteristics[J]. Australian Coal Geology, 4: 474-483.

Diessel C F K. 1986. On the correlation between coal facies and depositional environment[C]//Advances in the Study of the Sydney Basin, Newcastle.

Diessel C F K. 1992. K. Coal-Bearing Depositional Systems[M]. Berlin: Spinger.

Hacquebard P A, Donaldson J R. 1969. Carboniferous coal deposition associated with flood-plain and limnic environments in Nova Scotia//Dapples E C, Hopkins M E. Environments of Coal Deposition. Special Paper of the Geological Society of America, 114: 143-191.

Hacquebard P A, Donaldson J R. 1969. Carboniferous coal deposition associated with flood-plain and limnic environments in Nova Scotia[C]//Papples E C, Hopkins M E. Environments of Coal Deposition, Geological Society Special Papers, 114: 143-192.

Harvey R D, Dillon J W. 1985. Maceral distributions in Illinois coals and their Paleo-environmental implicat[J]. International Journal of Coal Geology, 5(1/2): 141-165.

Kisch. 1966. Chlorite-illite tonstein in high-rank coals from Queensland, Australia: Notes on regional epigenetic grade and coal rank[J]. American Journal of Science, 264: 386-397.

Lewis S E, Hower J C. 1990. Implications of thermal event on thrust emplacement sequence in the Appalachian fold and thrust belt: Some new vitrinite reflectance data[J]. Journal of Geology, 98: 927-942.

Morgan G E. 1976. Effect of depth of burial and tectonic activity on coalification[J]. Nature, 259: 385-386.

Silva M B, Kalkreuth W. 2005. Petrological and geochemical characterization of Candiota coal seams, Brazil-Implication for coal facies interpretations and coal rank[J]. International Journal of Coal Geology, 64 (3/4): 217-238.

Smith A H V. 1962. The palaeoecology of Carboniferous peats based on the miospores and Petrographic of bituminous coal[J]. Proceedings of the Yorkshive Geological Society, 33: 423-463.

Spear D A, Rippon J H, Cavender P F. 1999. Geological controls on the Sulphur distribution in British Carboniferous coals: A review and reappraisal[J]. International Journal of Coal Geology, 40: 59-81.

Sun R Y, Liu G J, Zheng L G, et al. 2010. Characteristics of coal quality and their relationship with coal-forming environment: A case study from the Zhuji Exploration Area, Huainan Coalfield, Anhui, China[J]. Energy, 35: 423-435.

Taylor G H, Teichmüller M, Davis A, et al. 1998. Organic Petrology[M]. Berlin: Gebrüder Borntraeger.

Teichmuller M, Teichmuller R. 1982. The geological basis of coal formation//Stach's Textbook of Coal Petrology[M]. Stach E, Mackowsky M T, Teichmueller M, et al. Berlin, Stuttgat: Gebrüder Brontraeger.

Teichmuller M. 1982. Origin of the petrographic constituents of coal//Stach E, Mackowsky M T, Teichmueller M, et al. Stach's Textbook of Coal Petrology[M]. Berlin, Stuttgat: Gebrüder Brontraeger.

Teichmuller M. 1989. The genesis of coal form the viewpoint of coal petrology[J]. International Journal of Coal Geology, (12): 1-87.

Waples D W. 1980. Time and temperature in petroleum formation: Application of Loptin's method to petroleum exploration[J]. AAPG Bulletin, 64 (6): 916-926.

Wei Y C, He W B, Qin G H, et al. 2020. Lithium enrichment in the No. 2 (1) Coal of the Hebi No. 6 Mine, Anhe Coalfield, Henan Province, China[J]. Minerals, 10 (6): 521.

White D. 1925. Progressive regional carbonization of coals[J]. American Institute of Mining and Metallurgical and Petroleum Engineers Transactions, 71: 253-281.

Yao Y B, Liu D M, Huang W H. 2011. Influences of igneous intrusions on coal rank, coal quality and adsorption capacity in Hongyang, Handan and Huaibei coalfields, North China[J]. International Journal of Coal Geology, 88 (2): 135-146.

Zhao L, Zhou G Q, Wang X B, et al. 2015. Petrological, mineralogical and geochemical compositions of Early Jurassic coals in the Yining Coalfield, Xinjiang, China[J]. International Journal of Coal Geology, 152 (PA): 47-67.